图版 1　防风

U0239183

图版 2　月见草

图版5 薯 蓣

图版6 半 夏

图版 7　射　干

图版 8　射干（有花有果）

图版 9 甘 草

图版 10 麻 黄

图版 11　沙苑子

图版 12　杜仲林

图版13 瓜 蒌

图版14 丹 参

图版 15 金银花

图版 16 西洋参

图版 17 人 参

神农百草丛书

热门及名贵中药材种植技术

徐昭玺　魏建和　编著

中国农业出版社

图书在版编目（CIP）数据

热门及名贵中药材种植技术/徐昭玺，魏建和编著.
－北京：中国农业出版社，2001.3（2016.7 重印）
（神农百草丛书）
ISBN 978－7－109－06742－4

I. 热… II.①徐…②魏… III. 药用植物－栽培 IV.
S567

中国版本图书馆 CIP 数据核字（2000）第 086930 号

中国农业出版社出版
（北京市朝阳区农展馆北路 2 号）
（邮政编码 100125）
责任编辑 黄宇 舒薇

中国农业出版社印刷厂印刷 新华书店北京发行所发行
2001 年 5 月第 1 版 2016 年 7 月北京第 4 次印刷

开本：850mm×1168mm 1/32 印张：8.75 插页：4
字数：216 千字 印数：20 001～23 000 册
定价：16.80 元
（凡本版图书出现印刷、装订错误，请向出版社发行部调换）

出版说明

　　我国中草药栽培历史悠久，使用方便，价格便宜，疗效可靠。中草药不但可以防病治病，还具有滋补强身、延年益寿的功效。因此，深受广大群众的欢迎。

　　当前，发展中草药种植、应用面临着良好的机遇：一是我国农业种植业正在进行结构调整。过去由于粮食生产结构性过剩，导致粮价低、卖粮难，制约了农民收入的提高。中草药是经济价值较高的作物，并且具有良好的市场前景，发展中草药为农民增收带来了希望。二是西部大开发为中草药的发展提供了新的契机。多数中草药栽培对于土壤和环境条件要求不高，有些中草药甚至要求贫瘠的土壤条件。因此，种植中草药特别适合我国西部资源的开发与利用。三是由于中药材具有疗效好、毒性低、副作用小等特点，越来越被世界各国人民所接受，目前我国中药材已出口至120多个国家。国际上对天然药物的重视，预示着我国中草药生产、加工的广阔市场前景。

　　近年来，科学技术的迅猛发展，高科技研究手段的引进，使中草药的栽培、加工、应用有了长足进展。为了使广大读者尽快地了解有关中草药的新知识、新技术，我们组织了中国医学科学院药用植物研究所、北京中医药大学、中国中医研究院等单位的专家、教授，编写了这套中草药栽培与应用丛书——《神农百草丛书》。

本套丛书首批推出的《短周期中药材栽培技术》、《热门及名贵中药材种植技术》、《名贵及常用中药材识别与功效》、《药用花卉栽培及简易疗法》、《药用真菌栽培实用技术》等 5 册书，将从中草药的栽培、加工、采收、鉴别等各方面向读者作详尽的介绍。

衷心希望这套丛书能给广大的中草药种植者、研究者、应用者以帮助。

2000 年 11 月

前　　言

　　当前发展中药材种植正面临着良好的机遇：①农业种植业的结构调整。粮食生产的结构性过剩制约了农民收入水平的提高，各地正在积极探索种植何种高效的经济作物。②生态环境治理与西部大开发。生态环境治理，沙漠化的治理，退耕还林还草，利用好西部地区的土地资源，是当前我国经济生活中的热点。③中医药的发展。中医药是我国具有几千年发展历史的珍贵文化遗产，更是我国医药行业加入世界贸易组织后要大力发展的特色产业，全世界对天然药物的重视预示着我国中医药的广阔市场前景。中药材以其较好的种植效益，品种的多样化，能够满足各种生态环境的需求，成为当前开发种植的热点品种。为此，我们选择当前中药材市场上热门或珍贵的 46 个药材品种，编写了这本《热门及名贵中药材种植技术》。

　　本书的特点：本书选择的药材品种不求全面（如要求全面，可参考我们编写的、由中国农业出版社出版的《中草药种植技术指南》一书），但基本都是根据当前不同种植目的而选择、具有较好市场前景的品种。针对读者使用的需求，每个品种的内容力求比较全面，在概述中简要说明了该品种开发利用现状、前景，以及不同时期的市场价格，在采收加工中列出了优质药材的标准及商品分级等标准。

在编写过程中结合作者多年在中药材栽培研究方面的成果、经验，广泛地参考和吸收了各个品种近十年的最新研究成果，力求各个品种的内容具有较好的实用性。

本书主要包括两个部分：上篇概论比较简单，主要从实用的角度介绍了选择中药材品种的一些知识及种植药材前需要注意的几个关键问题。另外对收录的药材品种从不同角度进行了分类、分析，以便为各地引种种植时作出正确判断。下篇为46个药材具体的栽培与加工技术。主要包括概述、植物特征与品种简介、生长习性、栽培技术和采收与加工五个部分。

"栽培技术"和"采收与加工"是本书核心内容，读者应参照该部分内容种植加工药材，其中的"病虫害及其防治"，主要是为在种植过程中遇到病虫害发生时提供参考，有的药材品种防治方法较多，各地可以根据实际情况灵活选择。"植物特征与品种简介"部分，一般不必过多了解，但是在引进新品种有疑问时可以参照此部分判断其来源。"生长习性"是确定该品种栽培加工措施的依据，在对该品种有了一定的了解之后，各地可以参照此部分，因地制宜改进栽培措施，达到高产质优。

本书编写过程中参考了大量的文献资料，限于篇幅，不能一一列出。插图部分多引自

《中国药用植物栽培学》，在此表示衷心的感谢。因编写时间较短，编者研究领域的局限，书中的错误与不妥之处，敬请读者批评指正。

编著者

2000 年 11 月

目录

出版说明

前言

上篇　概论 ·· 1

　一、中药材种植品种选择与销售的基本知识 ············ 3

　二、本书收录药材品种的分类分析 ···················· 6

下篇　各论 ·· 9

　一、龙胆 ·· 11

　二、防风 ·· 18

　三、细辛 ·· 22

　四、红景天 ·· 29

　五、月见草 ·· 34

六、黄芩 ……………………………… 37

七、柴胡 ……………………………… 41

八、远志 ……………………………… 45

九、穿山龙 …………………………… 49

十、秦艽 ……………………………… 53

十一、贯叶连翘 ……………………… 58

十二、半夏 …………………………… 61

十三、射干 …………………………… 66

十四、甘草 …………………………… 70

十五、麻黄 …………………………… 76

十六、沙苑子 ………………………… 79

十七、沙棘 …………………………… 82

十八、肉苁蓉 ………………………… 86

十九、酸枣仁 ………………………… 90

二十、连翘 …………………………… 95

二十一、吴茱萸 ……………………… 99

二十二、山茱萸 ……………………… 104

二十三、厚朴 ………………………… 110

二十四、黄柏 ………………………… 115

二十五、杜仲 ………………………… 120

二十六、白果（银杏）………………… 126

二十七、石斛 ………………………… 132

二十八、黄连 ………………………… 137

二十九、浙贝母 ……………………… 144

三十、佛手 …………………………… 152

三十一、益智 ………………………… 159

三十二、巴戟天 ……………………… 163

三十三、天麻 ………………………… 169

三十四、猪苓 ………………………… 177

三十五、灵芝 …………………………………… 181

三十六、瓜蒌（天花粉）………………………… 187

三十七、丹参 …………………………………… 193

三十八、太子参 ………………………………… 198

三十九、金银花 ………………………………… 202

四十、川贝母 …………………………………… 212

四十一、山参 …………………………………… 218

四十二、西洋参 ………………………………… 225

四十三、人参 …………………………………… 235

四十四、三七 …………………………………… 246

四十五、砂仁 …………………………………… 255

四十六、甜叶菊 ………………………………… 262

上篇 概论

一、中药材种植品种选择
与销售的基本知识

中药材的种类很多，在药材市场销售的常用中药材就有 500 多种。其中大部分靠采挖野生资源，有的人工种植技术尚不成熟，如冬虫夏草；有的野生资源较多，没有必要人工种植，如白头翁。已开展人工种植的品种有 100 多种，其中有些品种种植的历史有几十至上千年，如太子参；有的品种已种植十几二十年，如丹参、黄芩；而有的品种近年才开始人工种植，技术尚待完善，如肉苁蓉、秦艽等。那么如何从这众多的药材品种中选择适合当地的药材品种呢？一般考虑如下几个因素：

1. 当地的生态气候　选择种植的药材品种要看其是否适合当地的气候条件、土壤条件、灌溉和排水的条件，以及其生长习性的特殊要求。一般以种植当地的地道药材品种为好。

2. 药材种植的收益　影响药材的因素较多，主要的客观因素有：种植成本、市场价格、种源、栽培技术。

3. 销售　种植前要看是否有销售渠道，能否卖出去。

（一）影响药材价格变动的主要因素　首先，取决于药材生产和需求量的变化。药材生产量随着药材种植面积增加或减少，当年的自然灾害严重不严重，库存量增加或减少，也会引起生产量的变化。多年生药材，如白芍、杜仲，可以根据市场状况决定当年是否收获，这对当年药材产量的影响很大。有些药材作用相近，入药时可以有一定程度的相互替代，因此会引起相互间价格的变化。例如我国西洋参引种成功后，人参使用量明显减少，价格降低。现在随着人们服用灵芝孢子粉兴起，西洋参价格又受到一定影响。

引起药材需求量变化的因素也很多。如某种疾病流行，进出口数量的增减，新用途的发现或新药开发等等。

其次，国家宏观政策的调整，国家紧缩银根、保护森林的政策、西部开发、沙漠治理、农业产业结构调整等等这些国家的重大决策都会引起相关药材价格的变化。

还有人为炒作的因素。中小类药材或大宗药材严重减产时，投入一定量的资金很容易控制相当数量的货源，因此容易囤积炒作，引起价格的剧烈波动。

（二）药材价格频繁变动的应对措施

1. 及时掌握好各种药材信息　准备种植药材前要向有关权威部门咨询。平时订阅一些国家正式出版的报纸杂志，如《中药事业报》、《中药经济与信息》等，经常关心药材价格变化，分析引起变化的因素，就会发现好的种植品种或好的时机。一些小报或小道消息一般都不可靠，不能轻易相信。

2. 初步了解不同类型药材价格变化规律　有些药材如太子参、黄连，人工栽培历史较长，价格变化往往呈现周期性波动，波动的周期一般与药材收获年限及生产恢复难易和快慢有关，对于这些药材，在价格跌入低谷或其后1～2年发展种植，收获时往往能赶上较好价格，而在价格很高时大家都争着种植，收获时往往因生产超量，正赶上价格降低的时候，就有可能赔本；川贝、远志、石斛、麻黄、甘草、龙胆草、柴胡、黄芩等，虽然已经开始人工种植，但家种和野生资源增长赶不上社会用量增长，在近期内价格基本呈上升趋势，是选择种植比较理想的品种。

3. 及时调整药材品种　根据生产和市场的情况及时调整各年种植的药材品种。

4. 多种植几个品种　准确预测每种药材价格的变化趋势很困难，大面积种植时品种应多元化，即同时多种植几个品种，生长年限长和生长年限短的品种搭配起来，以短养长。

（三）种植成本 药材种植成本由种子种苗费、肥料费、农药费、管理费等组成。种子种苗价格不同年份间变化很大，基本和药材价格平行，但稍滞后。如果该种药材种子的价格高得离奇时，一般不要种植，否则收获时往往赶上药材价格的最低谷。

（四）药材种源 种植品种确定后，如何选购优良的种子、种苗呢？农作物的良种可从各级种子公司、农业技术推广站以及大大小小的门市部买到，药材种子却没有这么完整的销售体系。许多不法分子利用农民信息少，做假广告，卖劣质或假药材种子，经常有农民朋友上当受骗事发生。关于种源一般需要注意以下几个问题：

首先，目前栽培的中药材，还没有种植杂交种的，因此可以从周边地区其他药材种植户或自有药材上留种。大部分药材也还没有培育出像农作物那样的多种多样的优良品种，但以从地道产区购买的药材种子为好。我们是从事药材良种培育和繁育的少数国家级科研单位之一。

其次，药材种子的特性比较特殊，许多药材种子的保存年限很短，超过年限的种子发芽率就很低。如黄芩、柴胡、甘遂、白芷、当归的保存年限都不能超过 1 年，收获种子必须当年或第二年春夏播种，超过期限就不能使用了，而且大部分失去发芽率的药材种子没有任何利用价值，因此播种前必须确保种子的质量，最好能做发芽试验，以免种植后造成大的损失。

第三，一般种子先于药材收获，如果药材产品价格不错，则种子的价格会上涨，因此要种植某种药材时须及早购买种源。

（五）销售渠道 中药材销售问题很复杂，在此只能介绍销售药材的几种渠道。全国各地几乎每个县都有药材公司，1985年以前药材公司在各个乡镇和重要的村庄设有药材收购站，但是现在各地大部分的药材公司收购经营药材的功能已经很弱化了，但仍是农民朋友销售药材的重要渠道。

20 世纪 90 年代*以来，各地涌现了一批药材运销户和个体私营药材收购商，他们在药材收购中占据了重要位置。各地还有许多药材集贸市场，也是药材销售的重要场所。全国的中成药厂、药店甚至医院都可以是销售药材的渠道。国家认可的 17 个中药材专业市场是中药材销售的主渠道，它们是：重庆中药材市场、广东普宁市中药材专业市场、广州市清平中药材专业市场、广西玉林中药材专业市场、昆明菊花园中药材专业市场、湖南岳阳市花板桥中药材专业市场、湖南廉桥中药材专业市场、安徽亳州中药材专业市场、西安中药材专业市场、哈尔滨三棵树中药材专业市场、成都荷花池中药材专业市场、河南禹州市中药材专业市场、兰州黄河中药材专业市场、山东舜王城中药材专业市场、河北安国市东方药城、江西樟树中药材专业市场、湖北蕲春李时珍中药材专业市场。

二、本书收录药材品种的分类分析

本书共收录了 46 种药材，针对这些品种的特性及资源状况，下文从不同角度进行分析，以便读者能够选择种植。

（一）按适合生长的地域分类

1. 在北方大部分地区均能生长的品种　甘草、麻黄、沙苑子、酸枣、连翘、防风、黄芩、柴胡、远志、穿山龙、贯叶连翘、栝楼、射干、沙棘、连翘、丹参、西洋参。

2. 在东北地区生长较好的品种　人参、龙胆、细辛（东北细辛）、红景天、月见草、山参、黄柏（关）。

3. 在西北地区生长较好的品种　秦艽、肉苁蓉、猪苓。

4. 适合在华南地区生长的品种　佛手、益智、巴戟天、三七、砂仁。

5. 适合在长江中下游地区生长的品种　太子参、浙贝母、

━━━━━━━━━━━━━━━━

* 本书出现年代均为 20 世纪。

甜叶菊、厚朴、黄柏（川）、黄连。

6．较适合在黄河流域生长的品种　金银花、半夏。

7．适合在西南地区生长的品种　石斛、川贝母。

8．适应性较广的品种　银杏、杜仲、山茱萸、天麻、灵芝、吴茱萸。

（二）按生态环境分类

1．适合在沙漠地区生长的品种　甘草、麻黄、沙苑子、肉苁蓉。这几个品种在西部沙漠化生态环境治理中，可以考虑引进种植，特别是前三个品种是较好的治沙品种。

2．阴生药材品种　龙胆、细辛、黄连、石斛、猪苓、山参、人参、西洋参、三七。这些品种种植时需搭架遮荫或在林下种植。

（三）按植物来源的不同分类

1．木本类药材

（1）灌木类　沙棘、酸枣、连翘、佛手。

（2）小乔木类　山茱萸、吴茱萸。

（3）乔木类　厚朴、杜仲、银杏。

这些木本类的药材，在荒山治理、退耕还林及空闲山坡地利用等各个方面，可以因地制宜引进种植。

2．真菌类药材　猪苓、灵芝。其中灵芝是当前许多小报极力推崇的品种，实际情况是灵芝的栽培技术并不是十分复杂，当前我国的灵芝产量已经呈过剩状态，栽培的效益一般。灵芝适合集中在场院、屋内或温室栽培。

3．草本类药材　除上述品种外其他品种均为草本类药材，其中藤本类药材有穿山龙、巴戟天、瓜蒌和金银花。

4．特殊品种

（1）天麻　是一种无根无叶的非绿色植物，一般见到的地上部分是箭麻种植后抽出的花薹。无性繁殖阶段和蜜环菌、有性繁殖阶段和紫萁小菇及蜜环菌共生后才能正常生长。天麻可以利用场院栽培。

（2）肉苁蓉　一种无根植物，依靠寄生在小灌木梭梭上才能存活、生长，种植技术还有待进一步成熟和改进。

（四）按用药部位分类

1. 种子果实类药材　月见草、沙棘、酸枣、白果、连翘、吴茱萸、山茱萸、佛手、益智、瓜蒌（根为天花粉）。

2. 花类药材　金银花。

3. 全草类药材　贯叶连翘、麻黄、肉苁蓉、石斛。

4. 皮类药材　厚朴、黄柏、杜仲。

5. 叶类药材　银杏叶。

6. 真菌类药材　猪苓、灵芝。

7. 根类药材　除上述品种外其他均为根类药材。

（五）按药材资源主要来源及家种时间长短分类

1. 同时来自野生和家种资源的药材。

（1）主要来自于野生资源，家种生产近几年才刚刚开始发展的药材　穿山龙、秦艽、贯叶连翘、酸枣、红景天、月见草、石斛、猪苓、肉苁蓉、甘草、麻黄、川贝母。其中前 10 种药材，野生资源破坏严重，许多濒于枯竭，迫切需要加强人工种植。

（2）野生资源和家种资源同时并用的药材　龙胆、细辛、防风、黄芩、柴胡、远志、半夏、射干、巴戟天，这些药材品种市场上比较紧缺，近年可以积极发展人工种植。

（3）主要依靠家种资源，野生资源同时也在利用，但量较少的品种　天麻、丹参、西洋参。

2. 基本全部来自野生的药材　连翘。

3. 基本全部来自家种生产的药材　除上述品种外的其他品种。

上文基本阐述了大部分品种收录入本书的原因。金银花、三七、西洋参、人参、川贝母属于经济价值较高的药材品种；山茱萸、黄连、佛手、益智、天麻当前的市场价格处于历史上较高价位时期，是市场上的畅销品种；瓜蒌、丹参较易种植，是当前深加工开发方面比较热门的品种，用量大、易销售。这些品种也是当前种植中药材可以考虑选择的品种。

下篇 各论

一、龙　胆

（一）**概述**　龙胆来源于条叶龙胆 *Gentiana manshurica*
Kitag.、龙胆 *G. scabra* Bge. 和
三花龙胆 *G. triflora* Pall.，另外
还有一种坚龙胆 *G. rigescens*
Franch.，以根和根茎入药。主要
含龙胆苦甙。味苦，性寒。有泻
肝胆实火、除下焦湿热和健胃的
功能。治高血压、头晕、耳目赤
肿痛、胸肋痛、胆囊炎、湿热黄
胆、急性传染性肝炎、膀胱炎、
阴部湿痒、疮疖痈肿等。

龙胆的功能和主治范围广，
野生资源越挖越少，已成为国内
外市场的紧缺品种之一。人工栽
培的技术逐渐成熟，已成为发展人
工种植的好品种。人工栽培的品种
主要是条叶龙胆和龙胆，在东北习
称东北龙胆（图1A. 图1B）。

（二）**植物特征**

1. 龙胆　株高 30～60 厘米。
根茎短，其上丛生多数细长的根，

图1A　东北龙胆形态图
1. 花枝　2. 根　3. 花剖开

长可达 30 厘米。花茎单生，不分枝。叶对生，无柄。下部叶片成鳞片状，基部合生。叶片卵形或卵状披针形，长 2.3 ～ 7 厘米，宽 0.7 ～ 3 厘米，先端急尖或渐尖，基部心形或圆形，表面暗绿色，边缘外卷。花多数，簇

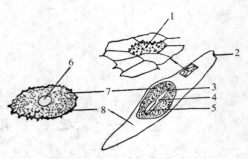

图 1B　东北龙胆种子构造

1. 种皮放大　2. 种脐　3. 胚根　4. 胚轴
5. 子叶　6. 胚　7. 胚乳　8. 种皮

生枝顶和叶腋，无花梗。花萼钟形，先端 5 裂，常外翻或开展。花冠筒状钟形，蓝紫色，长 4～5.5 厘米，花冠先端 5 裂；雄蕊 5 枚；子房狭椭圆形或披针形，蒴果内藏，长圆形，有柄。种子多数，褐色，两端有宽翅。花期 8～9 月，果期 9～10 月。

2. 条叶龙胆　叶厚，近革质，无柄，上部叶线状披针形至线形，基部钝，边缘为外卷。花 1～2 朵；花萼长于或等长于萼筒；花冠裂片先端渐尖。

3. 三花龙胆　中上部叶近革质，线状披针形至线形，基部圆形。花 3 朵，稀 5 朵；花冠裂片先端钝圆。

下文的内容主要针对条叶龙胆。

（三）生长习性

1. 生长发育　由种子播种后第二年开始开花结实，二年生植株有花 1～10 朵，多年生可达数十朵。8 月上、中旬初花，9 月下旬终花，群花期约 50 天，单花期 4～5 天。种子寿命较短，在室内一般条件下保存，其寿命为 2 年半，实用年限为 1 年。如在低温条件下保存，可延长寿命。种子千粒重为 2.6～3 毫克。

每年 5 月开始在根茎处形成一至数条新根，使根数逐年增加，形成不同龄的须根系。随着每年地上茎的更新和根的更新，

根茎也逐年增大，年老的根逐年消亡。

植株经过冬季休眠期，第二年4月中、下旬开始活动，越冬芽逐渐长成地上枝叶。在返青后不久即在根茎处开始形成新芽。到5月末明显可见，6～7月此芽生长缓慢，到8月以后地上部的茎、叶生长基本停止，此后芽开始迅速生长，到10月中旬最长芽可达40毫米以上，粗8毫米左右，10月下旬芽就开始进入休眠期。越冬芽的形成是植株度过不良环境的适应形式，也是地上器官的更新基础。多年生的植株根茎部还形成小的休眠芽，当活动芽受损时，休眠芽开始活动形成地上器官，可利用这个特性进行人工分根繁殖。

2．对环境条件的要求　龙胆种子萌发要求较高的温湿度和适当的光照，如湿度合适，温度达25℃左右约1周可萌发，低于20℃时需半月左右才能萌发，但发芽率较高，可达60%～80%。条叶龙胆野生于草甸、山坡、灌丛间。喜阳光充足、较湿的地方。对土壤要求不严，但土层深厚处生长好。

（四）栽培技术

1．选地整地　移栽地或直播地宜选择向阳、土层深厚、排水良好的沙质土壤，每公顷施堆肥或厩肥15～22.5吨，深翻、耙细，做成宽60～90厘米的平畦，长因地而异，一般以20～30米为好，畦埂宽20厘米左右。亦可做70厘米的大垄栽植。

2．繁殖方法　龙胆主要采用种子繁殖，还可用分株繁殖、扦插繁殖以及组织培养。

（1）种子繁殖　有直播和移栽两种方式，直播省工简单，但耗费种子，要求较高。移栽耗费劳动力，但龙胆种子小育苗时可以集中管理，把握性大。

①育苗移栽　可用室内育苗和室外育苗。

室内苗床：用育苗盆（直径33～40厘米，或10厘米）或育苗箱（60厘米×30厘米×10厘米）、装满培养土（腐殖土∶田土∶沙＝2∶2∶1），刮平后用压板压实待播。育苗箱内也可用连续薄膜每隔 2 厘米隔开，其间装入培养土待播。用薄膜隔育苗，移栽时成活率高。

室外育苗：用木板或秫秸把、条帘、砖等，做成长方形的床框，长 2～3 米，宽 40～50 厘米，镶入土内，上沿稍高出地面。床框内的土要深翻 20 厘米以上，施入适量腐熟厩肥，耙细铺平，用压板压实，使床面低于床框上沿 3～5 厘米。紧贴床框外侧挖一条宽 15～20 厘米、深 20 厘米左右的润水沟。如育苗量大，可挖并排床，床间隔 20 厘米（即润水沟）。也可做宽 1 米、长 10 米左右的平畦，畦埂宽 20 厘米，畦面深翻 20 厘米以上，施基肥后耙细整平，播种后上面必须盖条帘遮荫保湿。

4～5 月均可播种，但以早播为好，使幼苗有足够的生长时间，才能形成粗壮的越冬芽和根。无论是育苗盆、箱或是苗床，都要先浇透底水，待水渗下后即播种。根据育苗面积计算出用种量，把已称好的经过精选的种子轻轻放入 40 目分样筛内，一手扶筛，一手不断轻敲筛壁，同时移动筛位，使种子均匀地散落在床面上。播种量为 0.3～0.4 克/米^2，播后用细箩筛土覆盖，以稍盖上种子为度，厚约 1 毫米，也可用草木灰覆盖，然后在床框上盖玻璃或薄膜，以提高和保持温、湿度。

有采用液态播种的，效果较好。将淀粉和水按 1∶55 的比例混合，搅拌均匀烧至沸腾，降至常温，将已催好芽的种子放入淀粉液中搅拌至种子在淀粉液分布均匀，用喷孔直径 3～4 毫米的壶将种子喷洒在育苗床或田间直播床上。

②直播 包括田间直播和套种直播。

田间直播：将种子与细沙土混匀，按行距 20～30 厘米在畦上开浅沟条播，上覆细土 2 毫米，外盖蒿草或草帘以保湿增温。

套种直播：做 100 厘米宽的畦床，春季在畦内按 25 厘米的行距播大豆，6 月上旬大豆封垄期对龙胆草幼苗起到遮荫作用。播种前清除豆行间的杂草，灌足水，并将土块打碎整细即可播种。

播种后能否取得育苗成功，关键在于苗期管理，主要是温、湿度和光照的控制。龙胆种子的萌发和幼苗生长适温为 20～25℃，15℃以下生长缓慢，床温超过 30℃对幼苗生长不利。通过通风和盖遮荫帘等控制温度和光照，还需要保持较大的湿度，土壤含水量要在 40%左右。保湿除靠覆盖玻璃或薄膜来减少蒸发外，还要经常用润水沟的办法来补充水分，特别是种子萌发和幼苗阶段，灌水、降雨都会造成小苗倒伏和死亡。所以润水是补充水分的最好办法。苗盆、苗箱可放置在盛水的容器内通过底孔和侧缝润水，苗床是往润水沟中灌水浸润。幼苗期怕直射强光，因此要在苗床上覆盖透光为 1/3～1/2 的苇草帘等避免强光直射，特别是午间。此外床内要保持无杂草，过密的苗要疏掉些，使幼苗能苗壮成长。当幼苗长出两对真叶后可去掉覆盖的玻璃或薄膜，加强对幼苗的锻炼，光强时还要盖帘遮光。

③定植　种子播后，在温湿度适宜的条件下，约 10 天左右出苗，一年生小苗除一对子叶外只长 3～6 对基生叶，无明显地上茎。至 10 月上旬叶枯萎，越冬芽外露，此时苗根上端粗约 1～3 毫米，根长达 10～20 厘米，可进行秋栽，也可在第二年春或秋移栽。用二年生苗栽，根较粗大，根条数多、营养充分、抵抗力强、容易成活。但由于根较长，起挖时根端易断，影响返苗。起挖后可根据栽子大小分级，分别栽植。

从畦一端开始，用平锹挖坡形移栽槽，一年生苗移栽槽宽 15～20 厘米；二年生苗移栽槽 25～30 厘米，坡度为 45°左右。将苗按 15 厘米株距摆于移栽槽内，芽顶低于畦面 2～3 厘米，然后覆土。再挖下一个移栽槽，依此类推。栽完一畦后将畦面整平，然后灌水。有条件的畦面覆盖一层马粪或枯叶等，利于保湿与防寒。薄膜隔箱育苗，在小苗长出两对真叶后直至休眠期，随时可移栽。挖 10 厘米深窄沟，将苗连床土一起取出，栽入沟内，两侧用土压实，整平，栽后灌水即可。此法操作简便，移栽不受时间限制，成活率高，是比较好的育苗移栽方法。

移栽地或直播地最好套作玉米等作物。方法是在畦两边的埂上按株距 40～50 厘米播玉米。

(2) 分根繁殖　龙胆生长 3～4 年后，随着各组芽的形成，根茎也有分离现象，形成既相连又分离的根群。挖起后容易掰开，分成几组根苗，再分别栽植。

(3) 扦插繁殖　于 6 月份剪取枝条，每 3～4 节为一插条，将下部 1～2 节的叶剪掉，将插条浸入 GA（赤霉素）、BAP（6-卞基氨基腺嘌呤）、NAA（萘乙酸）各 1 毫克/千克复合激素溶液内 2～3 厘米，经 24 小时取出，扦插于插床内，深约 3 厘米，保持土壤湿润并适当遮荫。经 3～4 周生根，于 7 月下旬定植。

(4) 组织培养　在春季取萌发的幼嫩枝条，经表面消毒后在无菌条件下切取 0.5 厘米为一段的茎尖或节，接种于琼脂固体培养基上。接种后放培养室玻璃板架上，室温 25～30℃，并用日光灯补助光照。经 50 天的培养，形成带节带根的小苗，再以每节为一段继代培养，这样下去可形成龙胆试管苗的无性繁殖系。移栽成活率可达 80% 以上，且生长健壮。

3. 田间管理　龙胆的田间管理比较粗放，主要是除草，返青后苗高 5 厘米左右时进行第一次拔草，以后每月一次，一年拔草 4～5 次。春季干旱时要灌溉，雨季要注意排水。如不留种，在 8 月花蕾形成时摘蕾，以增加根的重量。将残茎清除，再在畦面上盖 3～5 厘米粪肥或畦埂上的土，从而保护越冬芽安全过冬。

根据苗生长的情况可以适当施肥。

4. 病虫害及其防治

(1) 龙胆褐斑病　是目前龙胆生产上最主要的病害，为害严重，常造成叶片枯萎。感病植株首先在叶片上出现直径 3～9 毫米近圆形褐色病斑，中央颜色稍浅，病斑周围具深色环。在空气湿度大时，叶片两面的病斑上均可产生黑色小点，即病原菌的分生孢子器。严重时病斑扩大相互汇合，造成整个叶片枯死。一般温度较高、湿度较大时发病，6 月开始发生，7、8 月严重。防治方法：从 5 月下旬开始，用 70%甲基托布津可湿性粉剂 1 000 倍液或喷 3%井冈霉素水剂 50 微升/升溶液，每 10 天 1 次，连喷 3～5 次；冬季清园，处理病残体，减少越冬菌源。

（2）龙胆斑枯病　在叶背面生黑色小点，即病原菌分生孢子器。叶片产生褐色病斑，易破裂，常占叶片的大部分。7、8 月发生。此病为害没有褐斑病严重。防治方法同上。

（3）龙胆花蕾蝇　幼虫为害花蕾，在龙胆花蕾形成时，成虫产卵于花蕾上，初孵幼虫蛀入花蕾内取食花器，老熟幼虫为黄褐色。一个被害花蕾内，可多达七八头幼虫。在花蕾开放前已将雌蕊、雄蕊等花器食光，然后在未开放的花蕾内化蛹，大约于 8 月下旬成虫羽化，被害花不能结实。成虫产卵期喷 40%氧化乐果乳油 1 000 倍液防治。

（五）采收与加工

1．留种　选二年生以上的无病害健壮植株作采种用。为使种子饱满，每株留 3～5 朵花，多余的花疏掉。一般花后 20 天左右果实开始裂口，即可采收种子。龙胆果实为蒴果，瓣裂，每果有种子 2 000～4 000 粒，重 5～10 毫克。采收时可连果柄一起摘下，使种子有个后熟阶段。另一种采种方法是在整片种子田内植株有 30%以上的果实裂口时，将所有植株沿地面割下，捆成小把，立放于室内，半月后将小把倒置，轻轻敲打收取种子。

因龙胆种子特别小，采收时易混进茎叶碎片、花被片、果皮、草籽及泥土等杂质，影响播种量的计算和苗期管理，因此要对种子进行清选。用 40 目（孔径 0.45 毫米），60 目（孔径 0.3 毫米）的分样筛，依次进行筛选，60 目筛上的为清洁优良种子，可作为繁殖用。

2．采收　种植 2～3 年后开始采收，春秋二季均可采挖。在地上部枯萎至萌发期间采收，药材产量、质量俱佳。

从畦一端开始，用叉子或铁锹按株依次深挖。龙胆根系长而脆，挖时易断，一般只能挖出 20 厘米左右，实际龙胆根长可达

60厘米以上，但下端较细，为了增加产量可将断端也收起做药。五年生以上的植株每平方米可收鲜根2.5千克左右。二年生公顷产干品可达1 500千克以上。

3. **加工**　根挖出后，去掉茎叶，洗净泥土，阴至七成干时，将根条顺直，捆成小把，再阴至全干即可。干鲜比约为4∶1。阴干法加工的产品质量较晒干法好。

龙胆商品分龙胆和坚龙胆两种，均为统货。以条粗长、质柔、色黄或黄棕、味极苦者为佳。

二、防　风

(一) 概述　防风（图2）来源于伞形科多年生草本植物防风 *Saposhnikovia divaricata* (Turcz.) Schischk., 以干燥根入药。别名东防风、关防风。主产黑龙江、吉林、辽宁、河北、山西和内蒙古等省、自治区。以黑龙江产者为佳，该省西部绿色草原牧场是我国最大的防风生产基地，年产量达500万吨。含珊瑚菜素、前胡内酯、防风酚、挥发油等。味甘、辛，性温。有解表、祛风除湿等功能。主治风寒感冒、头痛、发热、无汗关节痛，风湿痹痛、四肢拘挛、皮肤瘙痒等症。

防风为我国历代常用中药。由于草原开荒种粮，连年过度采挖，造成了我国防风野生资源产量、质量逐年下降，为了保证药用资源，人工栽培日显重要。

(二) 植物特征与品种简介

1. **植物特征**　株高20～100厘米。主根粗长，有香气。茎单生，二歧分枝。基生叶丛生；叶片2～3回羽状分裂，最终裂片线形或披针形。复伞形花序，花黄色。双悬果矩圆状宽卵形，侧棱具翅。花期6～8月，果期8～10月。

2. **品种简介**　几种伞形科植物在一些地区作为防风的代用品：主产于陕西的华山前胡（水防风）*Peucedanum ledebourie-*

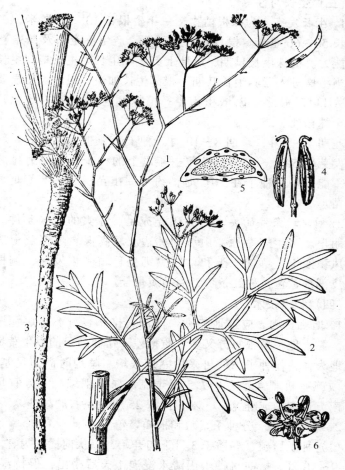

图 2　防风形态图

1.果枝　2.叶　3.根　4.果　5.分果横切面　6.花

lloides；产于四川的川防风 *P．dielsianum*；主产河南荥阳的宽
萼岩风（水防风）*Libanotis laticalycina* 和产于青海、宁夏、甘
肃等省、自治区的葛缕子（小防风）*Carum carvi*。

（三）生长习性

1. 生长发育　为深根植物，一年生根长 13～17 厘米，二年生根长 50～66 厘米。根具有萌生新芽、产生不定根及繁殖新个体的能力。植株生长早期，以地上部茎叶生长为主，根部生长缓慢；当植株进入营养生长旺期，根部生长加快，根的长度显著增加；8 月以后根部才以增粗为主；植株开花后根部木质化、中空，全株枯死。

花期 7～9 月，果期 8～10 月。种子千粒重 5 克左右。新鲜种子发芽率 50%～75%；贮藏一年以上的种子，发芽力显著降低，不能作种。种子在 20℃ 时，约 1 周出苗；15～17℃ 时需 2 周出苗。

2. 对环境条件的要求　喜阳光充足、凉爽的气候条件。耐寒、耐旱。野生于草原、山坡和林边。忌高温、雨涝及土壤过湿。风积沙土、草甸沙土和草原黑钙土种植主根发达，侧根甚少，皮部棕黄色，称红条货，商品质量佳。

（四）栽培技术

1. 选地整地　应选地势高燥向阳、排水良好、土层深厚的地块。黏土地种植根短分叉多，质量差。作商品田的以生荒地或二荒地为佳，作种子田的可采用熟地栽培。整地时需施足基肥，每公顷施有机肥 4.5 万～7.5 万千克，深耕耙细。北方宜用平畦；南方通常做成畦宽 1.3 米、沟深 25 厘米左右的高畦。

2. 繁殖方法　分种子繁殖和根插繁殖。

（1）种子繁殖　春播于 3 月下旬开始，以伏前播种为宜。秋播于 9～10 月。播前将种子用清水浸泡 1 天后捞出，保持湿度，待种子开始萌动时播种。按行距 30 厘米开沟条播，沟深 2 厘米，将种子均匀播入沟内，覆土盖平，稍加镇压，盖草浇水，保持土壤湿润。每公顷用种量 15～30 千克。

（2）根插繁殖　在收获时或早春，取粗 0.7 厘米以上的根条，截成 3～5 厘米长的根段为插穗，按行距 50 厘米、株距 15

厘米开穴，穴深 6～8 厘米，每穴垂直或倾斜栽入 1 个根段，覆土 3～5 厘米，注意根上端向上。每公顷用根量 750 千克。或将种根于冬季按行株距 10 厘米×5 厘米假植育苗，待翌年早春见有 1～2 片叶子时移栽，定植时注意剔除未萌芽的种根。

3．田间管理

（1）间苗　苗高 5 厘米时，按株距 7 厘米间苗；苗高 10 厘米时，按 15 厘米株距定苗。

（2）除草培土　6 月前需进行多次除草，保持田间清洁。植株封行时，为防止倒伏，保持通风透光，可先摘除老叶，后培土壅根。入冬时结合场地清理，再次培土保护根部越冬。

（3）追肥　6 月上旬和 8 月下旬需各追肥 1 次，分别用过磷酸钙或堆肥，开沟施于行间。

（4）摘薹　两年以上植株除留种外，发现抽薹应及时摘除。以免消耗养分而影响根部发育及根木质化，失去药用价值。

（5）排灌　播种或栽种后至出苗前，需保持土壤湿润，促使出苗整齐。防风抗旱力强，一般不浇灌。雨季应及时排水，防止积水烂根。

4．病虫害及其防治

（1）白粉病　夏秋季为害，被害叶片呈白粉状斑，后期长出小黑点。严重时使叶片早期脱落。防治方法：注意通风透光，增施磷钾肥，增强抗病力；发病前喷 0.3 波美度石硫合剂，生育期喷 50％甲基托布津可湿性粉剂 600～800 倍液，25％粉锈宁可湿性粉剂 800 倍液或 62.25％仙生可湿性粉剂 600 倍液防治。

（2）斑枯病　主要为害叶片，病斑两面生，近圆形。高温高湿、持续阴雨天有利于发病，严重时叶片枯死。防治方法：用70％代森锰锌或 77％可杀得 500 倍液，50％多菌灵或 50％万霉灵 600 倍液喷雾，药剂均为可湿性粉剂应轮换使用，每 10 天 1 次，连续 2～3 次。

另外还有黄凤蝶、黄翅茴香螟、赤条蝽等为害，但一般不严重。

（五）采收加工

1. **留种**　选择生长旺盛、无病虫害的二年生防风地块不采挖，适当增施磷肥以促进开花、结实饱满，第三年开始开花（野生防风则需 10 年左右才开花）。种子成熟后割下茎枝，搓下种子，晾干后装入布袋内置阴凉处备用。也可在收获时选择生长粗壮的种根，边收边栽，进行原地假植育苗，待明春移栽定植用。

2. **采收加工**　宜于 10 月下旬至 11 月中旬或春季萌芽前采收。春季根插繁殖的防风，在水肥充足、生长茂盛的条件下，当年即可收获；秋季繁殖的植株，一般于第二年冬季收获。根挖出后除净残留茎叶和泥土，晒至半干时去掉须毛，再晒至八至九成干时按根的粗细长短分级，捆成约 1 千克的小捆，晒干或炕干即可。一般每公顷产干货 3 750～5 250 千克，折干率 25%。

商品分级为两等，一等根圆柱形，表面有皱纹，顶端带有毛须，外皮黄褐或灰黄色。质地较柔软，断面棕黄色或黄白色，中间浅黄色；根长 15 厘米以上，芦下直径 0.6 厘米以上。二等根偶有分枝，芦下直径 0.4 厘米以上，其余同一等。以条粗壮、外皮细而紧、断面皮部色浅棕、木质部色浅黄色者为佳。

三、细　辛

（一）概述　细辛（图 3A、图 3B）来源于马兜铃科多年生草本植物辽细辛 *Asarum heterotropoides* Fr. Schmidt var. *mandshuricum*（Maxim.）Kitag.、汉城细辛 *A. sieboldii* Miq. var. *seoulense* NaKai。此外还有华细辛 *A. sieboldii* Miq.。以干燥全草入药，前两种习称"辽细辛"。别名细参、烟袋锅花、东北细辛等。辽细辛主产于辽宁为主的东北三省，华细辛主产陕西、山东、四川等地。全草入药含挥发油，其主要成分为甲基丁香酚、甲基胡椒酚、优香芹酮、黄樟醚等。味辛，性温，有祛风散寒、开窍止痛的功能。主治风寒头痛、鼻渊、牙痛、痰饮咳嗽、风湿痹痛等症。

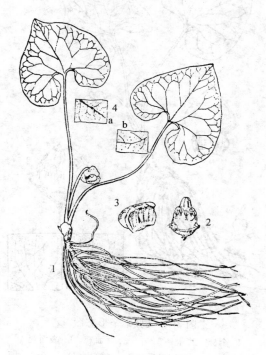

图 3A 辽细辛形态图
1.全株 2.合蕊柱 3.花被裂片（示花筒内部）
4.叶 a.背面观 b.表面观

辽细辛来源野生资源和家种，从朝鲜有进口。华细辛主要来自野生资源。近年随着用药量的增加，细辛的野生资源已基本挖尽，人工种植的周期较长，栽培技术要求较高，因此价格连年攀升，属于当前很有发展潜力的品种。

（二）植物特征

1.辽细辛 株高 10～40 厘米，根状茎顶部分枝，下生多数

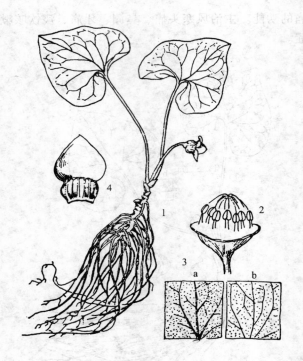

图 3B 汉城细辛形态图
1.全株 2.花 3.叶 a.背面观 b.表面观
4.花被裂片（示花被筒内部）

细长白色根，长 10～20 厘米，具有辛香气味。叶片 10～30 枚，
多者 100 枚以上；叶柄长 7～15 厘米。叶片心形或卵状心形，长
4～12 厘米，叶宽 5～14 厘米，顶端急尖或钝，基部心形，上面
脉上有短毛，下面被较密的毛。芽苞叶近圆形。花单一，由两叶
间抽出，花梗长 4～7 厘米，开花时成直角弯曲，花被筒壶状，
为绛红色或紫绿色，内壁具 20 条纵棱；花被裂片 3，由基部向
外反折；雄蕊 12 枚，上下交错排列于子房中下部；子房半下位
或近上位，近球形，花柱 6，顶端 2 裂，柱头着生于裂槽外侧；

蒴果浆果状，半球形，直径 1.2～1.3 厘米，果实成熟时常于腐烂后破裂，种子随之落地；种子卵状锥形，附有肉质种阜，种皮褐色或深黄褐色，有光泽。

2. 华细辛 本种与辽细辛很相似，但根茎较长，节间距离均匀。叶顶端渐尖，下面仅叶脉上有疏毛，花被片直立或平展，不反折。

3. 汉城细辛 形态与华细辛相似，但叶柄有毛，叶下面常密生较长的毛。

（三）生长习性

1. 生长发育 种子有休眠习性，需要经过种胚形态发育与低温打破休眠，方可萌发出苗，第四至第五年开花结实。

种子成熟采收后必须趁鲜播种，或短期内湿沙贮藏。播种后的当年不出苗，只有胚根的生长。经过冬季至少约 50 天以上的低温，才能打破休眠，第二年出土生长，冬季枯萎。第三、第四年为 1 片真叶期，第五至第六年为两片真叶期。第一至三年生长缓慢，从第四年起进入速生期。

四年生以上植株才能开花结实。花期 5 月、果熟期 6 月；开花 1～15 枚，多者达 50 枚以上。种子千粒重 12～14 克。果实成熟分三个时期：青果期，果皮呈绿色，果实有弹性，种皮乳白色，胚乳呈乳浆状，种子千粒重 11 克，发芽率为 47%，从开花期至该期约需 27～29 天；白果期，果皮呈白绿色，果实有弹性，种皮呈黄褐色，种子千粒重 12～14 克，发芽率为 93%，由开花期至该期约需 35～36 天；裂果期，果皮白色，果实干裂，种子落地，种皮呈褐色或深褐色，表面有光泽，发芽率为 98%，由开花期至该期约需 44～46 天。

早春小苗顶冰凌出土。霜降后植株枯萎。

2. 对环境条件的要求

（1）温度 细辛喜冷凉气候，耐寒，早春地温回升至 5～6℃时，根状茎的更新芽开始膨胀开裂，地温上升到 8～12℃时，为叶片出土的盛期，此时若遇到 −1～−2℃ 的霜冻，不受影响。植株开花期的适温为 20～22℃，温度低于 1℃ 或高于 26℃，停止开花。种子采收后，种胚形态后熟发育的适温为 20～23℃，温度高于 25℃，土壤湿度又过大时，种子容易腐烂。

（2）水分　喜土壤湿润环境，春季浇水可提高出苗率、种子饱满度、加大叶面积。种子采收后，贮存于干燥环境，失去生活力，必须湿润保存。

（3）光照　细辛为喜阴植物。人工栽培细辛须遮荫，阳光曝晒使叶片枯萎。4～5 月份，气温低，光照不强，可不遮荫，5 月下旬至 6 月初，应及时遮荫，透光率 50% 以上。透光率适宜能促进细辛的开花结实。

（四）栽培技术

1．选地整地　栽培细辛可以在冷凉湿润山地、老参地或农田地栽培。山地宜选择山林的阴坡、东坡或西坡，坡度在 10°～15° 以下，土壤以腐殖质深厚的黑壤土为佳，植被以阔叶林的柞、桦、椴树等为佳，针阔叶混交林次之。农田地以土壤疏松肥沃、排水良好的黑壤土或沙壤土，pH 中性或微酸性为佳。

山地的整地可在春夏季，将小灌木或过密树枝去掉，保持透光率 50%～60%。开地由山脚下逐年向上延伸，为了保持水土，每隔 15～20 米，留原始等高植被带 5～10 米。农田地和生荒地要求深翻 30 厘米左右。老参地原地做畦。有条件的地区根据土壤的肥力多施腐熟的圈肥。

做畦前用 5% 辛硫磷粉剂 30 克／米^2，或 50% 多菌灵粉剂 20 克／米^2，或 70% 敌克松 20 克／米^2 拌入土中。育苗畦高 20～25 厘米，移栽畦高 30～35 厘米，畦宽 1.1 米，作业道宽 40～60 厘米。

2．繁殖方法　细辛主要用种子繁殖。采取育苗移栽的方法。

（1）种子处理方法　果实成熟后采收，放室内堆放 1～2 天，待果实变软后去掉果皮，用清水将种子淘洗出，及时播种或湿沙贮藏，切不能干燥贮放，也不能用水浸泡。沙藏处理较立即播种发芽率高。选清洁河沙、风化母质或林下黑沙土5份和1份种子拌匀。选阴坡林下，地上用石块围砌高10厘米、宽50～70厘米的坑，坑底放3厘米厚粗沙，放入拌好的种子，坑口放5厘米厚河沙，上面覆盖树叶或稻草。也可架设荫棚或在库房内沙藏。沙藏期间，保持湿度15%～20%，温度20～23℃，每隔10天检查，将种子上下搅拌一次。沙藏40～50天，即可取出播种，时间不能过长以防种子发芽。

（2）育苗　播种前用50%多菌灵粉剂拌种，用药量为种子量的0.3%，或沙量的0.1%。条播或撒播，条播行距5厘米，播深3厘米；撒播从畦的中间向畦的两侧推开土层。形成约3厘米的畦槽。播种量约1 200粒/米^2。上盖腐殖质土，再盖一层枯枝落叶或作物秸秆。

3．田间管理

（1）移栽　三年生苗秋天9月上中旬移栽，苗挖出后选无病无伤壮苗移栽。条栽，开沟深15厘米，沟宽20厘米左右，株距4～5厘米，大中苗单栽，小苗2～3株并栽，行距20厘米。栽时根部舒展，呈扇形摆开，覆土至沟深的2/3处，适当提苗，踏实，及时浇水。

（2）其他管理措施　冬季上冻前，在畦面上覆盖一层枯枝落叶，早春清除畦面覆盖物，用50%多菌灵可湿性粉剂800倍液喷洒畦面。根据草情及时松土除草。每年生长季节追肥2次，第一次在5月上旬，第二次在7月中旬，以腐熟的的猪粪或磷酸二铵为宜。二至三年生小苗的光照以30%～40%为佳，四年生以上的苗以50%以上的光照为宜。生长期间保持土壤湿润不积水，干旱时用作业道灌水，不能直接灌水。非留种田及时摘除花序。

4．病虫害及其防治

（1）菌核病　细辛的主要病害，发生普遍，为害严重。苗期及成株期均可发生，早春发病严重，常引起根状茎、芽、花腐烂。本病由菌核在病株和土壤中越冬，翌年菌核萌动，靠风雨传播扩大为害。防治方法：注意防止病害从其他产区传入；加强农业防治，建立无病留种田，选沙质壤土及排水良好地块栽培；生长期适当增加光照，施用腐熟肥料，及早拔除病株并用生石灰消毒病穴；种子用 50％多菌灵可湿性粉剂 200 倍液浸种 10 分钟。早春开始发病时，可用 50％多菌灵可湿性粉剂：45％代森铵水剂：水＝1∶1∶200 配成药液，每平方米用 2～4 千克药液浇灌。

（2）中华虎凤蝶 又名黑毛虫、细辛凤蝶，幼虫为害叶片。一年发生 1 代，以蛹越冬。浙江于 3 月、东北于 4 月成虫羽化。卵期 20～25 天。幼虫期共 6 龄，约 1 个月，浙江于 5 月上、中旬化蛹，东北于 6 月中旬至 7 月初化蛹越冬。成虫产卵于叶背。浙江于 3 月下旬至 4 月中旬、东北于 5 月下旬至 6 月上旬幼虫孵化。防治方法：发现为害时及早人工捕杀；产卵期经常检查虫情，发现在叶背有卵块及时摘除；喷 90％敌百虫晶体 600～800 倍液或 2.5％敌百虫粉，每公顷用药 22.5～37.5 千克。

（五）采收与加工

1. 留种 留种田要与生产田隔离，防止菌核病侵染。留种田可从无病育苗田引种苗，随起随栽，行距 40～45 厘米，每行栽 5～6 穴，每穴栽 3 株，田间管理同生产田，在开花期、青果期可进行浇水。一般移栽两年后，即可开花结实，可连续采种 6～8 年。

2. 采收加工 细辛幼苗移栽后生长 1～3 年采收，直播田生长 5～6 年采收。秋季采收产量高，以 9 月中旬采收为佳。采收时挖出植株全部根系，去掉泥土每 1～2 千克植株捆成一把，放在阴凉处阴干后。不能水洗或日晒。水洗叶片发黑，根发白；日晒叶片发黄。每公顷产 6.0～10.5 吨。

商品按产地分辽细辛和华细辛。前者有野生和家栽两种。均为统货，不分等级。以根多、色灰黄、叶绿、气味浓者为佳。

四、红　景　天

（一）概述　红景天属植物，全世界有 96 种，我国有 73 种，2 亚种，1 变种。目前我国研究较多，药效较好，并且已引种栽培成功的药用红景天植物主要有高山红景天 *Rhodiola sachalinensis* A.Bor.、蔷薇红景天 *R.rosea* L. 及其变种张家口所产的红景天 *R.rosea* var.*roser*。

高山红景天（图 4）又名库页红景天，我国主要分布在吉林省的抚松、安图等县，黑龙江省的尚志、海林等县的山区。全株可入药，但主要用根和根茎。主要成分是红景天甙、甙元酪醇、蛋白质、脂肪、黄酮、20 多种微量元素及 17 种氨基酸等。1976 年苏联把红景天广泛应用于抗疲劳、抗衰老、抗微波辐射、提高脑力和体力机能等方面，并发现其增强免疫作用强于人参，还可作为强壮剂，治疗老年性心力衰竭、糖尿病等。在食品工业上制成不含酒精但具有酒类欣快感并能提高工作效率的饮料等，广泛用于宇航员、飞行员、潜水员、运动员等。

我国应用红景天已有很久的历史，远在清代就将其作为消除疲劳、抵御寒冷的滋补强壮药，历代皇帝曾派探险队寻找红景天，并向各地索取红景天为贡品。蒙古土耳扈特部给乾隆皇帝贡品中就有红景天。东北地区民间常用作补品和治疗疾病，其水煎剂或泡酒可消除疲劳，抵抗冬季寒冷。一些药理实验表明，发现红景天有防病、抗衰老作用。因此，红景天有广阔的开发应用前景。

（二）植物特征　高山红景天地上茎直立，高 6～35 厘米，不分枝，雌雄异株，雌株高 22～25 厘米，雄株高 16～18 厘米，花茎较多，单株花葶 40～60 个，多数花茎呈丛状生长，叶无柄，半抱茎，圆形或长圆形，长 1.0～4.5 厘米，宽 0.4～1.5 厘米，边缘具粗锯齿，聚伞花序顶生，密集多花，花瓣 4（少数 5），绿

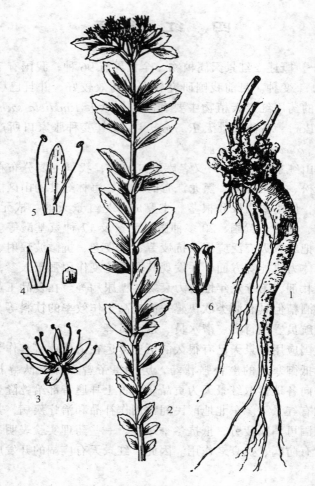

图 4 高山红景天

1. 根及根茎 2. 雌株花茎 3. 雄花（示退化的心皮及
鳞片的着生状态） 4. 萼片及鳞片 5. 示雄蕊着生 6. 果实

色，线状披针形，长 3～6 毫米，花期 6 月末，果熟期 9 月初。
地下根较粗壮，直立或横生，主根长 20～50 厘米，直径 1.0～

4.5厘米，分枝较多，具多数侧根和须根，细而长，根系发达，常分布在20～50厘米深的土层或沙石层内，老皮表面有棕褐色脱落的栓皮，根茎主轴粗而短，直径5～20厘米，顶端分枝极多，枝上有芽，花茎由此长出。

（三）**生长习性** 野生的高山红景天主要分布在吉林省的长白山区，黑龙江省张广才岭东南部高山区。高山红景天主要分布在高山冻原带，由于纬度不同，同是冻原带的海拔高度有所不同。吉林省长白山区，海拔高度为1 800～2 300米，是受季风影响的大陆性山地气候，春季风大干燥，夏季短暂，温暖多雨，冬季漫长寒冷，年平均气温4.9～7.3℃之间，7月最热月平均气温不足10℃，1月最冷，月平均温－22.3℃，最低时达到－44℃，年降雨量1 000～1 400毫米。土壤多为山地苔原土及山地生草森林土，土壤pH5～5.5，土层较浅，有机质含量较少。黑龙江省张广才岭的高山冻原带，海拔1 450～1 700米，年平均气温2～4℃，年降雨量700～800毫米，属寒温带大陆性气候，冬季严寒而漫长，夏季短促而炎热，雨量集中在7～8月份。

分布于冻原带的高山红景天，因所处生态环境的不同，其生长状态有较大的差异：

生长在岩石壁上及阳坡沙石堆上的高山红景天由于阳光充足植株矮壮，根较短，但较多，根茎短粗，分枝极多，根茎有几十个，甚至上百个密集在主根顶端，形成了十分明显的"狮子头"形的休眠植株，春天可长出大量的花茎来，虽然开花结籽多，但因气候干燥，风大种子容易被风吹跑，因此种子不易成苗，而以脱落后的根茎进行无性繁殖为主。

生长在水分充足，土层较厚的草丛或岳桦林下的高山红景天，由于光照不足，植株较高，长势细弱，主根细长，须根较多，根茎少且为细长形，虽然春天出苗后的花茎少，结的种子也少。但由于岳桦林光照弱，湿度大，种子不易被风吹跑，因此由种子繁殖的苗比较多。

蔷薇红景天分布于西藏、新疆、山西、河北等省、自治区。河北省则分布于海拔 1 800 米以上的山顶沙石地、草地及疏林下，土壤瘠薄。气候恶劣，冬季漫长而寒冷，夏季短暂而凉爽。抗严寒、耐干旱。幼苗喜湿润，怕强光，成苗喜光照，怕水涝。

张家口地区红景天分布于燕山山脉海拔 1 800～2 500 米的高寒山区。该变种红景天块根较大，产量高，质量优，是一个很有开发前途的红景天品种。

（四）栽培技术

1. 选地整地　根据红景天不同种类及其生长习性，尽量选择气候冷凉、夏季昼夜温差大、海拔较高的山区，为便于排水，地势最好有 10°～30° 的坡度，土壤以腐殖质稍多的沙壤土为好，pH5～7，山区可以利用砍伐后的阔叶林地或生荒地种植，黏重地、低洼积水地及夏季温度太高的地区不能种植。种植前翻耕土地，刨出树根，清除石块杂物，有机质含量较少的地可适量施腐熟的厩肥，将地整细耙平后，做成宽 1.2 米、高 20～25 厘米、作业道 80 厘米的高畦，以备播种和移栽。

2. 繁殖方法　以种子繁殖为主，也可用根茎繁殖。

（1）种子繁殖　高山红景天种子 7～9 月开始成熟，随熟随采，当果瓣开始开裂，种子尚未落地时，将果实摘下，晒干后脱粒，种子很小，千粒重 0.12～0.15 克。种子具不完全休眠性，未经过处理的种子发芽率仅为 5%～10%，根据沈阳农业大学孟庆勇等人的研究，用赤霉素和 ABT 生根粉 5×10^{-5} 的浓度（0.1 克药溶解于 20 000 克水中），浸种后可达 97% 的发芽率，而用流水冲洗 60 小时可得 30% 发芽率。种子繁殖可直播也可育苗移栽，直播不便管理以育苗移栽为好。东北地区育苗春播 4 月上旬，秋播 10 月中下旬。秋播由于种子在自然条件下能完成胚后熟阶段，不但不需处理种子，而且第二年出苗早而齐，因此以秋播为好，撒播条播均可，但撒播不便管理，一般采用条播。先将播种畦整平，然后用 3 厘米宽、0.4 厘米厚的木条在畦面上横向压出播种沟，沟距7～10厘米，沟深0.3～0.5厘米。种子均匀播于沟内，每平方米用种子1.5～2.5克。上盖过筛的细土0.3厘米，稍加镇压，播种后畦面盖稻草或松树叶保湿，土壤干时可用喷壶浇透水。

幼苗生长1年后可移栽，移栽时期与播种育苗相同，将苗全部挖出，按大小分等栽植。先在做好的畦上按20～30厘米的行距开沟，沟深依种根长短而定，按株距15～25厘米，将根苗倾斜放入沟内，芽头向上，覆土深度以盖过种芽2～3厘米为宜，秋季移栽覆土要适当加厚，若土壤干旱，栽后要浇透水以利成活。

（2）根茎繁殖　春秋栽植均可，秋栽在上冻前，春栽宜解冻后。可用家栽成株也可用采挖的野生根茎作繁殖材料，剪去根茎下面最大的根，将根茎剪成3～5厘米的小段，放阴凉通风处1～2天，使伤口愈合，栽种方法同育苗移栽。

3. 田间管理　由于红景天生长在海拔较高、气候冷凉、干旱少雨的环境，引为家栽后一般都会降低海拔，气温较高，因此田间管理的重点是幼苗初期和夏季高温多雨季节，幼苗开始出土时，应在早晚将畦面覆盖物逐渐揭去，并保持土壤湿润，干旱及时浇水，阳光过强时要适当遮荫。苗期应及时除草、松土，以免草大时拔草带出幼苗，影响存活。移栽后的成株喜光照，耐干旱，怕水涝，特别不适应夏季的高温多雨天气，因此雨季要注意挖好水沟，排水防涝，夏季温度较高的地区可于7～8月搭设遮荫棚或在畦面盖一层枯枝落叶，既降温又可防暴雨冲刷，有利植株正常生长。冬前畦面加盖2～3厘米厚土层，保护越冬。

4. 病虫害防治　红景天来源于恶劣环境，抗性较强，病虫害较少，干旱季节有蚜虫发生可用40%乐果乳剂1 500倍液喷雾防治。虫害主要有蝼蛄、地老虎等，可用40%辛硫磷乳油800～1 000倍液浇灌土壤，每公顷用药量3～4千克。

（五）收获加工　用种子繁殖的红景天，移栽后3～4年可采收，用根茎繁殖的生长 2～3 年即可收获。收获季节春秋皆可，以秋季为好。当地上部全部枯萎后，割去地上茎叶，挖出地下部分，去掉泥土，将较大的根茎剪下作繁殖材料，其余部分洗刷干净，在日光下晒干或在 70℃ 干燥室内烘干即可供药用。收获时应精心，防止根和根茎被折断，以免影响药材质量，一般每公顷可收干品 2 700～3 000 千克。河北省崇礼县和平林场试种张家口红景天种植 3 年后平均单株根重 350 克左右，每平方米可收鲜货 4 千克左右。

五、月 见 草

（一）概述 月见草（图 5）来源于柳叶菜科一年生或二年生草本植物月见草 *Oenothera biennis* L.，以干燥种子入药。俗称山芝麻、夜来香。我国主要分布于东北及黄淮地区，西北、华北有人工栽培。治胃紊乱、肝病等症，属小三类药材，在中医中药中用量少。主要分布于东北三省的南部和东部，如吉林省的通化、浑江、延边等地。

月见草在国外已有 100 多年的应用历史，不仅是药草，而且是天然营养食品。种子的含油量 20%～23%，油中含 7% 左右亚麻酸和 7%～14% 的 γ-亚麻酸，均为人体合成前列腺素的前体。近年研究表明，γ-亚麻酸有抗炎、抗氧化、抗血栓、降糖、减肥等作用，对糖尿病、高血脂症、动脉粥样硬化、冠心病等有显著疗效。因此，月见草油在制药业中使用较多，是高级的植物油之一。另外，γ-亚麻酸种子油也被开发成药品以外的营养补充剂和精细化妆品等。

我国月见草主要来源于野生资源，当前人工种植技术的研究较多，属于刚刚兴起种植的药材品种之一，种植的前景较好。

（二）植物特征 二年生草本，高达 1 米。根粗壮，肉质。丛生莲座状叶，有长柄；叶片倒披针形，密生白色伏毛；花茎圆

图5　月见草形态图

1.植株形态　2.果　3.柱头　4.雄蕊

柱形，粗壮，单一或上部稍分枝；下部茎生叶披针形或倒披针形。花单生于茎上部叶腋；萼筒先端4裂，花期反折；花瓣4，黄色，倒卵状三角形；雄蕊8枚，不超出花冠；子房下位，4室，柱头4裂。蒴果长圆形，成熟时4瓣裂。种子有棱角，在果内呈水平状排列，紫褐色。

（三）生长习性

1.生长发育　北方地区为一年生植物，淮河以南为二年生植物。无限花序，花自下而上开放。开花至果熟需20天左右。

花于晚 6～9 时之间开放，晚 7～8 时为开花盛期；阴雨天开花较早，干旱缺水开放时间延缓。开放花于翌日晨 3 时左右花瓣内向聚合，午间闭合，午后萎蔫，不时凋谢。种子脱离母株后发芽正常，但 16 个月后形成次生休眠，须经过 3～5℃ 低温才能打破休眠，正常发芽。

北方地区出苗后至抽薹前以营养生长为主。经过 50～55 天光照，即进入生殖生长时期，抽薹正是伏天，每昼夜可长 10～12 厘米，平均每天 6～7 朵花。花期约 25～30 天。

2．对环境条件的要求　喜阳、耐旱、耐瘠，对环境适应性较强。喜欢干燥、通风的沙质土壤。在人工栽培苗期喜欢湿润，后期喜欢干旱。对肥料反应敏感，施肥可以显著增加产量。

（四）栽培技术

1．选地　选择墒情好、肥沃的沙质土壤。易涝积水、特别干旱和盐碱地块不宜选用。老参地播种月见草，可以连续采收数年，产量高，效益较好。前茬以禾本科作物为好，其次为豆科类和瓜类茬。可连作。地块选好后，犁地，成垄，整细。

2．繁殖方法　月见草主要采用种子繁殖。可伏播、秋播（干籽直播）和催芽春播（种子处理）。以秋直播干籽较好，省工省力产量高。春播一定抓住墒情，东北在 3 月下旬至 4 月上旬顶凌播种为好。秋播的时间在 10 月中、下旬至 11 月上旬，结冻前播完。

踩好格子即可播种。播种前筛除种子杂质，用点播器或点葫芦点播，计算好用种量。一般每公顷播 6 千克左右（催芽籽 9 千克）。保证种子成熟度在 75%～80% 左右。播种后用扫帚捞一下，覆土约 0.5～1 厘米，略镇压。秋播地第二年春天，当清明节前后地土略干不沾鞋时踩上顶格子，镇压，土壤易返润，种子出苗齐而快。

3．田间管理　月见草从出苗到拔茎需要 55 天的光照时间。这段时间里月见草生长缓慢，易死亡。长至 7～10 片叶后抗性增强，不易死亡。合理密植可以保证当年不抽薹。

7～8片以上真叶时间苗，每公顷留苗45万～48万株。出苗期应防杂草和干旱。定苗后至封垄前中耕除草两次，中耕前可以先开沟，施磷酸二铵300千克/公顷。

从初霜至地上部枯萎前20～25天期间打顶，促使整株果实成熟。

4. 病虫害防治　主要病害有斑枯病，发生在苗期或结实期，以苗期为重，主要是土壤湿度过大，土壤板结引起。防治方法：早间苗定苗；发现病斑用40%多菌灵乳剂400倍液喷施叶片。

（五）**收获与加工**　9月中、下旬当有2/3的荚果变黄并要开裂时收割。收割后不能倒立，以防种子落地，捆成小捆，拉到集中的场院堆放、晾晒至半干，叶片脱落时，用滚筒式打麦机进行脱粒，或用人工脱粒。筛去杂质，如果种子潮湿，可晾晒一下，达到安全水分后，装袋收贮。

六、黄　　芩

（一）**概述**　黄芩（图6）来源于唇形科多年生草本植物黄芩 *Scutellaria baicalensis* Georgi，以干燥根入药，别名黄金条根、山茶根、黄芩茶。主产我国西北、东北各省、自治区，河北、陕西、山东等地种植较多。根含黄芩素、黄芩甙、汉黄芩素、汉黄芩甙等有效成分。味苦、性寒。具清热燥湿、泻火解毒、止血安胎功能。用于胸闷呕恶、湿热痞满、黄疸、肺热咳嗽、高热烦渴、痈肿疮毒、胎动不安等症。临床上治疗小儿肺炎、菌痢、消炎退热等病效果很好。

黄芩为我国历年常用大宗药材。主要有效成分黄芩甙在许多著名中成药中使用。日本的用量也较大。当前大部分药源仍然来自野生资源，由于超限度采挖，野生资源破坏严重，商品质量严重下降。人工栽培黄芩质量明显高于野生，但前几年家种生产受

图 6 黄芩形态图
1. 植株 2. 根 3. 花 4. 果实

价格较低和种源匮乏限制，发展较为缓慢，在全国尚未形成很有影响力的生产基地。随着商品价格逐年上升，家种生产的效益越来越好，1995 年 1996 年每千克 6～12 元，1997 年每千克 10～16 元，目前每千克 13～16 元，是一个值得发展的品种。

（二）植物特征 株高 30～60 厘米，主根粗壮，略呈圆锥形，外皮褐色，断面鲜黄色。茎方形，基部木质化。叶交互对生，具短柄；叶片披针形，长 1.5～4.5 厘米，宽 3～12 毫米，全缘，上面深绿色，光滑或被短毛，下面淡绿色有腺点。总状花序顶生，花排列紧密，偏生于花序的一边；具叶状苞片；萼钟形，先端 5 裂；花冠唇形，蓝紫色或白紫色；雄蕊 4，2 强；雌蕊 1，子房 4 深裂，花柱基底着生。小坚果近球形，果皮呈黑褐色，无毛，包围于宿萼之中。

（三）生长习性 黄芩多野生于山野阳坡，高山森林的边缘，或草坡、路边等处。耐寒、耐旱、耐高温。苗期喜水肥，生长期间耐旱怕涝。黏土地、阴坡地及低洼地种植生长不良。

种子小，出苗较困难。隔年种子不发芽，发芽适温为 20℃左右。7 月前播种当年开花。冬季地上部死亡，以根及根茎芽越冬。花期 6～10 月，果期 8～11 月。

根长、根粗和有效成分含量随生长年限增加而增加，第四年开始枯心，以后逐年加重。

（四）栽培技术

1. **选地整地** 黄芩适合在气候温暖而略寒冷的地带生长。人工栽培以选择排水良好、阳光充足、土层深厚、肥沃的砂质土壤为宜。如有条件于种植之前，每公顷施用腐熟厩肥 30～37.5 吨作基肥，然后深耕细耙，平整做畦。

2. **繁殖方法** 生产上主要用种子繁殖，也可分根繁殖，但极少采用。

一般于 3～4 月间采用条播法下种，播种地要求土壤墒情良好，否则必须先浇地后播种。按行距 30～45 厘米用蒜搂或木棒开浅沟，条播，覆土 1～2 厘米，播完轻轻镇压，每公顷地播种量 7.5～11.25 千克左右，如土壤湿度适宜，大约 15 天即可出苗。黄芩种子小，覆土浅，极易因土壤缺水而导致大量的缺苗断垄，为保证苗全苗齐，可以因地制宜采取下述各种方法：

（1）坐水播种 播种时如果土壤水分不足，应先开沟浇足水，等水下后播种。

（2）浸种催芽 播前用 40～50℃温水浸种 5～6 小时，捞出置于 20～25℃ 条件下保温保湿催芽，大部分种子裂口"露白"时播种。

（3）覆盖保墒　播种后在畦上覆盖树叶、作物秸秆和地膜等。如覆盖地膜北方地区应在 3 月底以前完成播种，以免地温太高烧苗烂种。

（4）雨季播种　没有灌溉条件的干旱地区，可以趁雨季播种，只要小苗能够正常越冬，黄芩种子在一年四季均可以播种。

（5）育苗移栽　可以在阳畦或温室集中培育壮苗，苗高 5～7 厘米时按行株距 27 厘米×10 厘米定植。栽后应及时浇水或结合降雨定植。定植时注意不要损伤幼根，否则容易萌发多数侧根，影响药材质量。也可以采用平移法，具体作法参考甘草。

3．田间管理　苗期保持土壤湿润，适当松土、除草。苗全后，注意中耕除草，一般不浇水。6～7 月为幼苗四周适当培土。根据苗情酌施追肥，通常每公顷施用过磷酸钙 300 千克、硫酸铵 150 千克。追肥后应随即浇水。当地如没有方便的化肥，亦可追施腐熟稀释的人粪尿，每公顷 4 500～6 000 千克。雨季及时排水，防止田间积水。

二年生植株 3～4 月份开始返青，6～7 月抽薹开花。种子田开花之前要多施磷钾肥，促进花朵旺盛，结籽饱满。于大部分种子成熟的 8 月底至 9 月中旬，沿果穗下部将地上茎叶剪除，集中晾晒，脱粒，收获种子。如果阳光强烈、温度高，避免在水泥地面晾晒，否则影响种子发芽。一年生一般不采种。非采种田，初花期时剪除花序，待第二次花序出现时再剪一次；或者在盛花期喷 40% 的乙烯利水剂 1～2 次，也可以有效地控制生殖生长。这些做法能有效地控制养分消耗，促进根部生长，增加药材产量。

4．病虫害及其防治　黄芩生长期间的病虫害较少。

（1）叶枯病　高温多雨季节，容易发病，开始从叶尖或叶缘发生不规则的黑褐色病斑，逐渐向内延伸，并使叶干枯，严重时扩散成片。防治方法：秋后清理田园，除净带病的枯枝落叶，消灭越冬菌源，发病初期喷洒 1∶1∶120 波尔多液，或用 50% 多菌灵可湿性粉剂 1 000 倍液喷雾防治，每隔 7～10 天喷药 1 次，连续喷洒 2～3 次。

（2）根腐病 栽植 2 年以上者易发病，往往根部呈现黑褐色病斑以致腐烂，全株枯死。防治方法：雨季注意排水；除草、中耕，加强田间通风透光；实行轮作。

（3）黄芩舞蛾 黄芩的重要害虫。以幼虫在叶背作薄丝巢，虫体在丝巢内取食叶肉，仅留上表皮，在北京一年发生 4 代以上，10 月以蛹在残叶上越冬。防治方法：清园，处理枯落叶等残株；发生期用 90% 敌百虫晶体或 40% 乐果乳油 1 000 倍液喷雾防治。

（五）采收与加工 有日本商要求栽培 1 年的黄芩，作饮料的原料。我国黄芩药用一般二年生时采挖。于秋后茎叶枯黄时，齐地面剪除地上茎叶，选择晴朗天气将根挖出，刨挖时注意操作，切忌挖断。修剪根茎，抖落泥土，晒至半干，用机械或麻袋等撞去外皮，然后迅速晒干或烘干。在晾晒过程中避免因阳光太强、曝晒过度而发红。采挖过程特别注意不能接触雨水，否则根易变绿发黑，影响生药质量。

一般每公顷收鲜品 8.4～12.9 吨，加工后可得 2.1～3.68 吨的商品生药。

栽培黄芩一般为条芩（野生多为老根中空的枯芩）。一等条芩长 10 厘米以上。中部直径 1 厘米以上，去净粗皮；二等条芩条长 4 厘米以上，中部直径 1 厘米以下，不小于 0.4 厘米，去净粗皮。以条长、质坚实、色黄皮净者为佳。

七、柴　胡

（一）概述 柴胡（图 7）来源于伞形科多年生草本植物柴胡 *Bupleurum chinense* DC. 和狭叶柴胡 *B. scorzonerifolium*

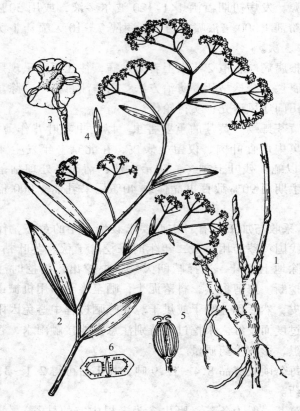

图 7 柴胡形态图

1.根 2.花枝 3.花放大 4.小总苞片 5.果实 6.果实横切面

Wild.，以干燥根入药，前者习称北柴胡、山柴胡、硬苗柴胡，后者习称南柴胡、红柴胡、硬苗柴胡。野生柴胡主要分布在东北、华北、内蒙古、河南及陕西、甘肃等省、自治区。家种柴胡的主要产区在山西、甘肃和内蒙古等地。根含柴胡皂甙甲、乙、丙、丁、白芷素、山奈甙、微量挥发油和脂肪等物质。药理实验表明柴胡煎剂具有解热、抑菌、抗肝损伤等作用；柴胡粗皂甙有镇静、镇痛、降温、镇咳、降血压等作用。味苦、性微寒。有解表和里、升阳、疏肝解郁的功能。治感冒、上呼吸道感染、寒热往来、胁痛、肝炎、胆道感染、月经不调等症。

柴胡为传统常用大宗药材,用途广泛,出口量较大。野生资源日渐稀少,有必要大力发展家种生产。受价格较低和种植技术没有完全成熟的限制,前几年人工种植效益一般,在全国尚未形成规模较大的生产基地。从市场价格看,1996年有较大的升幅,此后稳定于较高价位,每千克30~35元。目前已进入家种生产的好时期。

(二) 植物特征

1. 柴胡 植株高45~85厘米,主根圆柱形,分枝或不分枝,质坚硬,黑褐色或淡棕色。茎直立丛生,上部分枝,略呈"之"字形弯曲。叶互生,基生叶倒披针形,基部渐窄成长柄;茎生叶长圆状披针形或倒披针形,无柄;叶长5~12厘米,宽0.5~1.5厘米,先端渐尖呈短芒状,全缘,有平行脉5~9条,背面具粉霜。复伞形花序腋生兼顶生,伞梗4~10,总苞片1~2,常脱落;小总苞片5~7,有3条脉纹。花小,鲜黄色;雄蕊5,子房椭圆形,花柱2,双悬果宽椭圆形,扁平,长2.5~3毫米,分果有5条明显的主棱。

2. 狭叶柴胡 主根圆锥形,外皮红褐色,质疏松稍脆。叶细线形,长6~16厘米,宽0.2~0.7厘米。叶缘白色,骨质。

(三) 生长习性 种植第一年极少量植株开花结果,第二年全部开花结实,花期和果期较长。花期集中在8~9月,果期9~10月。冬季地上部枯萎死亡,以地下部根越冬。一年的生育时期约在4月中旬至10月底,约140天左右。种子发芽的适宜温度为15~25℃,30℃以上抑制种子发芽。苗期和发芽期喜中度荫蔽,成年植株生长需要充足阳光。室温下储存的种子超过1年后,不再发芽。

柴胡常野生于海拔1 500米以下山区、丘陵的荒地、草丛、路边、林缘和林中隙地,适应性较强,喜稍冷凉而湿润的气候,较耐寒耐旱，忌高温和涝洼积水。土壤 pH 以 6～7 为宜，但微碱性和微酸性的土壤均能正常生长。前作以禾本科作物为好，忌连作。根系分布不深，喜生长在温暖湿润而不积水的地方。

（四）栽培技术

1.选地整地　选择疏松肥沃、排水良好的夹沙土或沙壤土种植。不宜在黏土和低洼地种植。整地时最好施入基肥，深翻后耙细整平，做宽约 1.3 米的畦；坡地可只开排水沟，不做畦。

2.繁殖方法　生产上用种子繁殖。选生长健壮、无病虫害的地块留种，9～10 月种子稍带褐色时割回，晒干脱粒后用布袋等透气口袋包装贮藏于干燥阴凉处。可冬播、春播和夏播。冬播 11 月，春播 3～5 月，夏播 7～8 月，根据各地土壤温度和雨水情况确定。条播的行距 20 厘米左右，穴播的穴行距为 15～20 厘米，播种深度 2～3 厘米。每公顷用种子 7.5～11.25 千克，与火灰拌均，均匀地撒在沟或穴里，播后略镇压。春播和冬播可浇水后覆盖地膜，此后边破膜边播种；或者播后覆盖作物秸秆和树叶等。可与玉米、小麦等农作物，以及其他药材套种播种。

3.田间管理　播后如遇天旱，适当喷水。半月后陆续出苗。苗高约 10 厘米时，间苗补苗，条播每隔 5～7 厘米留苗 1 株，穴播每穴留 5～6 株，同时中耕除草，6～7 月旺盛生长时适当追肥浇水。第二年春季和夏季施两次肥。平时不十分干旱不需浇水，7～9 月雨量大时应注意排涝。非留种田 7～8 月及时摘除花序。二年生植株也可在 7 月中旬前割地上茎叶，晾干后作柴胡苗出售。同时还可以提高根的产量和质量。

4.病虫害及其防治

（1）锈病　为害茎叶。防治方法：冬季清园，处理病残株；发病初期用 25% 粉锈宁可湿性粉剂 1 000 倍液喷雾防治。

（2）斑枯病　为害叶部，产生 3～5 毫米直径圆形暗褐色病斑，中央带灰色。叶两面产生分生孢子器。防治方法：冬季清园，处理病残株；轮作；发病初期用 1：1：120 波尔多液或 50%

退菌特可湿性粉剂 1 000 倍液喷雾防治。

（3）根腐病 高温多雨季节易发病。防治方法：忌连作，最好与禾本科作物轮作；注意开沟排水。

（4）白粉病 为害茎秆。防治方法：合理间苗，清除杂草以通风透光；发病初期用 20% 粉锈宁乳油 1 000 倍液喷雾防治。

（五）采收与加工 播种后第二年 10～11 月地上部枯萎后收获。也可以在第一年或第三年收获。第一年收获产量较低，但质量好。一年生公顷收干货 750～1 350 千克，二年生收干货 1.35～2.7 吨。挖起全株，除去茎叶，抖净泥土，剪除毛须、侧根及残茎、芦头，留茬 1 厘米以内，趁湿理顺，按等级规格捆把。用全草可在播种当年秋季、第二年收根时，或 7～8 月时，割地上部茎叶，晒干即成。

出口商品分大、中、小胡三等。大胡：主干直径 0.6～0.9 厘米，每千克 360 支以内；中胡：主干直径 0.3～0.6 厘米，不分支数；小胡：主干直径 0.3 厘米以下。

以身干、条粗长、整齐、无残留茎叶及须根者为佳。

八、远　　志

（一）概述 远志（图 8）来源于远志科多年生草本植物远志 *Polygala tenuifolia* Willd. 和卵叶远志 *P. sibirica* L.，以干燥根入药。远志又名细叶远志，别名小草、细草、小鸡腿、细叶远志线茶；卵叶远志又名西伯利亚远志、宽叶远志。前者分布于东北、华北、西北、华东各地；主产于山西、陕西、吉林、河南，此外，山东、内蒙古、辽宁、河北等地均有栽培，为主要的栽培种。后者分布于海拔 1 100～2 800 米的山坡草地，在我国大部分地区有分布，各地自产自销。根皮含远志皂甙甲和乙、远志碱、远志糖醇等。味苦、辛，性温。有安神益智、散郁化痰功能。主治神经衰弱、心悸、健忘、失眠、痰多咳嗽、支气管炎等症。

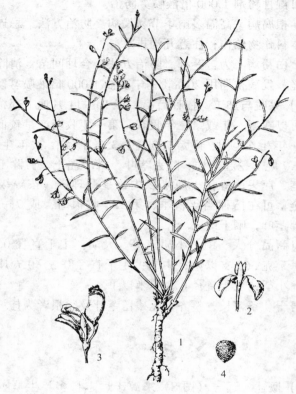

图 8　远志形态图
1. 植株全形　2. 花萼　3. 花　4. 种子

药理研究表明，远志对神经系统有多种功效。具有镇静、抗惊厥、中枢性降压作用，对脑的保护、促进体力和智力也有良好作用。此外远志还具有祛痰、兴奋子宫、抗突变、抗癌、抗菌、利尿等作用，临床用远志治疗急性乳腺炎及乳腺纤维癌、阴道滴虫病、小儿多动症、麻风病神经反应均有较好疗效。在韩国用远志治疗各种脑炎和脑膜炎。为较常用的大宗药材，特别在益智保健品方面的应用量也很大。

随着人工的采挖，远志的野生资源已严重缺乏，由于人工栽培的时间较短，技术有一定的难度，因此远志药材的价格一直处于高位，每千克价 1994 年 20～25 元，1996 年 30～40 元，目前 46 元，且有逐年上涨的趋势，是目前发展人工种植较好的品种之一。

（二）植物特征

1. 远志（细叶远志）　株高 25～40 厘米。根圆柱形，长而微弯。茎由基部丛生，直立或斜生，上部多分枝。叶互生，叶柄短或近无柄，叶片线形，先端尖，基部渐狭，全缘，无毛或稍被微毛。总状花序生于茎顶，花小，稀疏排列；萼片 5，其中 2 枚呈花瓣状，绿白色，边缘紫色；花瓣 3，淡紫色，其中一瓣较大，呈龙骨状，先端有丝状附属物；雄蕊 8，花丝基部联合；子房 2 室，花柱微弯曲，柱头 2 裂。蒴果卵圆形而扁，先端微凹，基部有宿存萼片，成熟时沿边缘开裂。

2. 宽叶远志　茎绿褐色，表面密被灰褐色细柔毛，叶椭圆形至长圆状披针形。

（三）生长习性

1. 生长发育　在北京野生的细叶远志于 3 月底开始返青，生长缓慢，4 月中旬展叶，在第七至第九片叶的叶腋出现侧枝。5 月初显蕾，5 月中旬开花，顺序是主枝花序先开花，侧枝在后，再次为侧分枝；一个花序又以下方的花先开，依次向上，花期较长，8 月中旬仍开花，但后期花的果实不能成熟。6 月中旬主枝上的果实成熟开裂，种子落地，6 月下旬至 7 月初各分枝几乎都有成熟果实。9 月底地上部停止生长，进入冬季休眠期。

远志播种出苗后，两片子叶贴近地面生长，一直到 11 月受冻后才枯萎。幼苗生长 1～1.5 月在子叶上方或第一至第三片叶的叶腋上长出侧枝。当年播种的远志在冬季其根长度在 25 厘米以上，第二年冬季可达 1 米以上。与野生远志比较，家种的远志根皮较厚，根部芽和侧根较多。

远志于播种第二年开始开花结果。细叶远志在第二年几乎全部开花，而宽叶远志只有 75% 开花，至第三年才全部开花。2～4 年的远志开花结果数量随着年数的增加而增多。生长 4 年的一株最多的结 1 688 个果实，最少的也结 302 个。生长第二年的远志，即第一年首次开花只结少量种子，第二年才结较多种子。按每公顷 30 万株计算，细叶远志种子第一年公顷产只有 45.9 千克，第二年可达 319.5 千克。宽叶远志第一年公顷产 7.65 千克，第二年 252 千克。

2. 对环境条件的要求　细叶远志野生于向阳山坡草地或路旁。偶见于岩石缝中，喜冷凉气候，忌高温，根系发达，耐干旱。

（四）栽培技术

1. 选地整地　选向阳、地势高燥排水良好的砂质壤土地块，每公顷施厩肥或堆肥 37.5～45 吨，耕翻耙平，在北方多采用平地条播。忌连作。

2. 繁殖方法　主要用种子繁殖，有直播和育苗移栽两种方式。

（1）直播　春播于 4 月中、下旬；秋播于 10 月中、下旬或 11 月上旬进行，当年不出苗；也可以在 8 月下旬播种，当年能出苗越冬。播前在整好的畦内浇足水，下渗后，按行距 20～30 厘米开浅沟，条播，每公顷播种量 11.25～15 千克，播后覆土或草木灰 1.5～2 厘米，稍加镇压或覆盖地膜。播种后 15 天开始出苗。

（2）育苗移栽　于 3 月上、中旬，在苗床上条播，覆土 1 厘米，保持苗床湿润，苗床温度在 15～20℃ 为宜。播种后 10 天左右出苗，苗高 5 厘米左右，即可定植。定植应选择阴雨天或午后，按行株距 15～20 厘米×3～6 厘米定植。

3. 田间管理　覆盖地膜的远志幼苗，苗高 2～3 厘米时揭膜，随即喷水，保持土表湿润。苗高 4～5 厘米时间苗，株距 3～5 厘米。远志植株矮小，故在生长期须勤中耕除草，以免杂草掩盖植株，松土要浅，用耙子浅搂。因性喜干燥，除种子萌发期和幼苗期须适量浇水外，生长后期不宜经常浇水。每年春、冬季及4～5月间，各追肥1次，以提高根部产量。以磷肥为主，每公顷可施饼肥300～375千克，或过磷酸钙187.5～262.5千克。6～7月远志旺盛生长期时每公顷可以喷1%硫酸钾溶液750～900千克或0.3%磷酸二氢钾溶液1 200～1 500千克，隔10～12天喷一次，连喷2～3次。

有条件的地方可以在行间覆盖作物的秸秆或树叶等。

4.病虫害防治

（1）根腐病 主要为害根部，田间积水和连作容易发生。防治方法：不要连作；雨季注意及时排水；发现病株及时拔除，病穴用10%的石灰水消毒；初期可用50%多菌灵可湿性粉剂1 000倍液喷洒，必要时可以连喷几次。

（2）蚜虫 用40%乐果乳油2 000倍液喷杀。

（五）采收与加工

1.留种 远志蒴果成熟时开裂，种子散落地面，蚂蚁喜搬运种子，故应在果实七八分成熟时割下地上果穗，集中堆晒脱粒。

2.采收加工 播种后2～3年收获，以三年生产量为高，每公顷收3.75～4.5吨。在秋季地上枯萎后或春季萌芽前采挖。用铁锨刨出或用耕耘机耕起，除净泥土和茎部，晒至皮部变软，选择较粗的根用木棒敲打，使其松软，抽去木心，晒干称"远志肉"，如采收后直接晒干，称"远志棍"。鲜根的折干率约为30%。

远志筒分为两等，一等长7厘米，中部直径0.5厘米以上。二等长5厘米，中部直径0.3厘米以上。以条粗、肉厚者为佳。

九、穿　山　龙

（一）概述 穿山龙（图9）来源于薯蓣科多年生缠绕藤本

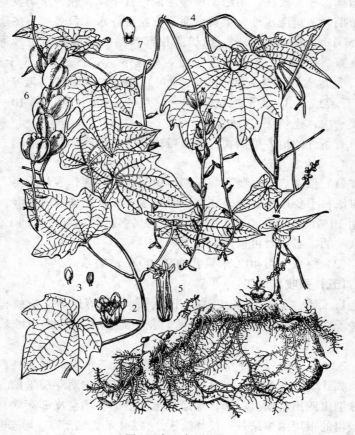

图 9　穿山龙形态图

1. 雄株　2. 雄花　3. 雄蕊　4. 雌株　5. 雌花　6. 果序　7. 种子

植物穿龙薯蓣 *Dioscorea nippoinica* Makino 和柴黄姜 *D*. *nip-poinica* Makino subsp. *rosthornii*（Prain et Burkill）C. T. Ting，以根状茎入药。别名地龙骨、穿龙骨等。主产于辽宁、吉林、黑龙江、河北、内蒙古、山西、陕西等地，次产山东、甘肃、河南、江西、浙江等地。根状茎中含薯蓣皂甙等多种皂甙，其甙元为合成副肾皮质激素及口服和注射用避孕药物的主要原料。水煎剂有平喘、镇咳、祛痰作用，对金黄色葡萄球菌、大肠杆菌、甲型链球菌以及流感病毒均有较明显的抑制作用。味甘苦，性温。有活血、祛风止痛、止咳平喘祛痰的功能。治腰腿痛、筋骨麻木、跌打损伤、咳嗽喘息等症。民间多用根状茎浸酒，治疗筋骨麻木及腰酸、腿疼。

由于大量开发作为药用原料，野生资源的破坏严重，原料来源日趋紧张，有必要大力发展家种生产。主要种植种为穿龙薯蓣。

（二）植物特征

1. 穿龙薯蓣　根状茎横走、木质、多分枝，外皮黄褐色易成片状剥离。茎圆柱形、近无毛，常缠绕于他物上。单叶互生，叶片卵形或广卵圆形，先端渐尖，基部心形，无毛或有稀疏的白色细柔毛，叶脉处较密。花黄绿色，小，雌雄异株，穗状花序，腋生，雄花序复穗状，雌花序单一、下垂、绿黄色。蒴果卵形或椭圆形，具3翅，成熟后黄褐色。种子上部具长方形膜质翅。

2. 柴黄姜　与穿龙薯蓣十分相似，区别在于柴黄姜植株较粗壮，根状茎无片状剥离的栓皮，叶片有较多白色小刺毛，花多少有柄，薯蓣皂甙元含量较低，产于陕西、甘肃、河南、四川、贵州、湖南、湖北等地。

（三）生长习性

1. 生长发育　种子繁殖植株于第二年春季开花，开花株率约30%；无性繁殖者，当年5月开花，花株率73%；二年生以上的植株花期稍有提早，观察发现，不同成熟度的种子发芽率、千粒重均有较明显的差异。因此，合理地确定种子采收期对提高种子质量十分重要。

穿龙薯蓣根系活动从3月中旬开始，10月中旬结束，约200天，以8、9月增长迅速。

2. 对环境条件的要求

(1) 温度　种子发芽的适宜温度为 20～30℃，有足够的水分 25～28 天出苗，如温度低于 10℃ 或高于 30℃，则抑制发芽。穿龙薯蓣对温度条件适应幅度较广。北京地区生长期间的温度为 8～35℃，适宜生长的温度约 15～25℃。植物生长初期要求温度稍低，约 8～20℃。开花结实期气温高有提早开花和加速果实增长的作用。经观察温度在 15～20℃，同一花序从孕蕾到第一朵小花开放需 25 天，而气温增高至 20～28℃，开花的时间则可缩短 11～14 天。休眠期适宜较低的温度，高温不利于根茎的休眠和翌春的生长。

(2) 水分　穿龙薯蓣的根状茎主要分布在土壤上层，根部垂直分布不超过 40 厘米。由于植株有发达的根系，故耐旱性能极强。经观察，春旱地区，特别是无性繁殖当年，根系尚未充分发育，适当灌水对根茎成活与植株生长是有益的。植株生长后期，浇水不宜过多，否则土壤湿度过高，常引起根茎腐烂。据测定，植物生长期间适宜的土壤含水量约为 13%～19%。

(3) 光照　光对出苗及幼苗初期阶段有不良影响，常引起叶片干枯和死亡。幼苗后期至成龄植株，光照充足对薯蓣皂甙元的积累起很好作用，选择栽培地区时，应考虑光照条件。

（四）栽培技术

1. 选地整地　宜选结构疏松、肥沃的沙质壤土栽种，其次是壤土和黏壤土。由于穿龙薯蓣对水分要求不高，故适合山区坡地种植。在北方，当春季土地解冻后，深耕施肥，每公顷施基肥 45～60 吨，整细耙平。

2. 繁殖方法

(1) 种子繁殖　种子千粒重 9.6 克，一般发芽率 40%～80%。在北京地区，每年 4 月开始于苗床播种。播种前首先将种子与湿沙按 1:1 混合，放于 10℃ 以下温度条件下处理 20 天，出苗可提早 9～10 天，出苗率可达 85% 以上。条播，行距 8～10 厘米，开沟将种子均匀撒于沟内，覆土 1.5 厘米，稍行镇压后浇水，经常保持土壤湿润，约半个月出苗；未经沙藏处理的种子，出苗迟，而且很不一致。苗出齐后，待苗高 10 厘米，叶片 3～4 枚时，间去过密的小苗。第二年春季移栽，行距 45～60 厘米，株距 20～30 厘米。

（2）根状茎繁殖 春季植株萌发前，将根茎挖出，选取健康根茎切成 3～5 厘米小段，按行距 45～60 厘米开沟、沟深 10～15 厘米，然后按株距 30 厘米将根茎栽于沟中，覆土压实。据研究，新根状茎作繁殖材料，出苗及成活率均高，产量也比老根茎高 2～3 倍。

3. 田间管理 每年锄草 3～4 次，在生长期间搭架，以供其缠绕上长。第三、四年植株生长迅速，需分次追肥以供应其生长发育的需要。

（五）采收与加工 播种后第四、第五年，根状茎繁殖的第三年春，植物营养生长期采挖，薯蓣皂甙含量最高。去掉外皮及须根，切段，晒干或炕干。阴干法需时较长，且易发霉变黑，炒干法皂素的含量很低，均不可取。

十、秦　艽

（一）概述 本品为常用中药，来源于龙胆科植物秦艽（*Gentiana macrophylla* Pall.）、麻花秦艽（*G. Straminea* Maxim）、粗茎秦艽（*G. Crassicaulis* Duthie ex Burk）或小秦艽（*G. dahurica* Fisch.）的干燥根。前三种按性状不同分别习称秦艽和麻花艽，后一种习称小秦艽。以根入药，根含秦艽碱乙、秦艽碱丙、糖类、挥发油和龙胆苦碱等。味辛、苦，性平。有祛风湿、清湿热、止痹痛之功效。常用于风湿痹痛、筋脉拘挛、关节疼痛、小儿疳积发热等症。

秦艽（图 10）主要靠野生资源。近几年来，野生资源逐年减少。人工栽培生产发展缓慢，受资金影响，社会库存日趋空虚，而社会需求增加很快，造成秦艽市价逐年上升。1994年统货为每千克15元，1995年每千克20元，1996年、1997年达每千克25~45元。目前市价每千克为30~40元。

图10 秦 艽

1.植物全形 2.展开的花冠 3.花萼 4.展开的花萼 5.子房 6.果实 7.种子

（二）植物特征

1.秦艽 别名大叶龙胆（河北）、鸡腿艽（甘肃）、川秦艽

（四川）、西大艽、左扭根（陕西、青海）等。多年生草本，高20～60厘米。主根粗长，扭曲不直，近圆锥形，根颈部有许多纤维状残存叶基。茎直立或斜生，叶披针形或长披针形，基生叶多数丛生，长可达10厘米，宽3～4厘米，全缘，主脉5条；茎生叶3～4对，较小，对生。花集成顶生及茎上部叶腋成为轮伞花序。花冠管状，深蓝紫色长约2厘米。雄蕊5，雌蕊1，蒴果长圆形或椭圆形，种子，深黄色，光滑无翅，花期7～9月，果期9～10月。

2. 麻花秦艽 花冠裂片淡黄色，有时白色或淡绿色，根略呈圆锥形，长8～18厘米，直径1～3厘米，主根下部多分枝或相互分离后又连合，略成网状或麻花状；质松脆，易折断，断面多呈枯朽状。分布于四川、青海、甘肃、西藏等地。

3. 粗茎秦艽 花蓝色或蓝紫色，果具明显的柄为其特点。分布于西南地区。其根商品称萝卜艽、牛尾艽；根略呈圆柱形，较粗大，多不分枝，很少相互扭绕，长12～20厘米，直径1～3.5厘米。贵州省威宁县及省植物园已引种栽培。

4. 小秦艽 高10～15厘米，根细长，圆柱形，直径常不足1厘米，单一或稍分枝，叶片狭长披针形。花常较多或1～3朵，花冠管通常不开裂，花冠蓝色，雄蕊5，花丝几乎呈翼状，蒴果椭圆形。花期7～8月，果期9～10月。分布于河北、山西、内蒙古、陕西、宁夏、甘肃、青海、新疆、四川、西藏等省、自治区。

（三）生长习性 秦艽喜凉爽气候，耐寒，忌高温，怕积水，在土层深厚、肥沃、排水良好的壤土上生长好。

秦艽为高山药用植物。一般分布于海拔2 000～3 000米、气候冷凉、雨量较多、日照充足的高山地区。多生长在土层深厚、土壤肥沃、腐殖质丰富的山坡阴湿草丛中，溪沟两旁、路边、灌木丛中。贵州威宁引种在海拔2 235米，年均温度10.5℃，1月为1.6℃，7月为17.8℃，年降雨量966.5毫米，相对湿度为

80％。省植物园海拔 1 260 米，平均温度 14℃，1 月温度 6.2℃，7 月温度 22.9℃，年降雨量 1 411.7 毫米，相对湿度 80％。两地的土壤相近，引种栽培均成功。

（四）栽培技术

1. **选地整地** 要选择海拔较高、气候凉爽、水源有保证的壤土或沙壤土种植。

在选择好的地段上，普遍施一次基肥，每公顷施用厩肥 22.5～30 吨，翻挖 1 次，然后捣碎整平。按 2～3 米宽开厢，四周开排水沟，沟深 15～17 厘米，宽 20 厘米。

2. **繁殖方法** 用种子繁殖，可直接采收野生种子，也可挖野生苗移栽后采籽，也可从先引种栽培成功的地区购买优良种子。

（1）**种子特性** 秦艽果实长圆形，长 3.5～4 厘米，内含种子多数，细小，椭圆形，长 1.6～1.7 毫米，直径 0.5～ 0.60 毫米，表面褐色或棕色，有光泽，手感光滑，千粒重 0.28 克。秦艽种子寿命短，贮藏一年以上的种子不能用。新种子在低温下萌发较好，发芽适温为 20℃，温度高于 30℃对萌发有明显的抑制作用。

（2）**播种** 春季解冻后，在整好的厢上，按 10 厘米的行距开深 3 厘米、宽 8～10 厘米的浅沟，然后将拌好细土的种子，均匀地撒在沟内，覆盖一层细土，盖上草，浇水淋透即可，每公顷约用种子 3～4.5 千克。每公顷用种量粗茎秦艽 3～7.5 千克，秦艽 7.5～12 千克。

（3）**移栽** 一般在春、秋两季，种子育苗，苗高 12～15 厘米时进行。也可将野生苗挖回，栽于选好的土地上。每公顷撒施厩肥 2 吨左右，于翻挖前施下，与土拌匀。按 25～30 厘米开窝，每窝栽苗一株。栽时将根理顺（挖伤的根应进行修剪），盖细土后，把植株略向上提一提，再覆盖细土稍压紧，施清粪水 1 次。每公顷可栽 45 000 株左右。

3.田间管理

（1）苗床除草、追肥、浇水　播种后，经常浇水，以利种子萌发出土，幼苗也应保持湿润。出苗后很细小，不能进行中耕，宜将苗床上的杂草用手小心拔除，保持地面无杂草。待苗长出2～4片叶时追清粪水1次，随着幼苗逐渐长大，施肥深度随之增加，以促进苗的生长。

（2）匀苗　为使幼苗健壮、整齐，于出苗后有4片叶时，进行匀苗，把生长过密和瘦弱的幼苗拔除。

（3）中耕和追肥　移栽后的春季出苗时，将地内残叶杂物清除。进行第一次松土除草，第二次在6～7月进行，第三次宜在10月进行。每次中耕以疏松表土和除去杂草为主，并结合追施肥料，每年在封行前后，选雨后于行间撒施复合肥，每公顷用300千克。7月叶面喷施磷酸二氢钾，10天喷1次，连喷3次，每公顷用量8千克。入冬前每公顷追施农家肥3万千克。

每当下大雨后立即松土，使表土疏松，以免土壤板结，减少土壤中水分的蒸发。雨季注意排水，防止烂根。

（4）病虫害防治　病害有叶斑病。发病时及时清除病株烧毁，用1:1.5:150波尔多液每10天喷一次，连喷2～3次。虫害有蚜虫等，可用40%乐果乳油1 500倍液喷雾防治。

（五）采收加工　秦艽播种3～5年后，春秋季均可采挖，挖出全株，挖时切勿伤根。除去茎叶、须根、泥土，晒干或堆闷1～2天，让内部水分往外层渗出，使颜色成红黄色或灰黄色时，摊开晒干。一般每公顷产1 500～2 250千克。一般4～5千克鲜根可干1千克干根。从第三年起每年每公顷可产种子300～600千克。8～10月当种子成褐色或棕色时割下果序，放通风阴凉处7～8天，抖出种子晒干，放干燥阴凉处贮藏备用。

品质与规格的要求：

1.粗茎秦艽的品质　以身干、根条粗长、色黄白、油性大、体结实、肉厚、稍有芦头、断面呈菊花心者为佳。切忌霉变。

2. **规格** 一等每千克 50 支以内；二等每千克 50 支以外。

3. **包装** 用竹席内衬草席装。

4. **存放** 置于干燥，通风处为宜。

十一、贯叶连翘

（一）概述 贯叶连翘（图 11）来源于藤黄科多年生草本植物贯叶连翘 *Hypericum perforatum* L.，以全草入药。又名贯叶金丝桃。在我国主要是作为民间草药使用。味苦、涩，性平。有

图 11 贯叶连翘

收敛止血、调经通乳、清热解毒、利湿的功能。国内的用量很少。在国外作为民间草药使用，用于治疗神经疾病、创伤、烧伤和尿路感染。

国外于80年代后期发现贯叶连翘含具有显著抗DNA、RNA病毒繁殖作用的化合物——金丝桃素，引起人们对该植物的广泛兴趣。金丝桃素已作为药物在德国、英国等国家上市，主要用于治疗抑郁症、甲型肝炎、乙型肝炎及艾滋病。近现代研究还发现具有抑制艾滋病毒的作用，而且还具有抗癌功能，是近年国外畅销的草药之一。主要有效成分为萘骈双蒽酮类的金丝桃素和假金丝桃素，藤黄酚衍生物类的贯叶金丝桃素和高贯叶金丝桃素，以及黄酮类成分。

贯叶连翘的分布极广，北美、欧洲和亚洲均有分布，但近年的采挖已经对国内外的野生资源造成了毁灭性的破坏。现在主要依靠大规模严格管理的田间种植提供原料。采用严格的技术操作规程，在我国发展贯叶连翘的种植有较好的国际市场前景。

（二）植物特征 株高20～60厘米，全体无毛，茎直立，多分枝，腋生，茎及分枝两侧各有一纵线棱。叶对生，较密，无柄，椭圆至线形，长1～2厘米，宽0.3～0.7厘米，先端钝，基部抱茎，全缘，叶面散布淡色或透明腺点，边缘处有黑色腺点。花瓣5，黄色，雄蕊多数，3束，子房1室，蒴果长圆形，长约5毫米，宽约3毫米。种子黑褐色，圆柱形，长约1毫米，具纵棱，表面有细蜂窝纹。花期6～7月，果期9～10月。

（三）生长习性 野生于四川、湖北和河南等省，喜碱性土壤，不宜直接播种繁殖，种子小，较难出苗，洗涤并冷冻可提高发芽率，1月份播种，5～7月开花。

贯叶连翘的有效成分遇光易氧化，对热不够稳定。有效成分集中在贯叶连翘的花中，以即将开放和刚刚开放的花中含量最高，一旦授粉，含量即迅速下降。干花中金丝桃素的含量一般在0.2%以上，最高可达1.8%。叶和侧茎中含量相近，一般在

0.02％左右。主茎中含量最低，不能使用。

（四）栽培方法

1. **选地整地**　选择疏松肥沃的沙质壤土，在各种荒地及黏土地上生长也行，适应性较强。施入有机底肥 1 500～2 500 千克，平整土地，开好排水沟，无须做畦。

2. **繁殖方法**　可用种子繁殖和野生种根繁殖。

（1）**种子繁殖**　选疏松肥沃的土地深翻施足有机底肥后作育苗床，可用阳畦或温室育苗。苗床土壤最好过筛，将种子掺 5 倍细沙后均匀撒于畦面，用木板轻轻拍打。上撒薄薄一层的草木灰，用喷雾器喷湿后覆盖地膜。出苗后及时揭去地膜，保持土壤湿润不板结。苗高约 10 厘米后可以移栽。采用穴栽法，行距 40～50 厘米，穴距 10 厘米，每穴 2～3 株，最好带土移栽，栽后及时浇水。根据草情，及时中耕除草。

（2）**野生种根繁殖**　从野生产地秋天或春天发芽萌动前刨挖野生根茎。及时种植，行距 40～50 厘米，株距 20～30 厘米。栽后及时浇水。每公顷用种根约 900 千克。

3. **田间管理**　春季出苗后注意加强管理，及时中耕除草。4～5 月份施一次氮钾肥。花期保证土壤水分充足。收割后施一次有机肥。未割除部分的种子成熟后将地上部全部割下，晾干脱粒收获种子，茎叶不可混入种子内，可作为原料药材。割完后有条件的地区在根丛周围施一层有机粪肥，略覆土。并将田地清理干净，冬季灌冻水。

（五）采收与加工　在盛花期采收，割取包括花、茎、上部叶和侧枝在内的上端部分（约 30 厘米）。若连主茎及下部叶片全部采集，则主要成分的相对含量将明显下降。采收后应尽量避光并力求迅速干燥。微波干燥能最大限度地保存金丝桃素和假金丝桃素。扎成小束在 70℃ 下干燥也有利于各种成分的保存。若无上述条件，置通风处尽快阴干亦不失为可取的干燥方法。阳光曝晒将导致金丝桃素氧化损失。有条件的地区可以在 40℃ 左右的暗室内烘干。

干燥后的贯叶连翘扎成捆，在通风干燥的暗处保存。

十二、半　夏

（一）概述　半夏（图 12）来源于天南星科多年生草本植物半夏 *Pinellia ternata*（Thunb.）Breit.，以干燥块茎入药，别名老鹳眼，老鸦芋头、野芋头、地巴豆等。我国大部分地区均有分

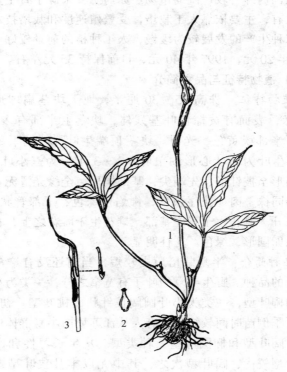

图 12　半夏形态图

1.植株　2.雌花　3.肉穗花序纵剖面

布，主产于四川、贵州、湖北、安徽、江苏、河南、浙江等省。其中四川省产量大、质量好。块茎含淀粉53.2%，挥发油约0.013%，少量脂肪等。生半夏毒性大，次为漂半夏，再次为生姜半夏和蒸半夏，白矾半夏毒性最低。味辛，性温，有毒。具燥湿化痰、降逆止呕、消痞散结的功能，用于治疗痰多咳喘、眩晕头痛、呕吐反胃等症，生用外治痈肿痰核，姜半夏多用于降逆止呕，法半夏多用于燥湿化痰。

半夏是降逆止呕、燥湿化痰的常用中药材，在多种中成药中应用，在国内外有较广阔的市场。原药主要来源于野生资源，现已基本没有，主要依靠人工栽培，受繁殖速度和栽培技术难度的影响，家种生产的发展较为缓慢，人工种植的前景较好。每千克价1994年20元，1997年40元，目前保持35元左右。

（二）植物特征与品种简介

1. 植物特征　株高15～30厘米，地下块茎扁球形，直径1～3厘米，表面有黄棕色叶基残体；块茎上半部有多数须根，底部与下半部淡黄色，光滑。块茎顶端生叶，叶柄下部有一珠芽。一年生叶为卵状心形的单叶，2～3年后为三小叶的复叶，小叶椭圆形至披针形，先端尖，基部楔形，全缘光滑无毛。花单性，雌雄同株，肉穗花序顶生，佛焰包绿色，下部管状不张开，上部微张开。雌花生于花序基部，雄花生于雌花之上，自交不亲和。浆果卵圆形，绿色。花柱明显。

2. 品种简介　半夏栽培历史较短，当前还没有培育出具有一定特征的品种。野生半夏的叶子有宽窄之分，一类为小叶狭长披针状的柳叶型，一类为小叶圆阔披针状的桃叶型。初步观察，桃叶型夏季倒苗时间较短。另有人从江苏境内半夏群体中分离出狭叶型、阔叶型和椭圆叶型三种类型。从生长习性和产量性状看，狭叶型较优，阔叶型次之，其中尤以丰县狭叶型，长势旺盛，叶数多，叶片大而厚，抗性强，珠芽多，块茎多，个体大，产量高。

（三）生长习性

1. **生长发育** 冬播或早春种植的块茎，地表温度达 10～13℃时，叶柄发出。此时如遇 2℃以下低温数天，叶柄在土中横生，横生一段可长出一代珠芽。当气温回升时，叶柄直立长出土外。繁殖用块茎越大，叶柄粗，结的珠芽大，珠芽在叶柄着生的位置也越高。

2. **对环境条件的要求** 半夏喜温和湿润的气候和荫蔽的环境，怕高温、干旱及强光照射。多野生于河边、沟边、灌木丛和山坡林下。在土质疏松、排水良好的沙质壤土中栽培最适宜。土壤黏重不利根系的发育及子半夏的形成。

（1）**光照** 光照强度对半夏生长发育有较大的影响。如珠芽的发育与光强度密切相关，半阴半阳形成的珠芽最多，约为母块茎个数的 6 倍，光照太强或太弱均少。耐阴怕晒。在芒种和夏至期间常见"倒苗"现象，故有"半夏"之称。

（2）**温度** 半夏于 8～10℃萌动生长，20～25℃是生长最适温度，30℃以上生长缓慢，超过 35℃时地上部死亡。故半夏春季生长旺盛，盛夏炎热倒苗，秋季凉爽时又复萌发生长。

（3）**水分** 半夏对水分要求较高，吸收能力有限，耐干旱能力差，缺水或空气过于干燥，均易造成地上部分枯萎。

在半夏生长过程中，光照、温度、水分诸因素是综合起作用的。如果土壤水分和空气湿度适宜，可减轻光照过强、温度过高造成的不利影响。适当遮荫，对减少水分消耗、缓和旱情、降低温度有积极作用。

（四）栽培技术

1. **选地整地** 半夏产量高低，选好土地是关键。黏重土地不利根部发育及块茎生长。盐碱涝洼地皆不宜栽种。土质疏松，肥沃、具有排灌条件的砂质壤土最为适宜。半夏根深一般不超过20 厘米，可于秋季作物收获后，封冻前冬耕，深 15～20 厘米，翌年春解冻后每公顷施猪圈肥 45～60 吨，饼肥 3 吨，过磷酸钙

0.75 吨，撒匀，浅耕一遍，耙细整平，做 1 米宽的畦，包括畦埂 20 厘米，长度最好不超过 20 米，以利灌溉。栽种前若墒情差，要浇水造墒，待地表干松后再播种。若封冻前灌足水，一般不浇水，春季地温上升得快，有利早出苗。前茬作物选豆科作物为好，可连作 2～3 年。

2. 繁殖方法　生产上一般用块茎或珠芽繁殖，培育良种可用种子繁殖或植物组织培养法。

(1) 种子繁殖　夏秋种子成熟时，随收随种，也可贮存于湿润的细沙中，春季在整好的地内，按行距 15 厘米开 2 厘米深的沟，将种子撒入沟内，搂平保持湿润即可出苗，当年长一个卵状心形单叶，第二年 3～4 个心形叶，个别的有三小叶组成的复叶。实生苗当年块茎直径 0.3～0.6 厘米。

(2) 珠芽繁殖　5～6 月选叶柄下成熟的珠芽，在整好的畦内按行距 15 厘米、株距 3 厘米栽于 3 厘米深的沟内，栽后覆土，当年可长出 1～2 片叶子，块茎直径 1～3 厘米左右。第二年秋天大块茎可加工入药，小块茎继续做种栽用。

(3) 块茎繁殖　此方法块茎增重快，当年即可收获，一般多用此法。栽时严格选种，这是半夏高产的关键之一。收获时，选当年生直径 1.5～2.5 厘米的块茎，黄淮以南地区秋末随刨随种，冬季严寒地区可用湿沙土混拌后存于室内或窖内。春季平均气温 10℃ 左右时下种，过早温度低，起不到早播的作用，过晚出苗齐、快，但生长期短，影响产量。整好的 1 米宽的畦内开 4 条播种沟，沟深 10～12 厘米，沟上口宽 10 厘米，沟底宽 5 厘米。将大中块茎分别按 5～7 厘米株距摆放沟内，小块茎按 2～3 厘米株距交错摆成两行。大中块茎覆土 5～7 厘米，小块茎覆土 3～4 厘米，轻踩一遍镇压，播种沟内盖些腐熟的牛马粪或土杂肥。早春或秋栽可覆盖地膜。大块茎每公顷需 1 500 千克，小块茎需 1 050 千克。

3. 田间管理　"谷雨"前后当苗高 2～3 厘米时，及时"破膜放苗"或出苗时揭去地膜。

(1) 浇水　种植前已浇透水，出苗前后不宜再浇。立夏前后，根据墒情适当浇水，浇后应及时松土。夏至后，7～10天浇水1次，保持土壤湿润，雨季注意及时排水，处暑后，减少浇水量。

(2) 追肥培土　小满前后，每公顷施发酵饼肥700～1 500千克，或腐熟圈肥7 500～15 000千克和尿素75千克，混合撒于株旁，利用播种沟两边的土盖住肥料和珠芽，及时浇水。小暑再追肥培土1次，盖住珠芽1～2厘米。两次培土后行间即成小沟。有草随时拔掉；如不留种要摘除花葶。

(3) 遮荫保墒　半夏在春末夏初，气温20℃左右时，喜阳光充足；夏季高温季节，忌烈日直射，在畦埂上间作早熟玉米，株距50厘米；处暑后，气温渐低，及时收获间作作物。

北方地区在不改变小麦玉米两熟耕作制度的前提下也可以套作半夏。小麦选用早熟抗倒、株型紧凑的品种，10月5～10日播种，行距30厘米。半夏春分前后，麦垄内开沟条播，深约10厘米，行距30厘米，株距5～10厘米，播种方法同上。在麦收后及时灭茬，造墒播种玉米，行距60厘米，株距30厘米，每公顷播55 500株。麦收后玉米苗期时可在半夏行间撒施麦糠5厘米厚。

4．病虫害及其防治

(1) 红天蛾　为害叶片或造成缺苗、断垄，夏季发生。防治方法：人工捕杀；幼龄期用80%敌百虫可湿性粉剂800倍液喷雾防治。

(2) 根腐病　雨季地中积水易发生。防治方法：选用无病种栽，种前用5%的草木灰溶液或50%的多菌灵可湿性粉剂1 000倍液浸种；雨季及时排除积水，拔除病株后在穴处撒施石灰粉，防止蔓延。

(五) 采收与加工

1．留种　收获时选叶片肥厚、叶柄粗大、须根粗壮、伏天倒苗时间短植株的块茎，直径 1.2～1.5 厘米大小的做种栽。秋播的可随收刨随挑拣随栽种，也可 10 月份栽种，留做春播的，把选好的种茎放于通风处晾 2～3 天，在室外向阳处挖 50～80 厘米深 60 厘米宽的窖，长度以种茎多少而定，窖底部铺干沙，放 3～5 厘米厚的种茎，再盖一层细沙，放一层半夏，一层一层放到稍低于地面，上盖细沙或土，严冬时加盖 20 厘米厚的土。室内存放也要一层沙一层种茎存放，初存时气温较高，种茎含水量较大，要勤检查，以防烂种。

2．采收与加工　9 月下旬，叶片发黄时收刨。过早影响产量，过晚难以去皮炕晒。收刨时从畦的一端用锹将半夏挖出，翻在一边，随即细拣，将半夏按大、中、小分开。收获后需加工的鲜半夏放在筐或麻袋内，穿胶鞋用脚踩去外皮，也可用半夏脱皮机去皮，洗净晒干或烘干，即为生半夏。收刨后要及时加工，堆放过久难以去皮。脱皮后也可晾干水分，用硫磺熏至透心后晒干或烘干。干后如色不白，仍可用硫磺再熏。每 3～4 千克鲜半夏加工 1 千克干品。

商品按粒大小分为三等及统货。一等每千克 800 粒以内，二等每千克 1 200 粒以内，三等每千克 3 000 粒以内，统货大小不分，但颗粒不得小于 0.5 厘米。以白色、质坚实、粉性足者为佳。

十三、射　　干

（一）概述　射干（图 13）来源于鸢尾科多年生草本植物射干 *Belamcanda chinensis* L.，以干燥根状茎入药，别名乌扇、扁竹、野萱花、蝴蝶花。全国各省、自治区均有分布，主产于湖北、河南、江苏、安徽等省。根状茎含鸢尾甙、鸢尾种甙、芒果甙等。味苦，性寒。有小毒。有清热解毒、祛痰利咽、活血消肿的功能。主治咽喉肿痛、扁桃体炎、腮腺炎、支气管炎、咳嗽多痰、肝脾肿大、闭经、乳腺炎；外用治水田皮炎、跌打损伤等症。

图 13　射干形态图

1. 植株下部　2. 花序　3. 根

　　射干为较常用大宗药材，为清热解毒的良药，近年临床用于抗流感、治疗肝昏迷等症。射麻口服液是近年开发的抗病毒、抗微生物良药。多年来，射干皆依靠采挖野生资源。随着用量的增加，加上只采不育，野生资源日趋减少，已不能满足用药需求。近年家种发展较为迅速，但射干繁殖速度较慢，生长年限较长，目前仍然处于较高市场价位，市场价每千克 7～9 元，种植效益较好。

（二）植物特征 株高 50～100 厘米。根状茎横走，呈不规则结节状，外皮鲜黄色。叶 2 列，嵌叠状排列，剑形，扁平。伞房花序顶生，二歧分枝；花橘黄色，花被片 6，二轮，散生暗红色斑点，基部合生成短筒；雄蕊 3，花丝红色；雌蕊 1，子房下位，花柱棒状，顶端 3 浅裂。蒴果倒卵圆形，成熟时室背开裂。种子多数，黑色，有光泽。

（三）生长习性 射干适应性强，对环境要求不严。喜温暖，耐干旱，耐寒，在气温 -17℃ 地区可自然越冬，但须灌冻水及覆土，厚度 10～15 厘米。一般山坡荒地、田边、地头均能生长，但以向阳、肥沃、疏松、地势较高、排水良好的中性或微酸性土地为宜，低洼积水地不宜种植。

种子外包一层黑色有光泽且坚硬的假种皮，内还有一层胶状物质，通透性差，较难发芽。

（四）栽培技术

1. 选地整地 一般山地、平地均可种植。整地时，施入基肥，北方多用圈肥和堆肥，每公顷 37.5～60 吨，并加过磷酸钙 225～375 千克，翻耕约 15 厘米深，耙平作畦。南方多施人粪尿、草木灰和钙镁磷肥等作基肥，整地做 20 厘米左右高畦。

2. 繁殖方法 可用种子繁殖、分株和扦插繁殖，以种子繁殖为主。

（1）种子繁殖 秋季采下种子后，宜用湿沙贮存。如用干种子播种，播前需处理。方法是：播前 1 个月将种子浸泡 1 周，在此期间换水 3～4 次，每次换水时加入 1/3 体积的细沙揉搓，然后用清水洗净，1 周后捞起种子再揉搓冲洗 1 次，将种子放入箩筐内，用麻布盖严，经常淋水保湿，60% 种子"露白"时即可播种。沙藏和处理过的种子发芽率高，出芽快。播种方法一般采用直播，也可育苗移栽。

春播和秋播。春播于 3 月下旬至 4 月上旬进行。按行株距

15 厘米×8 厘米点播，播深约 3 厘米。播后覆土，每穴播种 5～10 粒，覆土后浇水，盖草。秋播于 9～10 月进行，方法与春播相同。

（2）分株繁殖　春、秋季或冬季挖取无病害的根状茎，按自然分枝剪断，每块须带芽 2～3 个和部分须根，过长的须根剪断至适当长度，按行株距 25 厘米×20 厘米打穴，每穴种入 1～2 段，芽短的可埋在土内，带有绿叶的芽应露出土外。成活后，在生长期追肥 2～3 次，并适时浇水。

（3）扦插繁殖　剪取花后的地上部分，剪去叶片，切成小段，每段须有 2 个茎节，待两端切口稍干后，插于穴内，穴距与分株繁殖相同，覆土后浇水，并须稍加荫蔽。成活后，追 1 次稀肥。扦插成活的植株，当年生长较慢，第二年即可正常生长，扦插亦可在苗床进行，成活后移大田定植。

3．田间管理　幼苗出齐后及时除去盖草，注意淋水、除草，5 月下旬至 6 月封垄后就不再松土除草，而应在根际培土防止植株倒伏。射干是耐肥作物，因此追肥十分重要，如底肥足，第一年可减少施肥或不施肥，第二年则要进行施肥。北方在春季于行间开沟施入圈肥每公顷 1.5 万千克，也可施人粪尿或饼肥；南方多习惯施人粪尿或草木灰等，施肥季节以春、秋季为主，夏季封垄和花期不宜施肥。幼苗期和定植期应进行浇灌，以保持土壤湿润，确保成活率。雨季注意及时排水，防积水烂根。非种子田现蕾时及时摘除，选晴天进行，防病害侵染伤口。

4．病虫害及其防治

（1）锈病　一般在秋季为害，病叶出现褐色锈斑。防治方法：发病初期喷 25% 粉锈宁可湿性粉剂 2 000 倍液，每周 1 次，连续喷洒 2～3 次。

（2）射干钻心虫　又名环斑蚀夜蛾。是射干等鸢尾科植物重要害虫，幼虫为害幼嫩心叶、叶鞘、茎基部，致使茎叶被咬断，植株枯萎。高龄幼虫可钻入土下 10 厘米，为害根状茎，常导致病菌侵入引起根腐。在北京一年发生1代，以卵在根际土表层越冬。4月上旬是越冬卵孵化盛期。防治方法：越冬卵孵化盛期喷5%西维因粉；幼虫入土前根际用90%敌百虫晶体800液浇灌；忌连作。

（五）采收与加工

1. 留种　射干播种后二年生或移栽当年开花。留种田初花期多施磷钾肥。当果实变为绿黄色或黄色，果实略绽开时采收。果期较长，分批采收，集中晒至种子脱出，除去杂质。沙藏、干藏或及时播种。

2. 收获与加工　栽种后2～3年收获，以春、秋季采收为宜。春季在地上部分未出土前、秋季在地上部分枯萎后，选择晴天挖取，除净泥土，晒至半干时揉去须根，再晒至全干。须根可以收集起来同作药用。

以粗壮、坚硬、断面色黄者为佳。

十四、甘　草

（一）概述　甘草（图14）来源于豆科多年生草本甘草 *Glycyrrhiza uralensis* Fisch、光果甘草 *G. glabra* L. 和胀果甘草 *G. inflata* Batal.，以干燥根及根茎入药，别名甜草、甜根子、甜甘草等。主产于新疆、内蒙古、宁夏和甘肃等省、自治区；此外，青海、陕西、山西、河北及东北地区亦有分布。以根和根茎入药。含甘草酸（甘草甜素）、甘草次酸等。味甘，性平。有补脾益气、清热解毒、止咳祛痰、缓急定痛、调和诸药的功能。用于脾胃虚弱、中气不足、咳嗽气喘、痈疽疮毒、腹中挛急作痛、缓和药物烈性、解药毒等。

甘草是我国用途最广、用量最大的常用大宗药材品种之一。甘草提取物还可用作烟草及食品的添加剂、甜味剂、矫味剂以及化妆品。此外，提取甘草甜素后的残液，可用于提取天然色素及

图 14 甘草形态图
1. 植株 2. 根

其他重要药物。由于甘草的多种用途，其在国际市场上的用量也很大，我国每年有大量的甘草及其提取物用于出口。

　　由于野生资源的严重破坏，人工栽培尚未大面积推广，而且栽培技术的研究近年开始，因此，从 1995 年以来甘草价格平稳，目前市场价每千克 6～12 元。种植效益尚可。甘草是荒漠地区固沙性能很强的沙生植物，是我国西部开发治理荒漠首选的药材品种之一。特别是 2000 年以后，国家将进一步加大对野生甘草采挖的限制力度，因此，发展甘草的人工种植是满足我国甘草需求及出口的必然要求。

　　(二) 植物特征

1．甘草　株高 50～150 厘米，全株被白色短柔毛和腺毛。根茎圆柱状，多横走；主根长而粗大，外皮红棕色至暗褐色。茎直立，下部木质化。叶互生，奇数羽状复叶，小叶 5～17 片，倒卵形、卵圆形或阔椭圆形，长 2.5 厘米、宽 2 厘米，全缘，两面被腺鳞及白毛，下面毛较密。总状花序腋生，花萼钟形；花冠蝶形，紫红色或蓝紫色，雄蕊 9＋1；子房无柄，上部渐细呈短花柱。荚果扁平，多数密聚排列成球状，弯成镰刀形或环形，褐色，密被刺状腺毛，内有种子 6～8 粒。种子扁圆形，褐色。

2．光果甘草　小叶 9～17 片，卵圆形或长椭圆形，长 2～4 厘米、宽 0.8～2 厘米，先端常微缺，穗状花序。荚果扁平，狭长卵形，稍弯曲，长 2～3 厘米，宽 0.4～0.7 厘米，无毛。

3．胀果甘草　小叶 3～7 片，狭长卵形、长圆形或椭圆形，长 1.5～5 厘米、宽 0.6～2.8 厘米，先端急尖或钝，边缘微反卷，常明显为波卷状。总状花序。荚果长圆形，短小，长 0.8～2 厘米，膨胀，无或略有凹窝，被微柔毛。

（三）生长习性

1．生长发育　甘草的地上部分每年秋末死亡，以根及根茎在土中越冬，翌年早春 3～4 月间从根茎上长出新芽，芽向上生长很快，长枝发叶，5～6 月间枝叶繁茂，6～7 月间开花结果，9 月荚果成熟落地。甘草根茎萌发力强，在地表下数厘米处呈水平状向老株的四周伸延。一株甘草数年可发出新株数十株，种后 3 年，在远离母株 3～4 米远都能见到新植株长出。它的垂直根茎与水平根茎均可长根，根系的深浅视土质和地下水位深浅而异，一般在 1～2 米范围内，亦有深达 10 米以上。

据研究甘草甜素的含量根茎比根高，根茎皮部比中柱含量高，以尚未栓化的根茎中含量最高。有一种去皮甘草称粉草，去皮后甘草甜素大大降低。甘草酸以秋季含量高，3～4 年生根比 1～2 年生根含量高。

2．对环境条件的要求　甘草分布的地方属大陆性气候地带，主要特征是干旱、温差大，冬季严寒，气温在 -40～-30℃，冻土层深达 1 米以上，而夏季酷热，在空旷的荒漠、半荒漠地带，强光、少雨，空气相对湿度 30%～40%。由于甘草具有抗寒、抗旱、喜光、耐热的特性，在上述生态条件下生长发育良好。它是钙土的指示植物，又是抗盐性很强的植物，土壤含盐量不超过0.2% 均能生长。甘草适合向阳干燥的钙质草原、河岸砂质土等土壤中，其中光果甘草最耐盐碱，可以生长于干旱的盐碱荒地。

（四）栽培技术

1. 选地整地　一般土壤均可生长，但以沙土、沙壤土或轻壤土为好，pH 8 的微碱性土为宜，土壤要求灌排水方便，且有一定的保水保肥性能。过于贫瘠的土壤，整地时适量施入有机底肥或无机肥料，深翻。

2. 繁殖　可用种子繁殖、根茎繁殖，人工栽培一般采用种子繁殖。

（1）种子繁殖　目前栽培甘草主要使用野生甘草种子。野生甘草种子虫蛀率较高播前需挑选。甘草种子种皮坚硬，未经处理的种子，难以发芽。种子处理的方法有：最简单实用的方法是用碾米机破壳处理，中速下料，碾一遍发芽率即可达 85% 以上，处理过程中掌握好；用碎玻璃渣或粗沙与种子等量混合研磨半小时，发芽率也能达 85% 左右；用浓硫酸（浓硫酸:水为 1:1.5）浸种，处理 30～60 分钟也可。

分直播与育苗移栽两种。直播法播种简单，但占地面积较大，种源浪费，采挖困难；移栽法移栽时费工，但节约土地，采挖容易。可根据当地的实际情况确定采用何种方法。

直播，春播在 3～4 月，秋播在 8～9 月。条播者按行距30～40 厘米开浅沟，沟深 3～4 厘米，将种子均匀撒入沟内，然后覆土。穴播者按行距 30～40 厘米，穴距 10～15 厘米开穴，每穴播种子 3～5 粒。每公顷用种量 30～45 千克。播后为保持土壤湿润，可在苗床盖草，土层干旱时要浇水，播后 2～3 周出苗。

在疏松肥沃的土壤育苗。采用条播方法，行距 5～8 厘米，密集撒播。苗期管理基本同直播法。第二年 4 月上旬尽量将苗挖出，保留芽头，去掉尾根，整成 30～40 厘米长的根条。按粗细长短三级移栽。移栽时开沟，沟深 6～10 厘米，沟宽 40 厘米。将根条水平摆于沟内，株距 10 厘米，覆土即可。最后是雨后抢墒移栽，或移后有灌溉条件。

（2）根茎繁殖　甘草的无性繁殖能力很强，在春、秋季，挖出根茎，截成 5～10 厘米的段，每段有芽 1～2 个，按育苗移栽的方法种植，可长成新株。

3. 田间管理　直播法种植的甘草苗出齐后苗高 5～6 厘米，保持株距 10～15 厘米。第一年苗小，根据草情，勤除杂草。植株长大后从根茎长出新株，即不宜中耕除草。秋末苗枯黄，露地自然越冬。翌春返青后适当管理。

4. 病虫害及其防治

（1）锈病　为害叶、茎，形成黄褐色夏孢子堆，后期为黑褐色冬孢子堆，致使叶黄，严重时脱落，影响产量。防治方法：增施磷钾肥，提高植株抗病力；注意通风透光，植株不宜太密；发病初期用 20% 粉锈宁乳油 1 000 倍液喷雾防治。

（2）灰斑病　为害叶片，形成近圆形褐色、中间灰色病斑。冬季清园，处理病残体；发病初期喷 1∶1∶120 波尔多液或 75% 百菌清可湿性粉剂 400～600 倍液防治。

（3）白粉病　叶部正面如覆白粉，后期致使叶黄，影响生长和产量。防治方法：冬季注意清园，烧掉病残体，病害发生期用 50% 甲基托布津可湿性粉剂 1 000 倍液喷雾防治。

（4）甘草种子小蜂　是一种广肩蜂，成虫产卵于青果期的种皮上，幼虫孵化后即蛀食种子，并在种内化蛹，成虫羽化后，咬破种皮逃出，被害籽被蛀食一空，种皮和荚上留有圆形小羽化孔。此虫对种子产量影响很大。防治方法：主要是清园，减少虫源。播种时除去有虫的种籽；虫害发生期，尤其是青果期用

40%乐果乳油 1 000 倍液喷雾防治。

（五）采收与加工

1. **留种** 从野生甘草采得种子，7～8 月种子成熟，割下晒干脱粒。家种甘草，直播者第三年开花结实，根茎与分株繁殖者当年开花结实，可辟出留种田繁种。

2. **采收** 家种甘草直播第二、第三年、移栽第一、第二年、根茎与分株繁殖第一、第二年可以采挖。采挖甘草的季节习惯在秋末冬初及春季萌发之前采挖。

3. **加工** 将甘草挖出后去掉泥土，即可直接交售。有条件的地方可以分等加工。鲜草去头尾，按不同的规格打捆，晾干。折干率为 2～2.5∶1。切下的边角料及不入等者作毛草出售。有的地方将甘草外皮削去加工成"粉甘草"。

4. **规格** 商品分为皮草和粉草两大类。粉草即为上述的粉甘草，皮草按产地分西草和东草。主产于内蒙古、陕西、甘肃、青海、新疆等地的称西草。主产于内蒙东部、东北、河北、山西等地的称东草。目前主要以品质区分，不受地区限制。

（1）**西草** 圆柱形，斩头去尾，皮细色红，质实体重，粉性足。分为：

①大草（统货） 长 25～50 厘米，顶端直径 2.5～4 厘米，黑心草不超过总重量的 5%。

②条草 长 25～50 厘米，按顶端直径大小分为：一等 1.5 厘米以上，二等 1 厘米以上，三等 0.7 厘米以上。

③毛草（统货） 圆柱形弯曲的小草，去净残茎，不分长短。顶端直径 0.5 厘米以上。

④疙瘩头（统货） 为加工条草砍下的根头，长短不分，间有黑心。

（2）**东草** 圆柱形，上粗下细，不斩头尾，皮粗，质松体轻。分为：

①条草 长 60 厘米以上，芦下 3 厘米处直径 1.5 厘米以上

为一等；长 50 厘米以上，芦下 3 厘米处直径 1 厘米以上者为二等；长 40 厘米以上，芦下 3 厘米处直径 0.5 厘米以上者为三等，并均可间有 50%20 厘米以上的草头。

②毛草（统货）　圆柱形弯曲的小草，长短不分，芦下直径 0.5 厘米以上，间有疙瘩头。

以外皮细紧、色棕红、质坚实、断面黄白色、粉性足、味甜者为佳。

十五、麻　黄

（一）概述　麻黄来源于麻黄科草本状小灌木植物草麻黄 *Ephedra sinica* Stap f.、中麻黄 *E. intermedia* Schrenk et C. A. Mey. 和木贼麻黄 *E. equisetina* Bge.，以干燥草质茎和根入药，主产内蒙古、宁夏、甘肃、陕西等省、自治区。全草含多种生物碱，主要为麻黄碱、伪麻黄碱等。地上部分味辛微苦、性温；有发汗、平喘、利尿功能；主治风寒感冒、发热无汗、咳喘水肿。根味甘、涩，性平，有止汗作用。主治自汗、盗汗。

麻黄是提取麻黄碱的主要原料。麻黄碱在我国大量使用并出口。我国的麻黄草历来来源于野生资源，由于长期掠夺性采挖、过度放牧和多年少雨干旱，造成了麻黄资源的严重破坏。2000年 6 月国家明确指出必须严格限制麻黄草的采挖和经营，国家鼓励麻黄的人工种植。经过近 10 年的研究，麻黄的栽培技术已基本成功，种植麻黄有着广阔的前景。中麻黄和草麻黄是人工栽培的主要种。

（二）植物特征

1. 草麻黄　草麻黄（图 15）株高 20～40 厘米。木质茎匍匐横卧土中，似根茎状，外皮褐色或褐红色，有须根。小枝圆，具浅纵槽，对生或轮生，直或微曲，节明显。叶膜质鞘状，生于节上，下部合生，上部 2 裂。花单性，雌雄异株，雄球花黄色，常有数个雄花序组成穗状；雌球花单生枝顶，具苞片 4 对，雌球花成熟时苞片增大，肉质红色，成浆果状，长方卵形或近圆形。种子 2 粒，卵形。

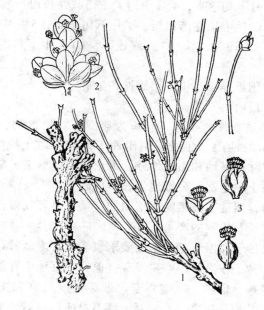

图 15　草麻黄形态图
1. 雌球花枝　2. 雄球花　3. 雄花

2. **中麻黄**　株高 20～100 厘米。木质茎直立或匍匐斜上，较粗壮，基部多分枝，常被白粉呈灰绿色。

3. **木贼麻黄**　高 70～100 厘米。木质茎粗长，直立，茎基 1～1.5 厘米，纵槽纹细浅不明显，被白粉，呈蓝绿色或灰绿色。

（三）生长习性

1. **生长发育**　旱地生长的麻黄寿命可达 20 年，水地一般也在 10 年以上。种子无休眠期，出土后 1 个月内幼苗地上部分生长缓慢，地下部分生长迅速，出苗到萌蘖 3～4 个月。用种子繁殖的麻黄，一般 3 龄开花，3~5 龄发育完全，结实逐年增加，但总结实量少，6~8 龄为结实盛期。3~5 龄进入营养生长高峰期，进入 6 龄开始变慢，10 龄后迅速衰老。麻黄的成株于每年 3 月下旬至 4 月上旬返青，4 月中旬大量萌蘖并长出新枝，5~6 月为速生期，以后生长逐渐缓慢。4 月下旬孕蕾，5 月中旬至 6 月中旬开花，6 月下旬结实，7 月底成熟，10 月中下旬进入冬季状态。

麻黄为雌雄异株植物，雌雄株各呈群团状分布，很少共生在同一块团状地内。

2. 对环境条件的要求　麻黄为典型的抗旱植物，能在持水量 4%~6% 的沙地上生长，怕涝而不耐湿。对土壤要求不严，适应性广，除盐碱地和沼泽地外，无论沙土、壤土、旱地、平原以及贫瘠的土地上都能良好地生长，以砂质壤土或沙土为宜。麻黄虽耐贫瘠，但适当施肥能成倍增加产量，显著改善种子败育情况，提高种子及果实的产量。

麻黄的种子和根状茎的萌发要求氧气充足。麻黄是喜光的长日照植物，种子在黑暗中容易发芽，但完成其他生育阶段要求充足阳光。耐寒、耐热，适应高温。催芽温度过高和土壤温度过低，种子延迟萌动和出土。只要土壤不封冻，一般各个季节均可播种、移栽。

（四）栽培技术

1. 选地整地　一般土壤均可选用，但须排水良好。以疏松、肥沃的沙壤土为好。每公顷施厩肥或堆肥 15 吨左右作基肥，施后翻耕、细耙、整平做畦或开浅沟。

2. 繁殖方法　主要用育苗移栽的方法。先于田面均匀撒上有机肥（30 吨/公顷），翻犁、耙平，灌足底水，待地皮干后做床播种。播前，用 38~40℃ 温水浸种一昼夜，待种皮干后使用。不宜早播，4 月下旬至 5 月上旬气温稳定在 15℃ 以上时播种。每平方米下种 1.8 克，公顷播 18 千克。

做床（畦）宽1.2米，长20米，四周做埂（高出田面5厘米以上），将种子混沙撒播，播后覆沙，厚度1.5~2.0厘米。覆地膜，地膜周围用土压在畦埂上，使之与床面保持一定空隙。

播种后3~4天开始出苗，5天左右苗可出齐。苗出全后撤掉地膜。当即浇水。此后每7~10天浇水1次，苗高10厘米后，1月浇水1次，全年浇水5~6次。于5月中、下旬灌水时追施1次尿素，每公顷150千克。7月底停水。

3．田间管理

（1）定植　移植时将麻黄苗进行平茬，采用栽根的办法（茬桩留5厘米左右）可明显提高成活率。挖苗时尽量保持根系完整。采用双行带状栽植法，30厘米×30厘米×50厘米，每公顷约种植82 500株。按行距划线，再用铁锹别缝栽植，行间呈品字形，栽后浇水。为达到高产优质，有条件的地区应施底肥。

（2）后期管理　以后每年浇水4次，分别在4月中旬、5月中下旬、6月下旬和11月上旬。结合第二次灌水追肥1次，公顷施尿素225千克。

（五）采收与加工　麻黄移栽当年即可开始采割利用，每年可采收1次，但以2年轮采1次为好。采收期为白露后至翌年清明前，采割部位以不伤害根茎部不定芽萌发区为宜。采收的麻黄鲜草去杂后可向麻黄素加工厂销售，或切段晒干后进入药市销售。

商品均为统货，不分等级。以色淡绿、内心色红棕、手拉不脱节、味苦涩者为佳。

十六、沙　苑　子

（一）**概述**　沙苑子来源于豆科多年生草本扁茎黄芪 *Astragalus complanatus* R. Br.（图16），以干燥成熟种子入药，别名沙苑子、沙苑蒺藜、大沙苑、蔓黄芪。主产于陕西、山西等地，此外吉林、辽宁、河北、内蒙古、甘肃、宁夏等地亦产。种子嚼之有豆腥味。味甘，性温。有补肝益肾、固精、缩尿、明目的功能，用于治疗肝肾不足、腰膝酸痛、目昏、遗精早泄、遗尿、尿血、白带多、肺萎、肾冷等症。

图16 扁茎黄芪形态图
1. 花枝 2. 荚果 3. 子房 4~6. 花冠

沙苑子为较常用的药材，具有抗衰老、免疫、滋补、美容的作用，新开发了茶剂、冲剂、奶制品和化妆品等，用量日益增加。沙苑子耐盐碱，很适合在沙漠地区生长，茎叶等可以作为饲料，特别新开发土地种植可以起到培肥和熟化作用。其收获部位为种子，可避免翻地带来的沙荒问题。因此，沙苑子在沙漠地区的发展有较好的前景。目前每千克12~15元。

（二）植物特征 株高30~100厘米，全体被短硬毛。主根粗长。茎多分枝，倾斜上升，奇数羽状复叶互生，具短柄；托叶小，狭披针形；小叶柄短，小叶片 9~21，椭圆形，先端缺或微缺；总状花序腋生，小花 3~9 朵；花萼钟状，密被白色短柔毛，花冠蝶形，黄色，雄蕊 10，9 枚花丝连合，1 枚分离；雌蕊超出雄蕊之外，荚果纺锤形，长 3~4 厘米，腹背稍扁，疏被短硬毛，种子 20~30 粒，肾形。

（三）生长习性 适应性强，喜温暖通风、光照好的环境。耐寒，耐旱，怕涝，温度过高，水分过多，植株徒长影响结果，对土壤要求不严，一般砂质壤土，黏壤土均可栽种。忌连作，前作以玉米等禾本科植物为好。花期 8~9 月，果期 9~10 月。

（四）栽培技术

1. 选地整地 选排水良好，高燥向阳地或山坡地栽培，也可利用地边、地角、田埂和山坡等地种植。翻地前每公顷施厩肥 37.5 吨，过磷酸钙 225~375 千克，撒施均匀，耕翻深 25 厘米，耙细，做 120 厘米宽平畦。

2. 繁殖方法 种子繁殖。于秋季 8 月或春季 4 月播种。条播，按行距 30 厘米，顺畦划 2 厘米深的小沟，将种子均匀播入沟内，覆土 1~1.5 厘米，播后稍加镇压，然后浇水，在 11~17℃的温度条件下约 2 周出苗，每公顷播种量 15~22.5 千克。也有在秋季种麦时，每隔 1.5 米留出 20 厘米，以备第二年 4 月套种沙苑子，小麦收后再套种玉米。

3. 田间管理 当苗高 6~10 厘米时，按丛距 10~12 厘米定苗，每丛留壮苗 2~3 株，套作时丛距 20~25 厘米，随即扶苗培土。雨季注意排水。孕蕾期，结合松土锄草，追施人粪尿或硫酸铵 2 次，每年植株未返青时，每公顷施厩肥 4.5~6.0 吨，在地化冻前，将大块厩肥砸碎，用四齿划松地表，使粪与土混合盖于地面，促进植株返青生长。以后每年收获后，都要中耕锄草，追施越冬肥，浇冻水。可连续收获 3~4 年。

4. 病虫害及其防治 偶见白粉病为害叶片。叶的正反面有白色粉状物，后期可见小黑点（子囊盘），无明显病斑。防治方法：①清洁田园，处理病残株；②发病初期用 50％甲基托布津可湿性粉剂 800～1 000 倍液或 45％代森铵水剂 800 倍液喷雾防治。

（五）采收与加工 霜降前，荚果外皮由绿色变黄褐色时，在靠近地面 3～5 厘米处割下，晒干脱粒，除去杂质，晒干或放通风干燥处阴干，不宜太阳曝晒。干的茎叶果荚碎片均为牲畜的好饲料。商品均为统货。以身干、粒大、饱满、色绿褐或灰褐色、无杂质者为佳。

十七、沙　棘

（一）概述 沙棘（图 17）来源于胡颓子科落叶灌木或乔木沙棘 *Hippophae rhamnoides* L.，以干燥果实入药，别名醋柳、酸溜溜、酸刺、黄酸刺、酸醋柳、黑刺、察日嘎纳（蒙语）、达日布（藏语）。主要分布于欧亚大陆，以我国分布面积较广，主产西北、华北、西南地区。味酸涩，性温。有活血散瘀、化痰宽脑、补脾健胃功能。治跌打损伤、瘀血肿痛、咳嗽痰多、呼吸不畅、食欲不振等症。

沙棘除作为蒙古族、藏族的习用药材外，还具有多种用途。现代医学认为：沙棘油及果汁有抗辐射、抗疲劳、增强机体活力、降脂作用，可治疗高脂症及冠心病。沙棘总黄酮有抗病毒、抗炎、抗心率失常、改善心肌微循环，治疗心绞痛、冠心病、心肌缺血症等。现已证实沙棘中含有多种维生素、氨基酸、脂肪酸和微量元素，特别是维生素 C 的含量远高于其他蔬菜水果。果汁中的维生素 E 能阻断亚硝酸胺的合成，有防癌作用。沙棘果实中超氧歧化酶（SOD）的含量高达 2 746 单位/克鲜重，比人参叶片中的 SOD 含量高 1 倍。

沙棘是防风固沙、培肥地力和保持林地植被的优良树种，抗

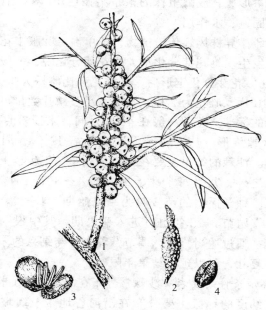

图 17　沙棘形态图
1.果枝　2.雌蕊　3.雄蕊　4.种子

旱抗寒，适应性强。在干旱半干旱地区治理荒山、沙漠和退耕还林中值得发展。

（二）**植物特征**　树高 2.5 米。幼枝银白色鳞片，老枝栗褐色，有针刺，长 1.5～6 厘米。叶互生具短柄，叶片线状披针形，长 3～8 厘米，宽 0.3～0.9 厘米，上部浅灰暗绿色，下部密被银白色鳞片。雌雄异株，花小，单性，先叶开放。雄花呈短穗状花序，雌花腋生，花被短管状，雌蕊 1 枚，果实多为椭圆形，橙黄色或红色，多汁，果味酸甜，芳香。种子卵椭圆形，有纵沟，种皮光滑，有光泽，浅褐色。

（三）**生长习性**

1. **生长发育**　第一年主要是主根生长，第二年主根生长缓慢，侧根大量形成，成龄植株的根系半径达 10 米以上。根系上生根瘤，有固氮、水作用。

沙棘为雌雄异株风媒传粉植物，花单性。叶腋中花芽分化于结实前一年发生。雄花芽分化早，雌花芽分化晚，一般在 9 月中旬至 10 月初，花芽分化定形后，雄株花芽比雌株大 1～2 倍，雄花鳞片 5～10 片，雌花为 2 片，花芽大小及鳞片数量可作为雌雄株形态区分的标准。花期一般在 4～6 月间，未授粉的柱头 3～4 天后呈带状螺旋形。从开花至果实成熟需 12～15 周，坐果率 60%～90%。沙棘的结果主要在二年生枝及三年生枝上，三年生枝上除了刺之外，几乎每个芽子可坐果 4～8 个，且不易落果，坐果率较高。种子播出的苗 3 龄为结果始期，4～5 龄可进入盛果期，营养繁殖苗 2～3 年也可进入盛果期，其中根蘖苗两年可进入盛果期。通过适当修剪，调节营养生长与结果的矛盾，及时使树体更新复壮，可以延长结果年限。

2. 对环境条件的要求　沙棘常分布在海拔 1 000 米以上的山区。北方高纬度的地区主要分布在沿河谷地带及缓坡丘陵的下部，在部分地区河谷、坡地山头也有分布，尤其海拔 1 500～2 100 米以上地区生长茂密，结果多。人工沙棘林多栽培在河谷、河滩小溪和湖泊沿岸、沼泽地边缘以及盐渍草甸。在排水良好、含水率较高的中性壤土、沙壤土里生长旺盛。

沙棘喜光，耐低温能力较强，二年生幼龄期可发出大量的根蘖条，这对防止土壤流失具有重要意义。

（四）栽培技术

1. 选地整地　各地根据具体情况选择土地。营造沙棘林前最好采取措施提高土壤肥力，如休闲、耕翻土地、杂草还田，有条件可施有机肥和过磷酸钙作底肥。如为山坡地，可按等高线开梯田。

栽培沙棘应采用 1～2 年生无性繁殖苗。雄株最好采用不同花期的植株，以利授粉期的延长，增加结实率，因此对雄株的花期应给予一定的注意。造林前应对苗木进行选择。

2. 繁殖方法 有种子繁殖和扦插繁殖两种方法。异地大规模繁殖可用前者，但雌雄株比例难以控制，定量控制雌雄株比例最好用扦插繁殖。

（1）种子繁殖 果实变黄时采下，搓去果肉，种子阴干，贮通风阴凉处。放潮湿地方，发芽力易丧失。育苗可在春秋两季进行。参考"吴茱萸"和"连翘"。春播3~4月，播前温水浸种1天至种子膨胀。条播，播深3厘米，行距10~15厘米。保持土壤湿润，1周后出苗，幼苗出现第一对真叶后间苗，株距3厘米，出现第四对真叶时第二次间苗，株距5厘米。秋季播种宜晚秋进行，种子不用处理，播后畦面覆盖稻草麦秸等，浇冻水，翌年出苗整齐。一年生苗可移栽。

（2）扦插繁殖 插条选中等成熟度的生长枝，太嫩太老均不好。枝条采下后为避免干枯或风干，应放在阴处，喷水后用湿麻布盖好，长途运输枝条应松散包装，中间填以湿苔藓或锯末等。插穗的截取最好在早春，取后在低温处保存。

扦插选清晨，4~5月扦插，温室大棚集中育苗最好。插条宜用锋利嫁接刀截成长10~12厘米，带有10个节以上。插穗下端2~3厘米处用10毫克/千克萘乙酸浸泡12~15小时。在育苗地按行距20厘米开沟，沟深6~8厘米，株距10厘米将插穗的1/2~2/3斜埋入土中，稍加镇压，浇水，保持土壤湿润，空气湿度90%~100%。扦插时适宜的光照度为60%~90%，可按行距2米于扦插前1个月间作玉米。大棚可适当遮荫。

3. 田间管理

（1）定植 春季起苗时栽植，二者间隔的时间越短成活率越高。定植方法参考"吴茱萸"、"连翘"和"杜仲"。株距2米。一般8株雌株配植1株雄株，忌与速生树种相毗邻。

（2）田间管理 沙棘园需注意防风，建沙棘园前，首先建设防风林带。防风林带有利授粉，显著提高沙棘产量。

（五）采收与加工 沙棘果实 8 月底开始成熟，10 月中旬完全成熟。果实成熟越早含糖量和维生素 C 含量越高，果实成熟越晚，胡萝卜素含量和含油量越高。手工采收，敲打树枝，使果落下。国外有一种真空采收装置，工效高，可防止果实损失及枝条损伤。

十八、肉苁蓉

（一）概述 肉苁蓉（图 18）别名苁蓉、大芸、察干高要（蒙语），来源于列当科多年生寄生草本植物，肉苁蓉（*Cistanche deserticola* Y. C. Ma.）主产于内蒙古、新疆、甘肃、宁夏、青海等省、自治区。以全草入药。含甘露醇，糖及醚类等化合物。味甘、咸、性温，具补肾壮阳、润肠通便、益精血、强筋骨等功效。临床用于治疗腰膝痿软、阳痿、女子不孕、肠燥便秘等症，最新的研究表明，肉苁蓉总甙可以清除氧自由基，有保护心脏、抗氧化、抗辐射等功能，并可增强机体免疫力，促进脱氧核糖核酸合成，恢复体力，提高智能和延缓衰老等。临床研究表明，运用该药治疗乳腺增生，子宫肌瘤、女性膀胱炎、慢性结肠炎、慢性菌痢等均获得显著效果。目前，市价每千

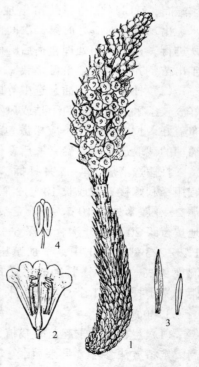

图 18 肉苁蓉形态图
1. 全草 2. 花冠剖开示雄蕊与子房
3. 苞片 4. 雄蕊

克 40～58 元。

（二）植物特征及品种简介

1. 植物特征　茎肉质，圆柱形，高 40～160 厘米。叶鳞片状，无柄。穗状花序粗大，顶生，圆柱形长 15～20 厘米，两性花下有苞片 1 个与叶同形，小苞片 2 个与花萼基部合生；花冠管状钟形，长 3～4 厘米，花冠管淡黄白色。先端 5 裂，裂片开展，近圆形；雄蕊 4，花药箭形，雌蕊 1 个，子房椭圆形，蒴果卵形，成熟时二瓣裂，褐色，果内含几百粒种子。种子椭圆形或球形，一端较尖，黑褐色，有光泽，大小约为 1～1.2 毫米×0.7～1 毫米。

2. 品种简介　肉苁蓉野生资源，近几年来已大为减少，属濒危植物，为国家二级保护植物。其品种除上述肉苁蓉外，尚有：盐生肉苁蓉，是国外常用的品种，生于荒漠草原及荒漠区盆地底部，茎较短，高 15～45 厘米，多呈丛生状，花较少，花冠淡紫色，是日本和汉药肉苁蓉的主要来源，我国甘肃河西、宁夏、新疆等地也有分布。

（三）生长习性

肉苁蓉为寄生植物，寄主为沙漠小乔木梭梭和白梭梭、珍珠柴等。肉苁蓉 4～5 月出土，5～6 月开花结果，6 月中旬至 7 月初种子成熟。成熟的蒴果裂开，种子散落在沙漠中。一粒种子生长发育成一株肉苁蓉，必须具备三个基本条件：

第一，需风沙或人工将种子埋于沙土适当深度。

第二，需要一定土壤水分，沙漠中 15～20 厘米以下，才有少量水分。

第三，寄主梭梭新生毛细根尖正巧延伸到肉苁蓉种子脐部，释放某种化学激活素，刺激种胚细胞分裂，发生寄生关系，很快发育成肉苁蓉。野生肉苁蓉种子散落在沙漠中不易遇到上述三个条件，为适应自然环境，种子寿命较长，种子多，小而轻，千粒重仅 0.09 克，易被风吹跑，但种皮上有果胶质，可保持种仁水分，适应干旱环境、种子吸水力可以诱导寄主毛细根向种子延伸接触形成寄生关系。

肉苁蓉和寄主关系密切，所含有矿质元素与寄主相同。肉苁蓉与寄主根相联的基部膨大肥厚，根维管束延伸到肉苁蓉基部输送营养物质，如同肉苁蓉的仓库一般，肉苁蓉依靠寄主提供养分而生育，所含营养成分高于寄主。

（四）栽培技术

1. 选地与培育寄主　肉苁蓉长期生长于沙漠环境，沙漠中风沙、蒸发量及昼夜温差均大，降雨量少，日照时数多，占全年总时数的35%～40%，这种气候和环境，大多数植物不易生存，但有利于寄主梭梭和肉苁蓉生长，因此宜选沙土或半流沙荒漠地带，阳光充足，雨量少的环境来种植肉苁蓉。可利用天然梭梭林地进行围栏，浇水施肥，以保护扶壮寄主；也可培育人工梭梭林，秋后采收梭梭种子，播种育苗。种子播种后1～3天出苗，1～2年后定植，行株距1～1.5米左右，定植2～3年。生长健壮后用以接种肉苁蓉。注意防风保水保苗。也可在春天剪取20厘米长健壮的梭梭枝条插于苗床，用以培育寄主。

2. 肉苁蓉的播种　肉苁蓉种子6月中旬至7月初成熟，果实成熟时褐色，果壳干缩纵裂，从开花到果实成熟约需30天，一般由穗下部向上成熟开裂，持续20天，故应分期分批采果，防止散失和采下未熟种子。也有于果穗下部果实初裂时将果穗采下放室内通风处让其后熟，待种子全部成熟时除去杂质，装瓶收藏备用，由于肉苁蓉种子含有抑制发芽的物质，可用流水冲洗除去抑制物后再播。播种时在野生梭梭东侧或东南侧方向挖苗床，距寄主约50～80厘米处，根据寄主大小不等，挖长1～2米，宽1米左右，深50～80厘米的窝或寄主密集处，可挖一条大的苗床沟围绕许多株寄主，将种子点播于苗床上，施入骆驼粪，牛羊粪等，覆土30～40厘米，上面留沟或苗床坑，以便浇水。人工培育的梭梭林生长整齐，成行，可在植株两侧开沟做苗床。播种后保持苗床湿润，诱导寄主根延伸苗床上。或秋天播种，第二年部分苗床内有肉苁蓉寄生上，少数出土生长，大部分在播种后2～4年内出土，春天开花结实。

3. 田间管理　沙漠里风沙大，寄主根经常被风沙吹露，要注意培土或用树枝围在寄主附近防风，苗床要经常保水保墒；除掉其他植物，肉苁蓉5月开花时，要进行人工授粉。提高结实率。方法是将刚裂开散出的花粉抹在雌蕊柱头上。

4. 病虫害及其防治

(1) 种蝇　肉苁蓉出土开花季节，幼虫为害嫩茎，钻隧道，蛀入地下茎基部，影响植株生长及药材质量。可用80%敌百虫可湿性粉剂800倍液或40%乐果乳油1 000倍液地上部喷雾或浇灌根部。

(2) 梭梭白粉病　7～8月发生，在嫩枝上形成白粉层。可用25%粉锈宁4 000倍液喷雾防治。

(3) 梭梭根腐病　多发生在苗期，土壤板结，通气不良易引起此病，选排水良好的沙土种植，加强松土；发生期用50%多菌灵1 000倍液灌根。

(4) 大沙鼠　啃食梭梭枝条，根系，用磷化锌90%原粉配成毒饵于洞口外诱杀。一般用毒饵的浓度为0.5%～1%，若用带壳的粮谷，如燕麦、稻谷，葵花籽等作饵料配制毒饵，浓度可增加到2%，即98份谷物用2份磷化锌，先将谷物煮熟，凉后与药物拌匀可使用。

(五) 采收加工　4月至5月上旬采挖刚出土的肉苁蓉做药材质量佳，注意采大留小，秋季也有少量出土，但量少，应以春季为主。过时开花，不宜做药，可留作采种用。将采挖的肉苁蓉去掉花序或苁蓉头，以免消耗基部养分，晾晒于干净沙滩上或房顶上，1个多月后由黄白变成肉质棕褐色，为甜大芸。也可切成饮片作药用。

商品分为甜苁蓉和咸苁蓉。

甜苁蓉：统货，不分等级，要求去净芦头、无干梢、杂质、虫蛀、霉变。枯心不超过 10%。货干。

咸苁蓉：统货，不分等级。要求无干梢、杂质、霉变。枯心不超过 10%。货干。

以条粗壮、无花序、密被鳞片、色棕褐、质柔润者为佳。

十九、酸 枣 仁

（一）概述　酸枣仁来源于鼠李科落叶灌木酸枣 *Zizyphus jujuba* Mill. var. *spinosa* (Bunge) Hu ex H. F. Chou，以干燥成熟种子入药，别名山枣仁、山酸枣。分布于辽宁、河北、河南、山西、内蒙古、陕西、甘肃、山东、江苏、安徽、湖北、四川等省、自治区，主产于河北、陕西、辽宁、河南等地。含酸枣仁皂甙 A 和 B 等。有养心安神、补肝、益胆、敛汗的功能。主治神经衰弱、失眠、多梦、心悸、盗汗。

酸枣（图 19）是我国重要中药材树种。果实有很高的营养和食疗价值；果肉是加工清凉保健饮料的原料；种仁（酸枣仁）为传统镇静安眠良药，远销亚、欧、美、澳等地；此外，酸枣的根皮有止泻功效，托刺可消肿、止痛，花有明目和愈合创伤的作用，叶有麻醉作用并对冠心病有较好疗效。酸枣主要来源于野生资源，但野生资源分散，常疏于管理，产量低，必须通过人工的管理提高密度和单株的产量。在条件合适的地区可以大规模发展人工种植。酸枣仁市场价格 1996—1997 年每千克 25～35 元，目前为 35～42 元。

（二）植物特征　株高 1～3 米。树皮灰褐色，有纵裂；幼枝绿色，枝上有直和弯曲的刺。单叶互生；托叶针状；叶片椭圆形或卵状披针形，长 2～4.5 厘米，宽 0.6～2 厘米，先端钝，基部圆形，边缘具细锯齿，两面光滑无毛，3 支脉出自叶片基部。花小，黄绿色，2～3 朵簇生于叶腋；子房埋入花盘中，柱头 2 裂。

图 19　酸枣形态图

核果近球形或广卵形，长 10～15 毫米，熟时暗红褐色，果肉薄，有酸味，果核较大。花期 6～7 月，果熟期 9～10 月。

（三）生长习性

1. 生长发育　酸枣二年生苗开始开花结果，可连续结果 70～80 年，甚至上百年。4～5 年进入结果盛期，盛期可达 10 多年。10 年后可长成 4～5 米高小乔木。结果率降低后，则须有计划采伐更新，补植新苗。酸枣有三种枝条，即生长枝、结果母枝和脱落性果枝。结果母枝是一种极短的枝条，主要着生在生长枝的永久性二次枝上，每年生长约 0.1～0.3 厘米。脱落性果枝由结果母枝下面的副芽抽出，冬季脱落。结果母枝随着年龄的增加，抽生 3～4 个脱落性枝的比例明显增多。但结果能力仍以 1～2 龄，特别是二年生结果母枝为强。

结果母枝是酸枣的主要结果部位，能连续结果十几年。因此，栽培上要注意结果母枝的培养，努力维持其结果能力，进行合理的修剪，及时地更新复壮，防止过早衰老。

2. 对生态环境的要求　酸枣适应性很强，主要生长在植被不很茂盛的山地和向阳干燥的山地、丘陵、山谷、平原及路旁。干旱的荒山僻岭或黄土沙石土壤，酸枣不但能生存，而且成片生长，甚至可在荒山石缝中生存。耐碱，耐旱，耐寒。山地、荒地、路旁、沟边等零散地均可栽培，但低洼水涝地不宜种植。

（四）栽培技术

1. 选地整地　选择山地、荒地种植。也可以在比较肥沃的农田种植。种前最好深翻，施足底肥。

2. 繁殖方法　可用种子繁殖或分株繁殖。

（1）种子繁殖　一般先育苗，后移栽。此法繁殖量大，适于大面积栽培。

①种子处理　春季播种的种子须进行处理。冬前将经浸种的种子与湿沙按 1:3 混拌，放入深 0.7 米，宽 0.7 米长坑中，上面填满 10～14 厘米厚净沙，踩实，再盖上柴草。来春解冻时取出播种。

②播种期　春播在解冻后进行。秋播在 10 月中下旬进行，如果过晚会影响明春出苗。

③播种法　播前翻地 30 厘米，施底肥，做垄，底肥应施在垄内，垄宽 55 厘米，于垄上开 12～15 厘米宽平地沟，将种子稀疏撒入沟内，踩实，覆土 3 厘米，镇压。或做成畦，按行距 33 厘米开沟，深 7～10 厘米，每隔 7～10 厘米播种一粒，覆土 2～3 厘米，浇水保湿。

④定植　育苗 1～2 年即可定植，春季发芽前和秋季落叶后，均可进行。选健壮幼苗，挖起全株，将根部稍加修剪。在整好的土地上按 2～3 米×0.3～1.0 米开穴，穴深宽各 30 厘米，每穴一株，培土分两次，培一半时，边采边提苗，再继续培土踩实，

浇水，覆盖杂草树叶保湿。

（2）分株繁殖　春季发芽前和秋季落叶后，将老株根部发出的新株连根挖出栽植。方法同定植。

3. 田间管理

（1）人工种植地的田间管理　育苗田在苗出齐后及时浅锄松土除草，至冬前要进行 2~3 次。注意间出病弱苗和过密的苗。苗高 6~10 厘米时每公顷追施硫酸铵 225 千克，苗高 30 厘米时每公顷追施过磷酸钙 300 千克。

酸枣树是喜光植物，因此必须进行合理的整形修剪，改善树冠内的透光性，以提高酸枣坐果率，增加产量。对一些分枝很少的酸枣树，可进行树形改造，把主干 1 米以上的部位锯去，使抽生多个侧枝，形成树冠。修剪于每年冬季或春季进行，同时把针刺剪去，避免枝条被风摇动时将果实碰伤或碰落。

其他管理措施参考下文。

（2）野生酸枣林的管理

①封山养树　使野生酸枣林免受人、畜破坏。

②间密补缺　进行合理间伐或间移。间伐或间移要本着去密留稀、去弱留强、去小留大、去劣存优的原则，先密后稀逐年进行，株行距一般 2 米×4 米左右。

③品种换优　选用优良的品种采用嫁接的方法，如劈接、切接、腹接、插皮接、芽接和嫩梢接等进行改良，大树改接主要用劈接和插皮接。

④水土保蓄　拦蓄水土的主要措施有修建梯田和垒砌树盘，前者适用于坡度较缓的地方，后者适于坡度较大的地方，注意每年维护。

⑤耕翻改土除萌蘖　包括刨树盘、间作绿肥和清除根蘖等。刨树盘分秋刨、春刨和夏刨三种。秋刨是在秋季土壤结冻前用锨或镐翻刨树干周围土壤（要求里浅外深，不伤大根），第一年深刨 20 厘米左右，以后逐年加深；秋刨时将枝叶杂草一同翻入土

中；春刨宜浅些，在土壤解冻后及早进行；夏刨是在杂草旺长期趁墒将其翻入土中。间作绿肥分行间间作和树盘间作，间作以抗旱的红小豆、绿豆、花生、草苜蓿等为宜。根蘖对母体营养消耗很大，无用者结合刨树盘和翻压绿肥及早清除。

⑥施肥　酸枣施肥有秋施基肥、雨季追肥和生长期喷肥三种。秋施基肥是在落叶前到土壤冻结前施入以农家肥为主的有机肥；雨季追肥是趁雨或在雨后趁墒施入速效性氮、磷、钾肥；生长季喷肥即从花期开始到采收前每隔 2 周左右喷 1 次 0.5% 的尿素或 0.3%～0.5% 的磷酸二氢钾（中后期）。

⑦环剥保果　主干环剥可有效促进坐果。酸枣环剥适期为盛花末期，宽度以在 1 个月内能完全愈合为宜，一般 0.3～0.6 厘米。首次环剥从距地 25～30 厘米处开始，以后每年 1 次，环剥位置逐年上移 5 厘米左右，直到接近第一主枝后再自下而上重复进行。弱树不宜环剥。花期放蜂可有效提高酸枣坐果率。

开花坐果期间要求较高的空气湿度，过分干旱会导致焦花和坐果不良。喷清水可有效地控制花期干旱。花期喷施 10～15 毫克/千克的赤霉素对促进坐果也有明显效果。

⑧整形修剪　酸枣宜整成矮干小冠的疏散分层形，干高 50～70 厘米，树下间作的可略高些。第一层主枝的培养方法是：树姿较开张的品种，自截口下疏除 4～5 个二次枝（又称结果基枝）；树姿较直立的品种，除截口下第一个二次枝从基部疏除外，其余 3～4 个留一短节。对已成龄的酸枣大树可不强求树形，通过对过高树落头，疏除过密枝、病虫枝、细弱枝、重叠交叉枝以及衰弱大枝等措施，使骨干枝和结果枝配备基本合理，通风透光即可。

4. 病虫害及其防治

（1）枣疯病　轻病株及时砍去病枝，重病株彻底刨除。

（2）枣锈病　依当年 7～8 月份降雨情况，喷 1～3 次 1:2:200 波尔多液，用药间隔 2 周左右。

（3）桃小食心虫　在每次虫蛾高峰后 5～7 天用 2.5% 溴氰菊酯乳油或 20% 灭扫利 4 000 倍液喷杀，一年 3～4 次。

（4）枣尺蠖和食芽象甲　在结果枝生长的前期，即 4 月下旬至 5 月上旬喷布菊酯类农药（4 000～5 000 倍液）1～2 次或 90% 敌百虫晶体 800～1 000 倍液 2～3 次喷雾防治。

（5）枣黏虫　可在防治枣尺蠖和桃小食心虫时兼治，严重时单喷 1 次菊酯类农药（4 000～5 000 倍液）。

（6）枣瘿蚊　萌芽未展叶时喷布 80% 敌敌畏乳油 800～1 000 倍液或 25% 西维因可湿性粉剂 400 倍液，隔 10 天 1 次，共 2～3 次。

（五）采收与加工　9～10 月果熟时，摘下浸泡一夜，搓去果肉，捞出，碾破核壳，淘取酸枣仁，晒干。

商品分一等和二等。一等饱满，表面有光泽。核壳不超过 2%，碎仁不超过 5%，无黑仁、杂质、虫蛀、霉变。二等较瘪瘦，核壳不超过 5%，碎仁不超过 10%，无杂质、虫蛀、霉变。以粒大、饱满、外皮色紫红、不破壳、种仁色黄白、无虫蛀者为佳。

二十、连　翘

（一）概述　连翘（图 20）来源于落叶灌木木犀科植物连翘 *Forsythia suspensa* Vahl.，以干燥果实入药，秋季果实初熟尚带绿色时采收，蒸熟晒干习称"青翘"，果实熟透时采收，晒干习称"老翘"。果实含连翘酯甙、连翘甙、连翘酚等成分。具有清热解毒、消肿散结的功能。用于痈疽、瘰疬（淋巴结核）、乳痈、丹毒、风热感冒、温病初起、高热烦渴等症。主产山西、河南、陕西、山东等省。

当前商品主要来源于野生，资源分散，产量低，人工采集费用高。连翘为常用大宗药材，在抗菌消炎药中广泛应用。连翘

图20 连翘形态图

1.花枝 2.果枝 3.果实

适应性强，耐寒、耐旱、耐瘠薄，很适宜在荒山坡地及荒沙地种植，可以防止水土流失，保护生态平衡，同时还能有较高的收入。目前市价每千克6～7元，畅销。

（二）植物特征 株高2～3米。茎丛生，枝条细长开展或下垂，小枝浅棕色，梢四棱，节间中空无髓。单叶对生，偶有三出小叶，叶片宽卵形至长卵形，长6～10厘米，宽1.5～2.5厘米，先端尖或钝，基部宽楔形或圆形，边缘有不整齐锯齿。花先叶开放，1 至数朵簇生于叶腋；花冠黄色，雄蕊 2；蒴果木质。表面散生瘤点，成熟时 2 裂似鸟嘴。种子多数，有翅。

（三）生长习性　小枝 3 月上旬萌动，3 月底先开花，后放叶，花可开到 4 月下旬，因早春开花，若气温不稳定，很容易造成花期冻害。果实 8～10 月成熟，11 月落叶，成熟后种子易于脱落，故应立刻采收。花有两种，长花柱花和短花柱花。只有长花柱植株和短花柱植株混杂在一起，才既开花又结果。

连翘自生能力很强，每年基部都抽出大量新的枝条。适应性较强，对土壤气候要求不甚严格。在腐殖土及沙砾土中都可生长，但喜温暖潮湿气候。野生群落多生于阳光充足或半阴半阳的山坡，在阳光不足处茎叶生长旺盛。

（四）栽培方法

1. 选地整地　连翘在荒山、荒坡和荒地均可种植，考虑充分利用土地，可不在好地上种植。

2. 繁殖方法　连翘繁殖比较容易，可用种子、扦插、分株及压条等方法繁殖，其中利用种子繁殖可以在异地迅速造林。

（1）种子繁殖　应先育苗，后移栽。也可直接播种。

选充实饱满的种子于春天 3、4 月份播种育苗，选疏松肥沃的土地作育苗床。条播或撒播。条播按行距 30 厘米开沟播种，覆土 2～3 厘米，畦上盖草，保持土壤湿润，半个月后出苗。出苗后逐渐揭去盖草，苗期注意除草。苗高 10 厘米时按株距 10 厘米左右定苗，并追施 1 次稀人粪尿或尿素，以后根据幼苗生长情况，可再追施 1 次。当年秋季或下年春季移栽。

直播宜选择雨季，在种植地挖小穴，深约 3～5 厘米，每穴播 3～5 粒种子，覆土略镇压，上盖草保湿，出苗后逐渐揭去盖草，加强管理。

（2）扦插育苗　于春季枝梢萌芽前，选上年结果多、质量好植株，采用一二年生枝条，剪成 20～25 厘米长的插条，按行株距30厘米×12厘米斜插入整好的苗床，插条上部的1～2节露出土面。插后浇水，经常保持土壤湿润，半个月左右，腋芽开始萌动发芽，成活后加强水肥管理，一年即可定植。

（3）分株 秋季落叶后，春季萌芽前，将母株旁萌发的幼苗连根挖出，即可定植。

3. 田间管理

（1）定植 在当年冬季封冻前或第二年早春植株萌芽前移栽定植，山坡地宜挖鱼鳞坑，坑距2米×2米，坑的大小以幼苗根部能自然伸展为原则，一般深30～50厘米，长宽30～50厘米，挖坑时心土和表土各放一边，有肥料最好施一些腐熟厩肥或堆肥等，每坑施2.5～3千克，先与表土混合，栽时一人提苗放在坑的正中，一人填土，先把表土或加肥的混合土填入，达坑深一半时将苗轻轻提一下，使根舒展，再用另一边的心土填满，用脚踏实，后浇水，待水下渗后上面再盖些松土保墒。

（2）后期管理 连翘生活力较强，田间管理较简单，可作粗放管理。但在苗期时注意浇水、施肥、中耕除草等。特别是在定植后如遇干旱一定要及时浇水，成年树要注意修剪，一般在秋冬或早春萌芽前进行简单修剪，剪去瘦弱老枝、病枝，夏季剪去从基部抽出的徒长枝，使枝条不致过密，能通风透光，有利多结果，如杂草太多又高，应将其拔除或刈去，地面小草不必铲除，以免酿成水土流失。肥料充足的地方，可在每年早春在株的周围开环形沟施入，以提高果实产量。

（五）采收加工 8月下旬至9月上旬采摘尚未成熟的青果，用沸水稍煮片刻，或放蒸笼内蒸30分钟，取出晒干即为"青翘"；9月下旬至10月上旬，采摘颜色变黄、果壳开裂的成熟果实，晒干，筛出种子，拣去枝梗杂物，称"老翘"，也叫"黄翘"。"青翘"、"黄翘"都可作药材出售。黄翘为主流商品，一般不分等级，均为统货。青翘以干燥、色黑绿、不裂口者为佳；老翘以的棕黄、壳厚、具光泽者为佳。

二十一、吴茱萸

（一）概述　吴茱萸（图21）来源于芸香科常绿灌木或小乔木吴茱萸 *Evodia rutaecarpa*（Juss.）Benth.、石虎 *E. rutaecarpa*（Juss.）Benth. var. *officinalis*（Dode）Huang 或疏毛吴茱萸 *E. rutaecarpa*（Juss.）Benth. var. *bodinieri*（Dode）Huang，

图21　吴茱萸形态图

1. 花枝　2. 雄花　3. 雌花　4. 幼果

以干燥近成熟果实入药。别名吴萸、茶辣、吴辣。主产贵州、广西、湖南、云南、四川、陕西南部及浙江等地；此外，江西、湖北、安徽、福建等地亦产。果实含吴茱萸碱、去甲基吴茱萸碱、吴茱萸喹酮碱、羟基吴茱萸碱等。味辛、苦，性热，有小毒。有温中散寒、开郁止痛的功能。主治胃腹寒痛、恶心呕吐、腹泻、疝痛等病，外治湿疹、口疮等症。

吴茱萸为传统常用中药材，药用资源主要来源于人工种植。从 20 世纪 80 年代至今，价格经过了几次波动，目前处于价格高峰时期。市价每千克 55～65 元。吴茱萸属于常绿灌木，栽培后 3 年可以结果。山区林地结合退耕还林可以适度发展。

（二）植物特征与品种简介

1. 植物特征

（1）吴茱萸　株高 3～10 米，嫩株绿色，老枝赤褐色，有短柔毛，上有明显皮孔。叶对生，为奇数羽状复叶。小叶 5～9 片，椭圆形或卵圆形，顶端锐尖或渐尖，全缘或有钝锯齿，两面有透明油点，被淡黄褐色柔毛，脉上更密。聚伞状圆锥花序，顶生。花单性，雌雄异株，黄白色。雄花萼片 5，花瓣 5，雄蕊 5，子房退化为三棱形，被毛，雌花的花瓣较雄花瓣略大，子房上位，心皮 5。蓇葖果，扁球形，紫红色，有粗大腺点，每蓇葖果含种子 1 粒。种子卵球形，黑色有光泽。

（2）石虎和疏毛吴茱萸　吴茱萸的变种。石虎与正种很相似，区别在于石虎具有特殊的刺激性气味，小叶 3～11 片，叶片较窄，长椭圆形，各小叶片相距较疏远，侧脉明显全缘，两面密披柔毛，脉上最密，油腺粗大。成熟果序不及正种密集。种子带蓝黑色。

疏毛吴茱萸小枝被黄锈色或丝光质的疏长毛。叶轴被长柔毛，小叶 5～11，叶形变化较大。表面中脉略被疏短毛，背面脉上被短柔毛，侧脉清晰，油腺点小。

2. 品种简介　浙江栽培的吴茱萸按其收获期，可分为"早

子吴茱萸"和"晚子吴茱萸"两种。早子吴茱萸树皮青绿色，皮孔较疏，叶和嫩枝稍带红棕色，果实红色，果粒小，结果多，产量高，在7月上旬收获；晚子吴茱萸树皮呈灰白色，皮孔稍密，叶和嫩枝青绿色，果粒大，结果少，果迟熟，产量较低。

（三）生长习性　喜阳光充足的温暖气候。在严寒多风地带以及过于干旱地块，不宜栽培。对土壤要求不严格，山坡地、平原、房前屋后、路旁均可种植。中性、微碱性或微酸性土壤都能生长，尤以土层深厚、较肥沃排水良好的壤土、沙质壤土为优，低洼积水的土地，不宜栽培。

（四）栽培技术

1.选地整地　吴茱萸对土壤要求不严，一般壤土均可栽植。但苗床必须选土质肥沃、疏松、排水良好的土地，施足有机底肥，深翻曝晒几日，碎土耙平，做1～1.3米宽的畦，畦面按15厘米的行距开沟，作苗床用。

2.繁殖方法　分根插、分株、枝插和种子繁殖四种。种子繁殖速度慢，生产上应用很少。

（1）根插　选树龄4～6年，长势旺盛，根系发达的树作母株。在2月上旬，刨开树根周围的土壤，切取笔竿粗的侧根，截成数段每段13～20厘米，作为插穗，插入苗床沟内约10～13厘米深，株距10～13厘米，覆土镇压，上再盖一层松土，耙平，铺盖稻草，保持湿润。约1个月左右长出新芽后，看苗情施肥，人畜粪、圈粪均可。冬季苗高达70厘米，成活率在80%以上。翌春移栽，2～3年后就能开花结果，根插法简便，繁殖快，成活率高，生长快，结果早，是产地普遍采用的繁殖方法。

（2）分株繁殖　吴茱萸分蘖强，在母株周围常生出许多小苗，在4月上旬前后可挖取种植。为促使母株多分蘖，在12月下旬前后，距4年以上健壮母株周围0.6米处，挖开表土，露出侧根，侧根每隔7～10厘米用刀砍伤根皮，然后覆5～7厘米的细土，再施腐熟过的厩肥或稀薄人粪尿，上盖垃圾或稻草。翌年春,伤口处长出幼苗,出苗后除去覆盖稻草,待幼苗稍大后,连根挖出定植。用此法繁殖简便,成活率高,一棵树可得幼苗 30～40 株。

(3) 插枝繁殖 早春植株萌发前,选 1～2 年生健壮的枝条,剪成长 20 厘米左右的小段,每段留 2～3 个芽,两端剪成斜面,芽距两端各为 1.6 厘米,有利发根生长,按行距 25～30 厘米,株距 10～13 厘米斜插在苗床上,入土深为插条的 2/3,而后覆土压紧,注意不要倒插。浇水遮荫,并保持土壤湿润。春季多雨,要及时排除积水,以防引起霉烂。一般插后 1～2 个月生根,3～4 个月发芽。第二年可移栽,此法对母株损伤小,结果早,但成活率较低。

3.田间管理

(1) 定植 吴茱萸育苗第二年就可移栽,定植移栽时间 3～4 月初或 11～12 月间进行。移栽前,按株行距 10～12 米挖穴,穴直径 0.5～0.7 米,深约 0.5 米,但要视苗根长短而定。每穴施厩肥,掺入基肥,1 穴 1 苗,栽后覆土到穴深一半时,将苗轻轻向上提一下,使苗根理直舒展,而后覆土踏实,一般移栽后2～3 年即可开花结果,5～6 年可大量结果。

(2) 施肥 定植后保持土壤湿润,及时中耕除草。早春芽萌发前,施 1 次人粪尿,促使春梢生长。有条件在花蕾形成前再施 1 次肥,以促进多孕蕾。开花后增施 1 次磷钾肥,在植株周围开沟施过磷酸钙 1～1.5 千克,有利于果实增大饱满,并可减少落果,提高产量。秋末冬初,落叶后,在根周围施入圈肥、焦泥灰或垃圾 15～20 千克,培土成土丘状。

(3) 整形 株高 1 米左右,冬初落叶后或春季芽萌发前,进行适当修剪,剪去重叠、过密枝条,保留健壮、芽苞肥大枝条,剪下的病枝及时烧掉。

(4) 间作 移栽后的头几年,植株矮小,株间空隙大,可套种花生、豆类、薯类等作物,以提高土地利用率,增加收入。

（5）更新　植株生长多年后，树势渐趋衰退，产量下降，可砍去老树干，适当修剪幼枝，使之成为新的植株。

4.病虫害及其防治

（1）煤烟病　又名煤病。浙江于5月上旬至6月中旬发生，蚜虫、长绒棉蚧在吴茱萸上为害时，被害处及其下部叶片，嫩梢和树干上就会诱发出不规则黑褐色煤状斑，受害处似覆盖一层煤状物。严重发病的植株，树势减弱，开花结果少。防治方法：注意通风透光；及时防治蚜虫、介壳虫，用石硫合剂或在杀虫剂中加入10 000倍龙胆紫药水喷雾。

（2）锈病　发病初期，叶片上出现黄绿色近圆形的不明显小点。严重时，叶背有橙黄色微突起小疮斑，叶片病斑不断增多，叶片枯死。5月中旬发病，6～7月为害严重。时晴时雨的天气易发病。防治方法：发病时喷0.2～0.3波美度石硫合剂或25%粉锈宁可湿性粉剂1 000倍液喷雾，每隔7～10天喷1次，连喷2～3次。

（3）褐天牛　又名蛀杆虫。幼虫从树干上蛀入，蛀食木质部，7～10月为害严重。防治方法：5～7月成虫盛发期，人工捕杀；用药棉浸80%敌敌畏原液塞入孔内或800倍液灌注，并用泥封孔，幼虫窒息而死。

（4）橘凤蝶　幼虫咬食幼芽、嫩叶，3龄后，能将幼枝上叶片食光。一年繁殖3～4代，3月开始发生，5～7月为害严重，成虫白天活动。防治方法：低龄幼虫，可喷90%敌百虫晶体800倍液，每隔5～7天喷1次，续喷2次。

（五）采收与加工

1.收获　吴茱萸定植3年后可采收。早熟类型7月上旬后开始收获，晚熟类型在8月上旬后收获。果实由绿转为橙黄色，心皮尚未分离时采收。早上有露水时采可减少果实脱落。采时将果穗成串剪下，注意不可将果枝剪下，以免影响下一年的开花结果。健壮植株可连续结果20～30年。一般三年生树，每株可收干果 1~2 千克，6~7 年生树可收干果 3~5 千克。

2. **加工**　采下果实，应立即摊开日晒，晚上收回亦须摊开，勿堆积发酵。遇雨天，可用火烤干，但温度不能超过 60℃，以免挥发油等受损失影响质量。晒干或烘干时须经常翻动，使之干燥一致。干后用手或木棒揉搓打下果实，拣尽枝、叶、果柄等杂质，贮藏于干燥通风处。折干率 30%~50%。

商品按果实大小分大粒吴萸、小粒吴萸两种；大粒者系吴茱萸的果实，小粒者多为石虎及疏毛吴茱萸的果实。一般不分等级，均为统货。以果实干燥、饱满、坚实无梗、无杂质为佳。

二十二、山　茱　萸

（一）概述　山茱萸（图 22）别名药枣、萸肉、枣皮。来源于山茱萸科、落叶木本植物山茱萸 *Cornus officinalis* SIEB, et ZUCC。主产于浙江。分布于陕西、山西、河南、山东、安徽、四川等省。伏牛山、天目山和秦岭分布较集中，以果肉入药，主要含山茱萸甙、莫萝忍冬甙等甙类、各种有机酸、氨基酸、微量元素、鞣质等，还含有生理活性较强的皂甙原糖、多糖及维生素 A、C 等成分。味酸、涩、性微温。有补益肝肾、涩精止汗、健胃、利尿、益气补血等功能。主治高血压、腰膝酸痛、眩晕、耳鸣、阳萎遗精、月经过多等症。

山茱萸肉除配方外，还是多种中成药的主要原料，近年来用途扩大，在保健品、酒类、饮料、罐头等行业都有应用，出口量也较大，全国正常年约需 100 万千克。20 世纪 80 年代末，山萸肉曾达到每千克 200 元，促使山茱萸种植面积的扩大。由于老产区稳步发展，新产区逐年增加，价格随之下降，1992 年每千克 26~30 元，1993—1994 年降到 14~20 元。经过几年消耗，1995 年、1996 年每千克从 16 元升至 20 元，1997 年每千克 20~25 元，由于货源紧，价格逐年上升，目前已达每千克 140~150 元。

图 22　山茱萸形态图
1. 花枝　2. 果枝　3. 花

　　（二）植物特征　树高 3～10 米，树叶黑绿色，单叶对生，卵形或椭圆形，叶长 4～12 厘米，叶宽 2～6 厘米，顶端渐尖，基部楔形，叶面疏生毛，背面毛密。侧脉 6～8 对。花为两性花，黄色伞形花序，顶生或腋生，每一花序由 20～30 朵子花组成，花先叶开放，核果椭圆形，熟时深红色。

　　山茱萸目前尚无品种，从果型来分近圆柱形果、椭圆形果、长椭圆形果、短梨形果、长梨形果、短柱形果六类，其中近圆形果、椭圆柱形果和短梨形果百粒重均在 100 克以上，出肉率（干萸肉与鲜果重量之比值）在 20％以上，且肉厚，品质好，丰产性，抗逆性均较强，引种时可参考。

（三）生长习性 山茱萸要求土质肥沃，土层深厚，排水良好的壤土和砂质壤土。在北京地区能安全越冬，成树在山西中部和南部地区也可安全越冬。

山茱萸生长发育对温度要求不严，在 −10～35℃ 均可生长，适宜生长的温度为 15～25℃，温度太高或太低易落花落果而减产。早春花期遇低温、寒流、霜冻、降雪会严重减产。

山茱萸多分布于阴坡、半阴坡及阳坡的山谷、山下部。以海拔 250～800 米的低山栽培较多。它不喜强烈阳光照射，但春天花期光照足有利结果。

山茱萸根系发达，支根粗壮，叶片表面有蜡质可减少水分蒸发，有较强抗旱力，但充足的水分是丰产的保证。

（四）栽培技术

1.**选地整地** 选择排水良好，肥沃疏松的沙壤土或壤土为好、pH 大于 4.5 的酸性土则生长不良，目前各产区山茱萸生长结果最佳的土壤为石灰岩发育的黑色淋溶石灰土，花岗岩发育的山区红黄壤。每公顷施厩肥 6 万～7.5 万千克，深耕耙细整平，做成宽 1.2 米的畦以备播种。

2.**繁殖方法**

（1）有性繁殖

①种子采摘 秋季果熟时选壮大果实，除去果肉，洗净。因种子皮厚而硬，还含有树脂类物质，水分不易透过，所以发芽困难，直接播种发芽率很低，所以播种前需催芽。

②种子处理 将种子放置 1％～2％ 碱液中，手搓 3～5 分钟，然后加开水烫，边倒开水边搅拌，直至水浸没种子为止。晾一会儿，再搓 3～5 分钟，后用冷水泡 24 小时，再将种子捞出放在水泥地晒 8 小时，如此反复 3 天，待有 90％ 种壳裂开，即用

湿沙与种子按 4∶1 混合后沙藏。在向阳处挖坑 25～30 厘米深（大小依种子数量而定），将种子沙放入坑内，厚约 10～15 厘米，上盖 5 厘米厚沙土，坑口留约 10 厘米深，其上盖草保湿，冬天草上再盖土保温防寒。第二年 3～4 月即可取出播种。

③播种育苗　在春分前后，将已破头萌发的种子挑出播种，播前在畦上按 25 厘米的行距开深 5 厘米左右的浅沟，将种子均匀撒入沟内，覆土 3～4 厘米，保持土壤湿润，40～50 天可出苗。1/15 公顷需用种子 50～70 千克。幼苗长出 2 片真叶时进行间苗，苗距 7 厘米，常除杂草，6 月上旬中耕，入冬前浇水 1 次，并给幼苗根部培土，以便安全越冬。第二年春（苗高约 60 厘米）可以移栽。以发梢前移栽最好，每公顷栽植 750 株左右为宜。栽植方法：在挖好的坑内施足厩肥与土拌匀，阴天起苗，蘸泥浆保护苗木不受损伤，根不能曝晒和风吹，栽穴稍大，以利根展，埋土至苗根际原有土痕时将苗木向上提一下，使根系舒展，扶正踏实。栽植以后及时养护管理，满足植株对水、肥等的要求，这是保证丰产、稳产的重要措施。

（2）无性繁殖　无性繁殖植株可早 6～8 年结果，且能保持优良母树的特性。选果大、果多、肉厚、出皮率高的树作母株。温度低的地区应注意晚花单株的选择，使花期避开低温多雨的天气。

①压条繁殖　秋季收果后或大地解冻萌芽前，将近地面二三年生枝条弯曲至地面，用刀切口，深至木质部 1/3，然后将枝条埋入已施腐熟厩肥的土中，盖土厚度 15 厘米左右。枝条先端露出地面。勤浇水，压条第二年冬或第三年春将已长根的压土扒开，割断与母株连接部位，将有根苗另地定植。

②扦插繁殖　5 月中、下旬将优良植株的枝条切成 15～20 厘米的段，上部保留 2～4 片叶，插入腐殖土和细沙混匀所做的苗床，行株距为 20 厘米×8 厘米，深 12～16 厘米，压实。浇足水，盖农用薄膜，上部搭荫棚，保持气温 26～30℃，相对湿度 60%～80%，透光度 25% 左右，6 月中旬透光度调至 10% 左右，

避免强光照射。越冬前撤去荫棚，浇足水。次年适当松土拔草，加强水肥管理，深秋冬初或翌年早春起苗定植。

③ 嫁接繁殖　嫁接可使优良母树很快大量繁殖，而且可提早结果。目前多采用枝接，砧木以幼龄期或初果期为宜，接穗的母株应是健壮、无病虫害的优良品系。在休眠期采树冠外围的一年生发育枝，采后注意保鲜，防止失水，用塑料膜包裹，接穗长10 厘米左右且具 1～2 对芽，蘸石蜡封闭两端以保持水分。

常用的嫁接方法有劈接、切接、腹接等，其中最常用的是劈接法，该法多在早春植株开始萌动但尚未发芽前进行。砧木横径2～3 厘米为宜，在高出地面 2～3 厘米或平地面处，将砧木切断，选皮厚纹理顺的部位劈深 3 厘米左右，然后将接穗下方两侧削成一平滑的楔形斜面，轻轻插入砧木劈口，使接穗和砧木双方形成层对准，立即用尼龙薄膜扎紧，用接蜡或黄泥浆封好接口再行培土。

3. 田间管理

（1）灌溉　一年应有 3 次大灌溉。第一次在春节发芽开花前，第二次在夏季果实灌浆期，第三次在入冬前。

（2）除草施肥　每年中耕除草 4～5 次。以施肥为中心综合栽培措施，能有效地克服山茱萸大小年的结果现象（结果多的年为大年，反之为小年）。施肥方法是每年分 3 次进行，第一次在3 月上旬，施保花保果肥，第二次在 6 月中旬施壮果肥，第三次在 10 月中旬采果后施复壮肥。肥料用量是每年每株施尿素（氮肥）1 千克或碳酸氢铵 2.5 千克，磷酸二氢钾（磷钾肥）0.6 千克，分 3 次施用。初花期和盛花期各喷 1 次 0.2% 的磷酸二氢钾和 0.1% 的硼酸混合液。

（3）剪枝　幼树高 1 米时，2 月间打去顶梢，促侧枝生长。幼树期，每年早春将树基部丛生枝条剪去，促主干生长。修剪以轻剪为主，促进营养枝迅速转化为结果枝。将过细过密的枝条及徒长枝从基部剪掉，以利通风透光，提高结实率。对于主枝内侧的辅养枝，应在 6 月间进行环状剥皮，摘心，扭枝，以削弱生长势，促进早结果，早丰产。幼树每年培土 1～2 次，成年树可2～3 年培土 1 次，若根露出土，应及时壅根。

4. 病虫害防治

（1）病害　有七种，其中为害严重的有：

① 山茱萸炭疽病　6 月上旬发病，该病主要为害果实。炭疽病发病率的高低与雨量的多少有关，5～9 月降雨量大时侵染率高。另外，随果实成熟的程度的增加而增加，9～10 月进入发病盛期。该病侵染期喷洒 1∶2∶200 波尔多液与 500 倍液的 50% 退菌特可湿性粉剂或 800 倍液的 40% 多菌灵胶悬剂，连喷 3～6次，每次间隔 10～15 天，在树体萌发前施用 1 次 5 波美度石硫合剂或 50% 多菌灵可湿性粉剂 1 000 倍液，均有防治效果。

② 山茱萸角斑病　该病主要为害叶子。5 月上旬出现，7～8 月为发病盛期。在 4 月下旬至 5 月上旬开始喷洒 1∶2∶200 波尔多保护液，半月 1 次，连续 3～5 次；或喷施 50% 可湿性退菌特800～1 000 倍液，10 天喷 1 次，连续 3 次，每公顷用药1 500～3 000克，对防止早期落叶有明显的效果。

③ 灰色膏药病　该病主要为害枝干，由介壳虫危害引起，在冬、春季，树枝发芽前，对病害枝干进行刮皮，然后涂 5 波美度石硫合剂；介壳虫发生期树冠喷洒 40% 氧化乐果乳油 1 000～2 000 倍液防治，以减轻病害发生。

（2）虫害　主要有山茱萸蛀果蛾、大蓑蛾。

① 山茱萸蛀果蛾　该虫害蛀食果肉。一年发生 1 代，以老熟幼虫在树下土内结茧越冬，翌年 7 月至 8 月上旬化蛹，蛹期10～14 天，7 月下旬，8 月中旬为化蛹盛期。9～10 月幼虫为害果实，11 月份开始入土越冬。防治应清除虫源及虫蛀果，以减少幼虫入土结茧。结合中耕用 2.5% 敌百虫粉剂处理树干周围的土壤，可以杀死蛹和入土幼虫。在 5 月中下旬，连续 2 次喷洒2.5% 溴氰菊酯 2 500～5 000 倍液。

② 大蓑蛾 该虫害对 20 年以下的幼林山茱萸有明显危害。7～8 月为害盛期。幼虫幼龄阶段，用 90％敌百虫结晶 1 500～2 000 倍液或 50％敌敌畏乳油 1 000 倍液喷杀效果均好。

(五) 采收加工 定植 4 年后开花结果，10 年后进入盛果期，能结果 100 多年，一般在 9～11 月果实红熟时采收。采收后去核，果皮及时干燥为好。加工方法主要有：

1. **火烘** 将果实放竹筐内用文火烘至果皮膨胀（防止烤焦），冷却后捏出种子。

2. **水煮** 将鲜果放入沸水中煮 10～15 分钟，注意翻动，至手可捏出种子为度，捞出放凉水中捏出种子。

3. **蒸** 将鲜果放蒸笼中蒸 5 分钟，稍凉后捏出种子。

上述方法所得果肉需立即晒干或烘干。

以肉厚质柔润，色紫红、无核者为佳。商品多为统货。

二十三、厚　　朴

(一) 概述 中药厚朴（图 23）的原植物为厚朴和凹叶厚朴。别名川厚朴、庐山厚朴、紫油厚朴等。为高大落叶乔木。主产四川、湖北、湖南、浙江、江西、福建、江苏、广西等地。以树皮、根皮及花、果实入药。树皮、根皮的有效成分为厚朴酚、厚朴碱、挥发油等。味苦辛，性温；有温中、下气、燥湿、消痰等功能；主治胸腹痞满胀痛、血瘀气滞、呕吐泻痢、痰饮咳喘等症。花有理气、化湿功能，主治胸膈胀闷；果实有理气、温中、消食功能。厚朴不仅供药用，而且它的木材致密、轻软，是制乐器、雕刻的好材料。厚朴曾是国家四个指令性中药材中的一个。目前厚朴每千克价格为 11～15 元。

(二) 形态特征

1. **厚朴** 树高 15～20 米，树干通直。树皮灰棕色，具纵裂纹，单叶互生于枝顶端，椭圆状倒卵形，长 20～45 厘米，宽 9～

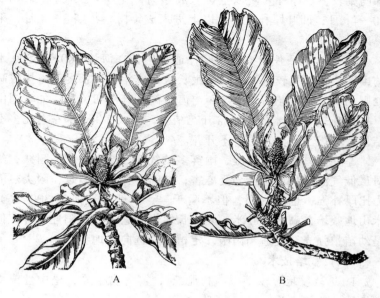

图 23　厚　朴

A. 厚朴　B. 凹叶厚朴

22 厘米，叶缘微波状，叶背面有毛及白粉；花大，白色，与叶同时开放，花单生枝顶，雄蕊多数，雌蕊红色，心皮多数，果为聚合蓇葖果，圆柱状椭圆形或卵状椭圆形。种子红色，三角状倒卵形。

2. 凹叶厚朴　形态特征与厚朴相似，主要区别是：叶片倒卵形，先端凹缺成钝圆浅裂或呈倒心形，裂深可达 2～3.5 厘米。

（三）生长习性

1. 生长发育　厚朴生长缓慢，一年生苗高仅 30 厘米左右，十年生才 5 米左右，十年生以上生长更慢。凹叶厚朴生长虽然比厚朴稍快，一年生苗高可达 40 厘米，十年生树平均仅高 7～10 米，25 年生以上仅高 15 米左右，50 年生树高不超过 20 米。厚朴十年生以下很少产生萌蘖，十年生以上萌蘖也不多，而凹叶厚朴萌蘖较多。厚朴 8 龄以上进入成年树，花期 4～5 月，果熟期 10～11 月；凹叶厚朴五年生以上进入成年树，花期 3～4 月，果熟期 9～10 月。

2．对环境条件的要求　厚朴适宜生长在海拔 800～1 500 米的山区。在海拔较低处，幼苗生长快，成年树生长慢；海拔较高处则相反。厚朴花后结果与否与海拔高度有密切关系，如峨嵋山海拔 800～1 800 米处能正常开花结果，海拔 2 000 米左右花多不结果，海拔 500 米左右多不开花。

厚朴性喜温和、潮湿、雨雾多的气候，怕炎热，能耐寒，绝对最低气温－10℃也不会受冻害；凹叶厚朴则喜温暖，耐炎热能力比厚朴强，也能耐寒，但不耐干旱，一般多在海拔 300～600 米山地栽培，高于 600 米，则生长缓慢。它们又是阳性树种，但是幼苗怕强光，应适当荫蔽，定植则应选向阳地势。

（四）栽培技术

1．选地整地　土壤以疏松肥沃，富含腐殖质，呈中性或微酸性的沙质壤土为宜。

山地黄壤、黄红壤也可以种植。将地翻耕整平，翻地前施足底肥、每公顷施用堆肥、厩肥、火灰等混合肥 3 万千克左右。育苗地作成宽 1～1.5 米的苗床。

2．繁殖方法

（1）种子育苗　9～10 月果实成熟时，种子千粒重约 310 克，发芽率 50%～80%，种子寿命长达 2 年，采回种子即可播种，浙江多在立冬前播。四川用湿润沙土贮存至次年春季播种。选择低山育苗，幼苗生长快，凹叶厚朴一年即可出圃定植，厚朴 1～2 年出圃。播种前进行种子处理：浸种 48 小时后，用沙搓去蜡质层或盛竹箩内在水中用脚踩去蜡质层，播种方法以条播为主，行距厚朴为 30～33 厘米，凹叶厚朴为 20～25 厘米，按粒距 3～6 厘米或 7～8 厘米，将种子播于沟内，并覆土、盖草，每公顷用种量 150～225 千克。也可采用撒播。苗期要经常拔除杂草，每年追肥 1~2 次；多雨季节要防积水，以免发生根腐病，并搭棚遮荫。

（2）压条繁殖 11 月上旬或 2 月选择生长十年生以上成年树的萌蘖，横向割断萌蘖茎一半，向切口相反方向弯曲使茎纵裂，在裂缝中夹一小石块，培土覆盖。次年生多数根后割下定植。

（3）扦插繁殖 2 月选径粗 1 厘米的 1~2 年生枝条，剪成长约 20 厘米的插条，扦插于苗床中。苗期管理与种子育苗相同。

3. 定植 以上繁殖方法所得幼苗，于 2~3 月或 10~11 月落叶后定植。按株行距 3 米×4 米或 3 米×3 米开穴，每穴栽苗 1 株。幼树期可套种大豆、蚕豆等农作物，利于树苗的抚育管理。

4. 田间管理 幼树每年中耕除草 2 次。林地郁闭后一般仅冬季中耕除草，培土 1 次。结合中耕除草进行追肥，可施用人畜粪尿、圈肥、堆肥、硫酸铵等。幼树期除此之外需压条繁殖的，应剪除萌蘖，以保证主干挺直，生长快。凹叶厚朴树龄生长 15 年以上、树皮较薄的，可在春季用刀将树皮倾斜割 2~3 刀，使养分积聚，树皮增厚，处理 4~5 年即可采收。

5. 病虫害及其防治

（1）叶枯病 发病初期叶上病斑黑褐色，逐渐扩大呈灰白色布满叶片，潮湿时病斑上着生小黑点，最后干枯死亡。防治方法：可冬季清除枯枝病叶；或在发病初期摘除病叶，再喷 1:1:100（硫酸铜:生石灰:清水）波尔多液防治。

（2）根腐病 苗期发病，根部发黑腐烂，呈水渍状，全株枯死。防治方法：注意排水或发现病株立即拔除，病穴用石灰消毒，或 50% 多菌灵可湿性粉剂 500 倍液浇病穴以防止蔓延。

（3）立枯病 幼苗出土不久，茎基部呈暗褐色病斑，病部缢缩腐烂，幼苗倒伏死亡。防治方法同根腐病，还可用 50% 甲基托布津可湿性粉剂 1 000 倍液喷雾防治。

　（4）褐天牛　蛀食枝干影响树势，严重时植株死亡。可捕杀成虫；树干刷涂白剂防止成虫产卵；用80%敌敌畏乳油浸棉球塞入蛀孔毒杀。

　（5）褐边绿刺蛾和褐刺蛾等幼虫　咬食凹叶厚朴叶片，可喷80%敌百虫可湿性粉剂700倍液毒杀。

　（6）蚜虫　吸取树液并诱发煤烟病，发病期可用40%氧化乐果乳油原液在被害树干基部涂刷一圈15厘米的药环，药量以涂湿并略有下流为度。既可杀死蚜虫又可保护蚜虫天敌。

（五）采收与加工

1. 皮的采收与加工　定植20年以上即可剥皮，4～8月均可，以5～6月为佳，容易剥皮。主要是砍树剥皮，按40～60厘米长度环剥干皮和枝皮；不进行林木更新的可挖根剥皮，然后3～5段重叠卷成筒运回加工。

　近年来采用一种叫环剥的采收新方法，可以保护母树，具体做法是选20年左右树龄，胸径约20厘米，长势旺盛，树干较直的厚朴树，于5月中旬至6月下旬，选空气相对湿度为70%～80%的阴天，在离地面6～7厘米处及向上量50厘米处分别环割，深度以接近次生韧皮，然后用塑料薄膜包裹环剥处，捆扎时要上紧下松，不使雨水流入，25～35天后逐渐形成新皮之后去掉薄膜即可，环剥后注意不用手去触摸剥皮后的树干以免影响新皮生长。

　树皮、根皮的加工方法是将筒状朴皮夹住放大锅开水中，用瓢舀水烫淋，到厚朴柔软时，取出用青草塞住两端，直立放在木桶里，上盖湿草"发汗"至皮内侧面及横断面变为紫褐色或棕褐色并现油润光泽时，取出套筒分成单张，用竹片或木棒撑开晒干，再用甑子蒸软后，可卷筒，大的两人对卷，每次一张，用力卷成双卷。小的一人卷成单卷，把两端切齐后晒干，小根皮和枝皮晒干即可。凹叶厚朴树皮、根皮斜立于室内架上，其余横放，风干即成。经常翻动，以加速干燥。

2. 花的采收与加工　定植后 5～8 年开始开花，花的季节性强，不及时采摘会掉落，于花将开放时采回花蕾，先蒸 10 多分钟，取出铺开晒干或烘干。也可以置沸水中烫一下，再行干燥。

各种厚朴皮均以外表灰白或棕褐色，油性大，气味浓厚，断面有闪亮油颗粒者为好，花朵大、结实、不散瓣为优。

二十四、黄　柏

（一）概述　黄柏来源于芸香科落叶乔木黄皮树 *Phellodendron chinense* Schneid 和黄檗 *P . amurense* Rupr.，以干燥树皮

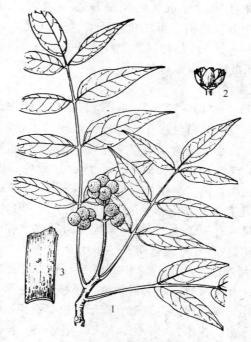

图 24　关黄柏形态图

1. 果枝　2. 花　3. 皮

入药，前者习称"川黄柏"，后者习称"关黄柏"，川黄柏主产四川、重庆、贵州和云南等地；关黄柏（图24）主产辽宁、吉林和河北等地。含小檗碱、巴马亭、木兰碱、黄柏碱等。味苦，性寒。具清热解毒、泻火燥湿功能。主治急性细菌性痢疾、急性肠炎、急性黄疸型肝炎、口疮、风湿性关节炎、泌尿系统感染、遗精、白带等症；外用治烧烫伤、急性结膜炎、黄水疮等症。

黄柏为常用大宗药材。20世纪80年代初江南地区种子育苗大量移栽，但在80年代末因价格低大量砍伐，甚至挖掉，面积急剧缩小，产量锐减。关黄柏受国家森林禁伐的影响，产量大幅减少，而黄柏在国内外市场的用量却逐年增加，因此价格从1997年连年上升。目前，市场价每千克6～10元。结合植树造林，可以作为一个长线品种发展。特别是关黄柏，树皮可以作为药材，树干还可以作为木材。

（二）植物特征

1．川黄柏　高10～12米。树干暗灰棕色，幼枝暗棕褐色或紫棕色，皮开裂，有白色皮孔，树皮无加厚的木栓层。叶对生，奇数羽状复叶，小叶通常7～15片，长圆形至长卵形，先端渐尖，基部平截或圆形，上面暗绿色，背面浅绿色，中脉被长柔毛。花单性、淡黄色，顶生圆锥花序。花瓣5～8，雄花有雄蕊5～6枚，雌花有退化雄蕊5～6枚。浆果肉质，黑色，圆球形，密集成团。果内有种子4～6粒，卵状长圆形或半椭圆形，褐色或黑褐色。花期5～6月，果期6～10月。

2．关黄柏　落叶乔木，高10～15米。树皮外层灰色带有甚厚的木栓层，有深沟裂，内层鲜黄色，小枝棕褐色。小叶5～13片。卵状披针形或近卵形，基部宽楔形，边缘有不明显钝锯齿及缘毛。雌雄异株，花小，萼片5，卵形。花瓣5，长圆形；雄花有雄蕊5枚；雌花内有退化雄蕊呈鳞片状，雄蕊1枚，子房倒卵形，柱头5裂。花单性，黄绿色。浆果状核果圆球形，熟时紫黑色。花期 5～7 月，果期 6～9 月。

（三）生长习性　以陕西吕梁山为界，以北适宜于关黄柏生长，以南适宜于川黄柏生长。关黄柏比川黄柏更耐严寒。黄柏对气候适应性很强，苗期稍能耐阴，成年树喜阳光、耐严寒。野生多在避风山间谷地，混生在阔叶林中。喜深厚肥沃土壤，腐殖质含量较多为好。对土壤水分的要求较广，但水分不足生长缓慢，水分过多，根系生长不良，地上部生长迟缓，甚至叶片枯萎，失水脱落。黄柏幼苗最忌高温干旱。

（四）栽培技术

1. 育苗　种植黄柏采用种子育苗移栽的方法。

（1）采种　黄柏果实于 10～11 月成熟，采摘后，堆放屋角或木桶里，盖上稻草，经 10～15 天后取出，把果皮捣烂，搓出种子，放水里淘洗，去掉果皮、果肉和空壳后，阴干或晒干，贮干燥通风处供播种用。

（2）做床　选地势平坦、灌溉地做床。早春深挖 20～25 厘米，充分细碎整平后，做宽约 1.3 米，高 15～20 厘米的高畦，畦沟宽约 30 厘米。

（3）播种　春播南方一般在 3 月中、上旬，东北地区在 4 月下旬至 5 月上旬，华北地区在 3 月下旬，宜早不宜迟。否则幼苗出苗晚遇高温季节，生长不良。春播种子需经沙藏冷冻处理，沙和种子的比例为 3:1。少量种子可装花盆埋于室外。种子多时挖坑，深度 30 厘米左右，和沙子混合后放入坑内，覆土 7～10 厘米，上面再覆盖些稻草或杂草。南方春播也可用水浸泡 24 小时，略为晾干。在畦上横开浅沟条播，条距 25～30 厘米，沟深约 3 厘米，沟内施人畜粪尿作基肥，每公顷 15～18 吨，或施厩肥每公顷 37.5～75 吨。每沟播种子 80～100 粒，种子均匀地撒入沟内，每公顷用种量 30～45 千克。上盖细土、细堆肥，厚约 3 厘米，将播沟盖平，稍加镇压，浇水，畦面可再覆草或培土 3～4 厘米。此后保持土壤湿润。也可覆盖地膜。在种子发芽未出土前除去覆盖物，摊开培高的土，以利出苗，约40~50天出苗。秋播在11~12月或封冻前进行，第二年春季出苗，播前20多天湿润种子至种仁发软即可播种。其余管理同前。

(4) 苗期管理 苗高7~10厘米时第一次间苗，株距3~4厘米；苗高17~20厘米时定苗，株距7~10厘米。播种后至出苗前，中耕除草1次，出苗后至郁闭前，再中耕除草1次。施肥对黄柏幼苗生长影响较大，一般育苗地施足基肥外还应追肥2~3次。每次间苗或中耕除草后施追肥，每次每公顷施人畜粪尿22.5~30吨，施入播种沟内。夏季在封行前可施1次厩肥，每公顷37.5吨。黄柏幼苗最忌高温干旱，应及时浇水、勤松土或在畦面铺草及铺圈肥。7月底苗木郁闭后，可不再浇水。

2. 定植 黄柏育苗1~2年后可以定植。定植时间从冬季落叶后到春季新芽萌发前均可。较温暖地区，以12月中旬至1月中旬较为适宜，冬季有冰冻的山区，以落叶后尽早定植为宜。掘苗时可不带土，但要尽量少损伤根系，也可带土挖出。如掘伤根皮，可自损伤处剪去。移植时剪去根部下端过长部分。零星种植或小片种植时，可在沟边、路边、屋侧，选土壤比较肥沃而湿润的地方定植。如系大片造林，最好与其他乔木或灌木混交。定植株行距3~4米，根据苗木大小，挖直径0.5~1米，深40~60厘米的穴，每穴施厩肥5~10千克，与表土混匀。每窝栽苗1株，栽后填土，填土一半时，将树苗轻轻往上提，使根部展开，再填土至平，逐层压紧，灌水，下渗后盖上松土。

3. 田间管理 黄柏定植半月以内，应经常浇水，保证成活。定植当年和以后两年，每年夏秋两季，应中耕除草2~3次，只锄松定植窝的表土。入冬前施1次厩肥，每株沟施10~15千克。第四年后树已长大，只须每隔2~3年，在夏季中耕除草1次，疏松土层，将杂草翻入土内作为肥料。

4. 病虫害及其防治

(1) 锈病 发病初期叶片上出现黄绿色近圆形斑，边缘有不明显的小点，发病后期叶背成橙黄色微突起小斑，病斑破裂后散出橙黄色夏孢子，病斑多时叶片枯死。本病在东北一带发病重，一般在5月中旬发生，6～7月为害严重，时晴时雨有利发病，苗期发病严重。防治方法：发病期喷敌锈钠400倍液或0.2～0.3波美度石硫合剂或25%粉锈宁700倍液，每隔7～10天喷1次，连续喷2～3次。

（2）花椒凤蝶　幼虫为害黄柏叶，5～7月发生，防治方法：人工捕捉；在幼虫幼龄时期，喷90%敌百虫晶体800倍液，每隔5～7天1次，连续喷2～3次。其他害虫有地老虎、蚜虫、蛞蝓，按一般方法防治。

（五）采收与加工

1. 采收　黄柏一般定植15～20年采收较好。采收时间宜在5月上旬至6月下旬之间，此时树身水分充足，有黏液，剥皮比较容易。剥皮时可以将树砍倒，按照80～90厘米的长度依其原有宽度剥树皮。也可以利用黄柏树皮剥后可以再生的原理，采取环剥的方法，让树木继续生长。

一般选择夏初的阴天环剥。剥前清除树周围的杂草灌木。环剥时，先用嫁接刀从树段的上下两端分别围绕树干环割一圈，切口斜度以45°～60°为宜，再在两横切口之间纵割一刀。三个切口深度均要适当，以能切断树皮又不割伤形成层和木质部为度。然后用刀柄在纵横切口交接处撬起树皮，向两边均匀撕剥，用力不能过猛，以免损伤形成层和韧皮部。手和工具勿触伤剥面。剥皮长度80～100厘米。剥后用手持喷雾器喷10毫克/千克的吲哚乙酸（IAA）溶液，再用略长于剥皮长度的小竹竿仔细地捆在树干上（防塑料薄膜接触形成层），再用等长的塑料薄膜包裹两层，上下捆好。

剥皮可连年进行。黄柏剥皮后会出现衰退现象，应及时浇水，施肥，增施铁盐，剪枝去花，加强树势复壮。

2. 加工　剥下的树皮趁鲜刮去粗皮，至显黄色为度，在阳光下晒至半干，码放成叠，用石板压平，再晒干。以身干、鲜黄色、粗皮去净、皮厚者为佳。

关黄柏统货不分等，要求无粗栓皮及死树的松泡皮。川黄柏分为二等，一等去净粗栓皮，长 40 厘米，宽 15 厘米以上；二等长宽大小不分，厚度不得小于 2 毫米，间有枝皮。以色黄、外皮去净、皮张平坦者为佳。

二十五、杜　　仲

（一）概述　杜仲（图 25）来源于杜仲科落叶乔木杜仲 *Eucommia ulmoides* Oliv.，以干燥树皮入药。别名玉丝皮、丝连皮、丝棉皮。原产中国，分布于长江中、下游流域，栽培历史近千年，主产于四川、陕西、湖北、湖南、贵州、云南等省、自治区。此外，浙江、江西、广西、广东以及河南、甘肃等省、自治区均有栽培。全株除木质部外均含桃叶珊瑚甙及杜仲胶。味甘、微辛，性温。有补肝肾、强筋骨、安胎、降血压等功能。主治肾虚腰痛、腰膝萎弱、小便余沥、胎漏欲堕、高血压等症。

不仅杜仲皮为常用的大宗药材，以杜仲叶为主要原料的各种饮料和保健品也已进入市场。研究发现，杜仲叶含有较高的绿原酸，有利胆、降压、生白、抗菌作用，同时绿原酸具有抗氧化活性，是有前途的食品抗氧化剂。日本推出了若干种以杜仲叶粉末为添加剂的新型饲料。杜仲叶还是提取杜仲胶的主要原料，广泛应用于交通、建筑、工业、水利、电力、国防、医疗和运动创伤防护等领域。

杜仲从 1990—1996 年大量种植，全国现有留存面积在 10 万公顷以上。虽然杜仲皮的价格逐年下降，但杜仲因有多种用途，本身是木材，又是速生绿化树种，各地可以结合实际情况适度发展。市价每千克 1994—1996 年 30～50 元，1997 年 20～30 元，厚皮 70～100 元仍畅销，目前 12～16 元。

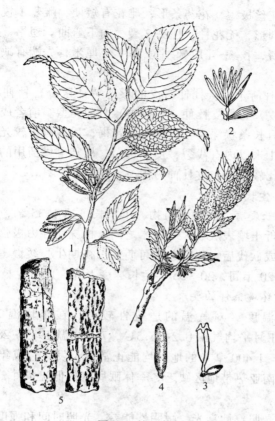

图25 杜 仲

1.果枝 2.雄花 3.雌花 4.种子 5.树皮(示胶丝)

（二）植物特征与品种简介

1. **植物特征** 株高可达 20 米，胸径可达 40 厘米以上。树干挺直。树皮、枝、叶、果实折裂时可见坚韧而细密的银白色胶丝；树皮灰色、粗糙。冬芽卵形，外被深褐色鳞片。单叶互生，卵状椭圆形，边缘有锯齿；幼叶两面被棕色柔毛，老叶仅下面沿叶脉被疏毛。花单性，雌雄异株，无花被，通常先叶开放，或与叶同时开放，单生于小枝基部；雄花有短穗，雄蕊 6～10 枚，通常 8 枚，花丝极短，花药条形；雌花有短梗，雌蕊 1 枚，子房扁平，长椭圆形，无花柱，柱头 2 裂，向下弯曲。翅果，狭长椭圆形，扁而薄，长 3～4 厘米，宽 1～1.5 厘米，先端有缺刻。种子 1 枚。

2. 品种简介　从杜仲树皮的形态特征区分，杜仲有粗皮杜仲（青冈皮）与光皮杜仲（白杨皮）两种类型。前者成年后，树皮粗糙，具长条状深裂，皮色由灰转褐；后者树皮较光滑，仅在树干基部 1 米以内有浅裂，皮色灰白。从其可供药用的内皮重量与厚度相比较，以光皮杜仲为优。

（三）生长习性

1. 生长发育　深根性植物，主根长可达 1.35 米，但根系主要分布在近土壤表层 5～30 厘米之间。植株萌芽力极强，根蔸或枝干受损或砍伐后，休眠芽常可萌发。初期生长缓慢，速生期出现在 10～20 年间，20～35 年生长速度下降，此后生长缓慢。

2. 对环境条件的要求

（1）温度　对气温的适应性较强，在年均温为 11.7～17.1℃，1 月平均气温 0.2～5.5℃，7 月均温 19.9～28.9℃，降水量 500～1 400 毫米的地区均能正常生长发育。成年树更能耐严寒。在南亚热带地区缺乏冬季休眠所需的低温条件，对其生长发育不利。

（2）光照　性喜光，耐阴性能差，光照时间和强度对其生长发育影响很大。适宜的地势为山麓、山体中下部和山冲，缓坡地优于平原和陡坡，土层深厚的阳坡优于阴坡。

（四）栽培技术

1. 选地与整地　选土层深厚、疏松肥沃、土壤酸性或微碱性、排水良好的向阳缓坡地，施好基肥，深翻土壤，耙平，按株行距 2～2.5 米×3 米挖穴，深 30 厘米，宽 80 厘米，穴内施入垃圾肥 2.5 千克，饼肥 0.2 千克，骨粉或过磷酸钙 0.2 千克及火灰等，与穴土拌匀，以备栽植。

2．**繁殖方法** 可用播种、扦插和压条等。生产上以种子繁殖为主。

（1）**种子繁殖** 果皮含胶质，宜采后立即播种，秋冬 10～11 月播。如需春播，则在采种后应将种子与清洁湿润细砂 1：10 混合后层积处理。或于播种前，用 20℃温水浸种 2～3 天，浸时勤搅拌，每天换水 1～2 次，种子膨胀后取出，稍晾干播种。3～4 月月均温达 10℃以上时播种。条播行距 25～30 厘米，每公顷播种量 90～150 千克。播后盖草，保持土壤湿润。幼苗出土后，于阴天揭除盖草。每公顷产苗木 30 万～45 万株。

（2）**枝插繁殖** 春夏之交，剪取一年生嫩枝，剪成长 5～6 厘米的插条，插入苗床，入土深 2～3 厘米，15～30 天即可生根。用 50 毫克/千克萘乙酸处理插条 24 小时，可以显著提高成活率。

（3）**根插繁殖** 在苗木出圃时，修剪苗根，取径粗 1～2 厘米的根，剪成 10～15 厘米根段进行扦插，粗的一端微露地表，在断面下方可萌发新梢，成苗率可达 95%以上。

（4）**压条繁殖** 春季选强壮枝条压入土中，深 15 厘米，待萌蘖高达 7～10 厘米时，培土压实。经 15～30 天，萌蘖基部可发出新根。

3．**田间管理**

（1）**苗期管理** 苗木在幼龄阶段忌烈日照射和干旱，可间作玉米等遮荫，旱季及时喷灌防旱，雨季注意防涝。苗期结合中耕除草追肥 4～5 次，第一次于 4 月间追肥，每公顷施尿素 15～22.5 千克，6～8 月为苗木生长旺盛期，每月追肥 1 次，每次公顷施尿素 30 千克，如施用腐熟稀薄粪肥，每次公顷施 37.5～52.5 吨。

（2）**定植** 一年生苗高达 1 米以上时，可于落叶后至翌春萌芽前定植。定植方法可参考"黄柏"、"连翘"等。幼树生长缓慢，宜加强抚育，每年春 3～4 月和夏 5～6 月结合中耕除草施肥。对幼树每株施饼肥 0.2 千克；对成年树公顷施氮肥 120～180 千克，磷肥 120～180 千克，钾肥 60～90 千克。北方在 8 月底以后停止施肥，避免晚期生长过旺而降低抗寒性。冬季剪除根际萌蘖及树冠下部分枝，以促进主干生长。幼龄时期，行间可间作豆类、蔬菜等作物，提高复种指数。

4. 病虫害及其防治

（1）立枯病　在苗圃中常有发生。在低温、高湿、土壤黏重的苗床内，种子感病后，胚芽腐烂；空气湿度大、幼苗密生或揭草过迟时，感病幼苗苗尖腐烂；4～6 月多雨季节，幼苗尚未木质化前易病，茎基部病斑褐色缢缩，后腐烂倒苗；6～9 月，土壤黏重，排水不良，管理不善，受害苗木常致茎基、根部皮层以及须根腐烂枯萎。防治方法：选疏松、肥沃、排水良好的壤土或沙壤土作苗床，忌选黏土地及前作为蔬菜、棉花、马铃薯等的土地；整地时，每公顷撒施 112.5～150 千克硫酸亚铁粉，或在播种前 10 天左右，每公顷喷洒 40% 甲醛溶液 45～60 千克，然后盖草，进行土壤消毒；播种时，用 50% 多菌灵可湿性粉剂 2.5 千克与细土混和后撒在苗床上或播种沟内；发病期间，用 50% 多菌灵可湿性粉剂 1 000 倍液浇灌。

（2）根腐病　病苗根部腐烂，植株枯萎，直立不倒，但极易拔起。一般于 6～8 月发生，雨季较重。防治方法：选择地势高燥，排水良好，土壤疏松的土地作苗圃；发病初期用 50% 甲基托布津可湿性粉剂 1 000 倍液浇灌；实行轮作。

（3）叶枯病　被害植株的叶片上出现黑褐色斑点，不断扩大，病斑边缘褐色，中间呈灰白色，有时病斑破裂穿孔，严重时，叶片枯死。防治方法：冬季清除枯枝落叶，减少越冬菌源；生长期喷 1:1:100 波尔多液。

（4）豹纹木蠹蛾　幼虫蛀害枝干，致使树势衰退，严重时，树干蛀穿折裂，全树枯萎。防治方法：冬季清园，消灭越冬害虫；6 月初，成虫产卵前，用涂白剂涂料刷树干；幼虫孵化期，在树干上喷洒 40％乐果乳剂 400～800 倍液；在树干上发现有新鲜虫粪，找出虫道，用蘸 80％敌敌畏原液或二硫化碳液的棉球塞入虫道，并用泥封口，毒杀幼虫。

此外，尚有蚜虫、蓑蛾等害虫危害。

（五）采收与加工

1.留种　选生长快、树皮厚、产量高、品质优、干形矮、抗性强的雌株作母本树。雌株与雄株配植比例为 10∶1，以利授粉结实。6～10 年生树开始结实，20～30 年生树为结实盛期，其后随树龄增长，结实量下降，50 年生树结实量显著减少。采种应选 20～30 年强壮雌株，单株采种量 5～8 千克，种子千粒重50～130 克。对留种的母本树应注意培育，每年 4 月中旬第一次施肥，每株追施尿素 1 千克，以促进生长。6 月中旬施壮果肥，每株施腐熟粪肥 100～150 千克。种子发黄将脱落时采收。采后放通风处阴干，忌烈日曝晒或火烘。也可乘鲜播种。

2.采收　杜仲剥皮年限以 15～25 年为宜。剥皮时期 4～6月树木生长旺盛时期较好。树皮采收方法主要有：部分剥皮，砍树剥皮和环状剥皮。

（1）部分剥皮　即在树干离地面 10～20 厘米以上部位，交错地剥落树干周围面积 1/3～1/4 的树皮。每年可更换部位，如此陆续局部剥皮。

（2）砍树剥皮　多在老树砍伐时采用。齐地面处绕树干锯一环状切口，按商品规格向上再锯第二道切口，在两切口之间，纵割后环剥树皮，然后把树砍下，如法剥取，不合长度的和较粗树枝的皮剥下后作碎皮供药用。

（3）环状剥皮　参考"黄柏"。

此外，采叶入药时，可选五年生以上树，在 10～11 月间叶将落前采摘，去叶柄后，晒干。

3.加工　树皮采收后用沸水烫泡，展平，把树皮内面相对叠平，压紧，四周上、下用稻草包住，使其"发汗"，约经 1 周，内皮呈暗紫色时可取出晒干，刮去表面粗皮，修切整齐，即可。光照充足的散生壮年树，单株树皮产量可达 35 千克，折干率 1.5~2:1。

商品分四等，均要求货干，无杂质、霉变。特等整张长70~80 厘米，宽 50 厘米以上，厚 7 毫米以上，碎块不超过 10%，无卷形。一等整张长 40 厘米，宽 40 厘米以上，厚 5 毫米以上，碎块不超过 10%；二等板片状或卷曲状，整张长 40 厘米，宽 30 厘米以上，碎块不超过 10%；三等厚度不小于 2 毫米，包括枝皮、根皮、碎块。以皮厚、完整、去净粗皮、断面丝多者为佳。

二十六、白果（银杏）

（一）概述 白果，来源于银杏科落叶乔木银杏 *Chinkgo biloba* L.（图26），别名公孙树。系我国特有树种，是一古老的孑遗植物，故有"活化石"之称。多作庭园绿化和行道树，各地普遍栽培，主产于江苏、浙江、山东、广西、河南、辽宁、安徽、湖北、四川等省、自治区。以种仁、叶及种皮入药。种仁含组织氨、蛋白质、淀粉等。种皮含有银杏酸、银杏酚。叶含银杏素，异银杏素、白果酚、黄酮类、儿茶精、β-谷甾醇及维生素等。银杏叶制剂能增强记忆力，显著扩张脑血管，可治疗脑血栓、冠心病、心肌梗塞、大动脉炎等症；还有抗衰老、延缓动脉硬化、防治老年痴呆等作用。种仁味苦、涩，性平，有小毒。有敛肺、定喘、止遗尿、白带的功能。主治痰哮喘咳、遗精、带下、尿频等症。

银杏除药用外还供食用，种仁营养丰富，口味香糯，是良好的滋补品。

银杏木材光滑坚韧，不易变形，是工艺雕刻和高档家具的上等材料，又是绿化的优良树种。

银杏的商品价值较高，种子价高时达每千克 60~100 元，

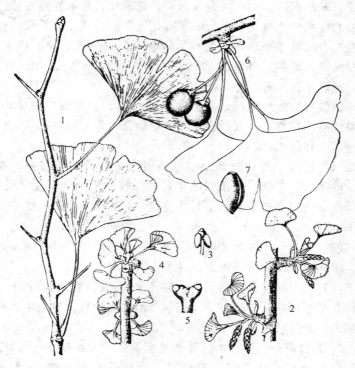

图 26　银杏形态图
1. 长枝　2. 短枝（雄球花）　3. 花粉囊
4. 短枝（雌球花）　5. 胚珠　6. 种子　7. 种仁

1996—1997 年每千克 20～40 元，目前市价 13～20 元。银杏叶收购价高时达每千克 4～6 元。总之，它是值得推广的药用经济植物，种植银杏利在当代，惠及子孙。

（二）植物特征及品种简介

1. 植物特征　树高可达 40 米，树皮光滑，淡灰色。树枝可分长短枝两种，长枝横生或下垂，短枝生长缓慢，长 1～1.5 厘米。叶在长枝上螺旋状散生，在短枝上簇生，具有长柄；叶片扇形，长 3～7 厘米，宽 6～9 厘米，上缘浅波状，圆齿，或不规则浅裂，基部楔形，中央浅裂或深裂，花单性，雌雄异株，花生于短枝的叶腋中，雄花多数，成菜黄花序下垂，雌花有长梗，梗端二叉，每叉端生一胚珠，仅一个胚珠发育成种子。种子核果状，椭圆形或近球形，外种皮肉质；中种皮骨质，色白；内种皮膜质，胚乳丰富，有子叶两枚。

因银杏为雌雄异株，若以收果为目的，栽种时应每 10～20 株雌株有 1 雄株，以利授粉结实。雌雄在结果前较难区别，可以通过以下特征识别。

（1）植株　雌株较矮小粗壮，树干上的横生枝较多，发芽晚，落叶早，主枝与主干间的夹角大，枝向外展开，生长势弱，成龄雌株的短果枝较长，最长可达 7～8 厘米，雄株短枝一般只有 1～2 厘米，少有 3～4 厘米。

（2）叶片　雌株叶片较小，而且锯齿缺刻浅，叶中央多为浅裂，雄株叶大而锯齿缺刻深，叶中央裂深。

（3）花　雌花芽瘦而稍尖，雄花芽大而饱满，端部稍平。雌花长在花梗顶端，上边有两朵花，外形如火柴杆。雄花下垂似桑树浆果，4～6 个生于短枝叶腋。

2．品种简介　银杏的品种和类型很多，大致有下列三类：

（1）味美、品质好　家佛子（产江苏泰兴一带）、洞庭黄（产太湖洞庭山一带）。这一类种仁味美、品质最好。

（2）味苦、品质差　大梅核（产浙江诸暨、江苏、广西等地）、桐子果及棉花果（产广西兴安）、圆珠（产洞庭山）、龙眼（产江苏泰兴）。这一类种仁有苦味，品质较差，但抗旱耐涝。

（3）中间型　大马铃（产浙江诸暨）、大金坠（主产山东郯城）、黄皮果（产广西兴安）等，品质介于上述二者之间。

（三）生长习性

1．生长发育　银杏一般于 3 月底 4 月初萌动发芽，4 月中下旬开花，5 月中旬坐果，种子成熟期因气候条件而异，广西一带约在 8 月上、中旬，江苏一带在 9 月份，华北一带在 9 月底至

10月中旬成熟。

银杏的寿命很长，有数百年，1 000 余年，甚至 3 000 余年的老树。一般约 20 年左右开始结果，若用良种嫁接可比实生苗提早 7～10 年结果，30～40 年后进入盛果期。

2. 对环境条件的要求　银杏分布在海拔 1 000 米以下，喜温暖向阳，在平均气温 10～18℃，冬季绝对最低温度不低于 −20℃，年降雨量 600～1 500 毫米，冬春温凉干燥或湿润，夏秋温暖多雨阳光充足，土层深厚、肥沃的环境条件下生长良好，结实多。银杏喜阳耐旱，但不耐涝，对土壤要求不严。

（四）栽培技术

1. 选地整地　一般选土层深厚，疏松肥沃，排水良好的向阳地。定植不必整地，在定植前按规定的株行距挖坑即可。育苗地可深耕细耙，整成宽 100～120 厘米，高 15～18 厘米的高畦。

2. 繁殖方法

（1）有性繁殖　在秋季种子成熟时，选优良母株，采集个大，橙黄色充分成熟的种子。可连皮冬播。如春播，则应除去外果皮晾干表层水汽后进行沙藏，20 天左右翻动 1 次，防止霉烂僵化。3 月初进行催芽，在背风向阳处挖深 0.5 米，宽 1 米的催芽窖，长度依种子多少而定，将种子与湿沙按 1:4 的比例混匀放入窖内，上盖塑料弓形棚，棚内保持 18～25℃，超过 30℃ 时通风降温，约 20 天后长出胚根，每 5 天翻动 1 次，拣出发根者，按行距 33 厘米开 2～3 厘米浅沟，按 10 厘米株距条播，播后覆土 2 厘米，为有利促发侧根和容易起苗，可掐断 0.1～0.2 厘米一段胚根尖。每公顷播种量 300～400 千克，播后经常保持湿润。3 月下旬播种，4 月幼苗出土，每公顷可得苗 12 万～17 万株。常除草、松土。一年生苗可达 30～40 厘米高，2～3 年生苗高约60～100 厘米时可出圃定植。

（2）无性繁殖　可进行分株、嫁接或扦插繁殖。

① 分株繁殖　一般由壮龄雌株的根蘖苗中选留 4～5 株高 1

米左右健壮苗，于2～3月移栽，小心分株，多带细根，先在苗圃移植一年后再定植。

②嫁接繁殖 在春季进行。在30～40年生、生长健壮雌株上选取结果早、丰产、品质优的2～3年生的壮旺枝条，作为接穗。砧木采用1～2年生实生苗，嫁接时间一般在4月上旬以前，即发芽前嫁接较好。嫁接时最好在阴天进行，剪下来的接穗，雌雄要分开。10～20个左右的雌枝应该有一个雄枝，一般每枝保留2个芽。用锋利的嫁接刀，在砧木的适当位置切去顶部，采用劈接法，即先用刀尖将砧木劈开约2厘米深，再将接穗下部斜削成两面楔形，再把接穗插入砧木的接口处，至少使一边的形成层对准，后用塑料薄膜包严伤口，再用线绳绑紧，然后用塑料罩罩起，雌雄株分开做好标记。嫁接的动作要快，削面要平滑。

待接穗和砧木完全愈合成活，可揭去塑料罩，再过几天即可松绑。砧木上所发枝条都要摘掉心芽。但应保留一定数量的叶片进行光合作用，以提高成活率。第二年发芽前将砧木上所有枝芽一律剪除，保证接穗迅速旺盛生长，嫁接后2～3年可定植。

③扦插繁殖 于5、6月份（北京7月份）选择20～40年生的优良母树，采集1～2年生嫩枝，用锋利枝剪剪成15厘米，上保留3～4个芽的小段作插条，上切口平剪，下切口斜剪，剪去插条下部叶片，只保留上部2～3片叶，将剪好的插条下端对齐，浸泡于0.005%萘乙酸溶液中2～4小时，或用0.04%萘乙酸溶液速蘸插条，然后按10厘米×5厘米行株距，将插条下段1/3～1/2斜插于准备好的插床内。插后浇水，覆盖塑料薄膜，并适当遮荫保湿。插床宜用蛭石＋沙（1∶1）混合，或纯河沙也可以。插后1个月开始发根，待多数成活后，移植于苗圃，2～3年即可定植。

（3）定植 以上各种方法培育的幼苗，定植期应在早春发芽前最好。按株行距5～6米×7～8米，挖宽60～70厘米、深50～60厘米的坑，每坑施土杂肥5～10千克，与坑内土拌匀，

栽后踏实并浇水，如以收获种子为目的者，定植时应按雌雄株
10~20:1 的比例合理搭配；如以采叶为目的者，雌雄株不论，
但株行距可适当缩小为 2 米×3 米，进行矮化栽培。

3.田间管理

（1）浇水、施肥　天旱要及时灌水，雨季注意排涝。每年要
追肥 2 次，冬肥于落叶后施厩肥、土杂肥等迟效性肥料，每株
5~15 千克；春肥于 4~5 月份施用人畜粪等，施肥时可在树冠
下开环沟，或距树干 60~100 厘米处开数条 30 厘米宽的放射沟，
施于沟内，施后浇水、覆土。

（2）辅助授粉　以采白果为目的者，对已经开花结果的母
树，可采用高枝换种的方法高接雄枝，对一般成年树为使授粉均
匀，可采用人工辅助授粉，即在开花期，选晴天无风的上午 10
时左右，采集花粉，与清水混合，其比例为 1:250，用高压喷雾
器均匀地喷到雌株的树冠上，随配随用，2 小时内喷完，可大大
提高结实率。

（3）修枝整形　以采叶为目的者，要修剪控制生长，当苗高
80~100 厘米时要剪去顶芽，以促进侧芽的生长，一般保留上端
4~5 个分布均匀的健壮侧枝，作为一级枝，以后每年早春都要
进行修枝整形，促进多发各级分枝，过长的分枝也要断顶，以免
生长过高，采叶困难，使各级枝条多而短，分布均匀，结构紧
凑，通风透光好，树冠下大上小，枝繁叶茂，呈馒头型。作为庭
院风景树或绿化为主的银杏不用剪主干和去顶芽。

4.病虫害防治　银杏树的病虫害比较少见，只在育苗期有
少数病虫害如：

（1）茎腐病　高温、积水易发病，病苗茎部初呈褐斑，后韧
皮部腐烂碎裂，苗木枯死。防治方法：发病期可喷 50% 甲基托
布津可湿性粉剂 1 000 倍液。

（2）蛴螬、地老虎等害虫　经常咬断幼苗。防治方法：采用
毒饵诱杀，即将麦麸炒香，用 90% 晶体敌百虫 30 倍液，将饵料

拌湿，或将 50 千克鲜草切碎，用 50% 辛硫磷乳油 0.5 千克拌匀，于傍晚撒在田间诱杀。

（五）采收加工

1. 采果　于 9～10 月当果实外皮呈橙黄色用手捏较软，或有自然落地现象时即可采收，用竹竿击落后搜集。将果实堆放地面盖稻草，使外果皮腐烂或人工将外皮捣碎，再淘洗干净，晒干即可。也可在采收前 10～20 天用 0.05%～0.08% 浓度的乙烯利水溶液喷撒树冠，既能使成熟期一致又能使外果皮与中种皮易分离，采后用白果脱皮机使外果皮与中种皮脱开，再用水冲净，于通风处阴干，使中种皮洁白美观。商品以骨质中种皮洁白，种仁饱满，内部色白者为佳。

2. 采叶　一般也在 9～10 月，用手采摘或用竹竿击落，再扫起，晒干即可。再包装出售。

二十七、石　　斛

（一）概述　石斛（图 27）别名吊兰花、扁草、黄草等。来源于兰科石斛属多年生附生草本植物。分布于四川、贵州、云南、广东、广西、台湾等省、自治区。以茎入药，含有石斛碱、石斛胺、石斛宁等多种生物碱及黏液质、淀粉等。味甘、淡、性微寒；有滋阴养胃、清热生津功能。主治病热伤津、口干燥渴、病后虚热。近期研究证明石斛多糖有增强免疫力的作用。

（二）植物特征及品种简介

1. 植物特征　石斛茎直立丛生；高 30～50 厘米，直径 1.3 厘米，肉质稍扁，黄绿色，有节，常具气生根，有槽沟通，三年生茎上端腋芽处常生长具有气生根的小植株，叶片革质、单叶 3～5 片互生于茎顶，叶无柄，长椭圆形或近披针形，全缘，光滑无毛，长 6～12 厘米，宽 1.4～2.2 厘米，总状花序，腋生，通常有 2～3 朵，花白色，花瓣端部呈淡红紫色。蒴果长圆，有

图 27　石斛形态图

1. 着花植株　2. 叶茎　3. 唇瓣

棱。种子极多，细如面粉。

　　2. 品种简介　石斛属植物有 300 多种，我国分布 70 余种，其中 20 余种药用。多为野生。药典（2000 年）中收录的药用品种有：环草石斛 *Dendrobium loddigesii* Rolfe.、金钗石斛 *D. nobile* Lindl.、铁皮石斛 *D. cdndidum* Wall. ex Lindl.、黄草石斛 *D. chrysanthum* Wall. ex Lindl.、马鞭石斛 *D. rimbriatum* Hook. var. *oculatum* Hook.，其中以铁皮石斛最为名贵，加工出的产品习称"耳环石斛"或"枫斗"。金钗石斛最为常用。在四

川合江县栽培的石斛有螃蟹兰、鱼肚兰、竹叶兰和七寸兰等品种，其中螃蟹兰萌发生长快，干燥率和产量均高；鱼肚兰单产高但干燥率较低，竹叶兰单产较低，七寸兰单产最低。

（三）生长习性

1. 生长发育　石斛为常绿植物，在主产区四川合江县石斛 2～3 月，月平均气温 9～15℃ 发芽长叶，5～6 月，月平均气温 22～24℃ 时开花，8～9 月，月平均气温 23～28℃ 时果实成熟。三年生茎上腋芽处萌生新株可用作繁殖材料。

2. 对环境条件的要求　石斛喜阴凉湿润环境，常附生于有苔藓植物的石灰岩上或树上。在西南地区多栽培在海拔 1 000 米左右、年降水量 1 000 毫米以上，空气相对湿度 80% 左右，年平均气温 17℃ 以上的地区。

（四）栽培技术

1. 附主选择　石斛为附生植物，以树木为附主者，必须选择皮厚，多纵沟，含水分多并附生有苔藓植物的树种；尤以黄角、青杠、核桃、槲栎等为好。以石头为附主者，应选择阴湿并有苔藓附生的岩石；以人工基质栽培者，应选择直径 3～5 毫米以上的粗沙砾或蛭石、珍珠岩等作栽培基质为好。

2. 繁殖方法　可有性繁殖，但用种子的有性繁殖目前还离不开组织培养方法，技术要求比较高，人工种子研究虽有较大进展，但目前尚无人工种子出售，因此以无性繁殖为主；无性繁殖方法有以下几种：

（1）分株繁殖　在春秋进行，选健壮、根系发达、萌蘖多、无病虫害的一二年生植株连根挖出，去除枯茎、断枝和过长的须根。分为 3～5 支一丛用苔藓捆好。将种栽用绳捆于树干上或用碎石压于石缝或石上凹处即可。也可在附着物上先涂一层稀泥、牛粪后再种植。株行距 30 厘米左右。

（2）扦插育苗　将石斛分成单株，横卧于蛭石或蛭石加少量腐殖土的混合基质中，基质刚好盖过横卧茎段，注意保湿、待腋芽萌发出苗及气生根生长至 3～5 厘米长后，分割幼苗移植于树干或石头上。

（3）腋芽繁殖　三年生老茎上段腋芽处常自动萌生出完整植株，待小植株生长至 5 厘米以上时可从母株上分割下来单独栽种。

（4）茎节离体培养　取石斛茎去叶，洗净表面灭菌、在无菌条件下切成 0.5 厘米长小段，每段必须包含一个茎节，接种于 1/2MS 培养基中于 26±1℃ 下光照培养，直到腋芽萌发并生根长成完整小植株，植株 5 厘米高时可炼苗移栽或重新在无菌条件下分割培养。

（5）种子繁殖　有条件的地方用组织培养的技术取未开裂的石斛蒴果，经表面灭菌后播种于 1/2MS 培养基上，在 26℃ 下光照培养 1 周后种子开始萌发，转管 3～4 次后，当幼苗长出真叶和根时可进行移栽。移栽存活的条件是温湿度适中（20～25℃，空气湿度较大），盆栽基质以透气好，既能排水又能保持适当水分的材料为佳，一般利用碎砖 4 份碎木炭 1 份，珍珠岩和蕨根适量的组合较好。移栽后的小苗应放在通风，阴湿的地方，1 周内不应浇水，以防太湿而烂根。干燥季节可适当喷雾以后逐渐加大喷水量和曝光程度。

3. 田间管理

（1）喷水　石斛栽种后应注意保湿防涝，空气相对湿度不低于 80%～85%，基质含水量因材料不同而不同，但总体不应过干也不能过湿。

（2）施肥　栽种后待根系生长发育并形成较牢固的附生状况后开始施肥，一般要在栽种第二年后，每年追肥 2 次，第一次在春分至清明前后，第二次在立冬前后。有机肥以饼肥、毛发、猪牛粪等为主，肥料加水充分发酵后稀释 50 倍以上追施于石斛根际周围。无机肥料可配成 1 000 倍稀释液叶面喷施，每季度 1 次。

（3）除草 附生物上伴生其他杂草时应随时拔除，同时除去枯枝。

（4）修砍树枝 春季石斛萌发前除去老枝、枯枝和过密的茎，除去附生物周围过密的树枝增加透光度。石斛是喜阴植物，荫蔽度60％左右为宜。

4.病虫害防治

（1）叶斑病 初夏发生，嫩叶出现褐斑，斑点周围黄色，逐渐扩散到整个叶直至全叶枯黄，脱落。用1:1:150波尔多液或50％多菌灵可湿性粉剂1 000倍液喷雾防治。

（2）石斛菲盾蚧 以雌成虫、若虫聚集固定于植株叶片上吸取叶汁为害，同时诱发煤烟病，使植株枯死。每年发生1代，5月中下旬为虫卵孵化盛期，5月下旬逐渐塑成盾壳，终身不移动。早春或初冬可用29％石硫合剂水剂70倍液喷雾防治，也可用40％乐果乳剂800～1 000倍液喷雾防治。

（3）矢尖盾蚧 为害石斛茎叶，可用40％乐果乳油800～1 000倍液喷雾防治。

（五）采收加工 根据对铁皮石斛的最佳采收期的研究，从生物（茎、叶）产量来看，第三年采收好。从质量来看，若为了清音明目和养胃清热，以4年采收为好，若主要为抗肿瘤和增强机体免疫功能及同时兼顾经济效益还是第三年采收为好。石斛栽后2～3年可收获，收获季节以秋冬为好，一般11月上旬至下年3月上旬。收获时不应全株连根拔起，应剪老留嫩，割大留小。

加工方法因产地和品种不同而异。产区除鲜用外，一般将采回的石斛去掉叶片及须根，在水中浸泡数日后，用硬刷或糠壳、麻布等将膜质搓掉，晾干水气，放炕灶上，覆盖席子勿使透气，用文火烘烤使之慢慢干燥，将已干的先收，未干继续烘烤，收后堆放一边喷以开水，并用草垫覆盖，成金黄色时再烘至全干。也可采用日晒、沙炒、水煮甄蒸或火灰炮等，一边干燥一边搓揉，直至全干。铁皮石斛加工成"西风斗"的方法是将铁皮石斛的粗短部分，在小火上烤，变软后搓成螺旋形再烤，反复搓烤几次，直至不变形时烤干即成，在加工过程中只留两根较直的须，称龙头，其余须根全去掉，同时保留茎末细梢，称为"凤尾"。

每丛植株可收鲜石斛 0.25～0.75 千克，每 5～7 千克鲜石斛可加工 1 千克干石斛。石斛规格较复杂，各品种有各自的规格，今以环草石斛为例按其色泽及软硬程度分为三个等级：

一级：足干，色金黄，身细坚实，柔软，黄直纹如蟋蟀翅脉，无白色，无芦头须根，无杂质。

二级：标准与一级基本相同，但部分质地较硬。

三级：足干，色黄，条较粗，身较硬，无芦头须根，无杂质。

二十八、黄　连

（一）**概述**　黄连（图 28）来源于毛茛科多年生草本植物黄连 *Coptis chinensis* Franch，别名味连、川连、鸡爪黄连。产于四川石柱、湖北利川、恩施等地者称南岸连，产量较大；产于四川城口、巫山、湖北房县、竹溪等地者称北岸连，产量少但质量好。此外陕西、甘肃、湖南等省也有栽培。由于产区及种类不同，致使外部形态与上述差异较大的黄连还有产于四川峨眉一带的雅连 *Coptis deltoidea* C.Y.cheng et Hsiao 和云南的云连 *Coptis teeta* Wall.（C.teetoides C.Y.cheng）。以根茎入药，叶、叶柄、须根干燥后亦可供药用，化学成分为多种生物碱，以小檗碱为主。味苦、性寒。有清热燥湿、泻火、解毒的功效。是医治肠炎、菌痢、腹痛、目赤、肿毒的特效药，在医疗上用途甚广。其原药及黄连粉等行销全国，又是出口的拳头药材。黄连茎秆和须根还可作鱼、禽兽类的治疗用药，我国年需量在 100 万～130 万千克，历来供应就紧张，1995 年黄连价格每千克 20～26 元，

1997 年为每千克 28~35 元，目前已达 110 元左右，有条件的地方可大力发展。

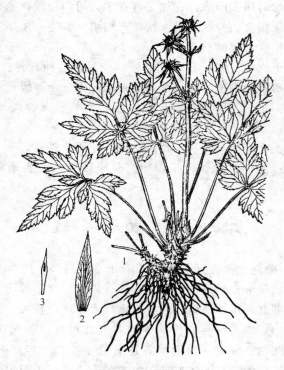

图 28　黄连形态图
1.植株　2.萼片　3.花瓣

（二）植物特征　植株高 20~30 厘米，根茎粗短，向上多分枝，形如鸡爪，节多而密，生有极多的须根，外皮黄褐色，断面黄色，味极苦。叶全部由根茎上长出来，排列紧密，呈丛生状，叶柄长于叶片。三出羽状复叶，中央裂片有细柄，比两侧裂片长，边缘具细锯齿。3~4 年生抽薹，花莛 1~2 个，从根茎顶端抽出，高 20~40 厘米，呈顶生聚伞花序，每序 5~9 朵花，花瓣 9~12 片。线形，初黄色，后变紫绿色，雄蕊 14~23 枚，雌蕊

8～16 枚，心皮离生，蓇葖果 8～12 个，长 1 厘米，成熟时顶端孔裂，种子长椭圆形。

（三）生长习性

1. 生长发育　种子收获时期种胚尚未发育好，贮藏于 5～10℃低温处，6～9 个月可使种子的胚长大，并完成胚的分化，从外形上看，种子已裂口，此阶段称形态后熟但这时播种仍不能发芽，必须在 0～5℃低温下贮藏 1～3 个月，才能完成生理后熟阶段。播种后才能出苗。

2. 对环境条件的要求　黄连喜生长于海拔 1 200～1 800 米的高山冷凉潮湿环境，尤以 1 400～1 700 米地区最适宜。

黄连对土壤要求严格，最适宜生长的土壤是上层疏松肥沃，腐殖质丰富，下层为保水保肥力较强的壤土或黏壤土，药农称之为"上泡下实"的微酸性土壤。

黄连喜冷凉气候，不耐炎热，在霜雪下叶能保持常绿不枯。产区年平均温度 10℃左右，7 月份平均最高温度为 24℃，1 月份平均最低温度为 3.9℃，无霜期 180～220 天。若温度高于 32℃，生长缓慢甚至不能生长。

黄连喜湿润，忌干旱，尤其喜欢较高的空气湿度。产区年降雨量在 1 300～1 700 毫米之间，相对湿度 70%～90%，土壤含水量 50%以上时黄连生长良好，积水易烂根，易引起黄连死亡。

黄连为阴性植物，忌强光，喜弱光，栽培必须搭棚遮荫。黄连是绿色植物，进行光合作用需要光照，全阴条件下黄连不能生存。荫蔽度大，叶繁茂但根茎不充实，应在黄连生长的不同年生，对光照大小的不同要求，适当调整荫棚透光度。

（四）栽培技术

1. 选地整地　宜选半阴半阳的早阳山（上午有光照）或晚阳山（下午才有光照）的山地种植，尤以早阳山为佳；为排水畅通，最好选择 30°以下的缓坡地，坡太陡水土流失严重；土壤以表层腐殖质含量丰富，下层保水保肥力强的酸性土壤为佳

（pH5.5～6.5），荒山熟地也可种植，连作必须施足基肥。过去产区都采用搭荫棚遮荫栽连的方法，每栽 1 公顷黄连，需 150 米³ 木材，需砍伐 3 公顷森林，水土严重流失，森林资源破坏，近年试验成功人工造林栽连，森林也不是必须条件了，并研究出熟土施肥后种植黄连的方法，因此选地时不必有森林供搭棚用料。

荒坡栽连应预先砍净毛竹杂草，挖净草根竹根，第一次粗翻土地，挖深 13～16 厘米防止将表层腐殖质土翻入下层，挖后每公顷施腐熟的厩肥、土杂肥 43 000～75 000 千克，熟土栽连每公顷施底肥 60 000～90 000 千克。第二次浅挖，将底肥翻入土中 10 厘米深，耙平后做成瓦背形的高畦，畦宽 1.3 米、高 10～15 厘米，沟宽 20 厘米，四周开好排水沟。

2. 繁殖方法　主要采用种子育苗移栽。

（1）采种　5 月上旬果实由绿变黄，种子变黄绿色，应及时采收，否则种子脱落地里。选晴天采下果枝，放室内阴干 1～2 日后即可脱粒，因日晒后难于脱粒，一般每公顷可采种子 75～150 千克。千粒重 10 克左右。

（2）种子贮藏　黄连种子干燥后，失去发芽率，农民都采用"撒茅林"的方法，将种子撒入茅草竹林中，在自然条件下完成胚后熟过程，若采后立即播种，必须保持土壤不干不湿，从播种到出苗需 9 个月，难于管理或地未整出来不能播。由于水冲、日晒、鸟食，种子损失严重。1 千克种子约有 100 万粒，仅能育 2 万株苗。试验成功种子湿沙棚贮方法后，大大提高了种子成活率。种子脱粒后用冷水选种，去掉果皮渣滓。在冷凉的阴山坡，挖地后作高畦，畦宽 1 米，将畦中心土挖去，四周留壁 15 厘米厚，池底铺沙，将湿种子倒入畦沟内厚 3 厘米一层，盖纯沙 3 厘米厚，在池上搭棚，封严四壁，防止鸟雀掏食种子，常检查，直到 11 月份播种。

3. 播种育苗　于 11 月将贮藏的种子与 20～30 倍的细腐殖

土拌匀，均匀撒于做好的畦面，播后盖 0.5～1 厘米厚的干细腐熟的猪牛粪（厩肥）或细土，上面再盖一层草或其他覆盖物保湿。每公顷用种量 37.5～45 千克，可育出苗约 675 万株左右。播种后搭棚遮荫，一般第二年 2 月出苗，应勤除杂草，当苗长出 2 片真叶时（3～4 月）应将过密的弱苗拔除，株距保持 1 厘米左右，幼苗 3 片真叶时可追肥，每公顷可施硫酸铵 75 千克左右，应将叶上沾的化肥抖落畦面，以免肥害。6 月可撒施腐熟的饼肥，每公顷 375 千克左右。苗高 3～5 厘米时，可培土 1～2 次，防止雨水冲出苗根。

4. 移栽　一般出苗后第二年春就可移栽，若苗情好，当年秋季就可移栽，但以春栽为好，成活率高，生长健壮。具体操作是先从苗床拔秧，每 100 株捆成一把，洗净根上泥土便于分秧，剪去须根，只留 1 厘米长的根，按株行距 10 厘米正方形栽植，用小花铲开穴，穴深 3～5 厘米，栽后地面留 3～4 片叶，每平方米栽苗 80～90 株，折合每公顷 82.5 万～90 万株。

5. 遮荫

（1）人工造林遮荫栽连　整地后，每隔 1.5 米栽树，树种以乔木和灌木相间，树栽在畦面中间，两畦之间应间隔。由于已施底肥，故可种苗，大约 4～5 年后，树已成林可为黄连遮荫，即可移栽黄连。

（2）玉米黄连套作　春季在畦两边按株距 33 厘米挖穴，穴中施入厩肥为底肥，玉米采用定向密植的方法播种，种子扁向与畦边平行，每穴摆 4～5 粒种子，然后覆土。与此同时在畦中间每 1.5 米栽树 1 株，乔灌木相间，玉米出苗后，选择叶伸向畦面的苗每穴 2 株，其余间掉。勤松土、除草、追肥，7 月份玉米叶封垄，可为黄连遮荫，即可移栽连苗。玉米黄连套作地里所栽之树，栽后第五年，树已成林，可为黄连遮荫，不再种玉米，黄连收获后又可复栽 3～4 季。过去都不在 7 月份栽苗，但采用玉米黄连套作的方法，7 月玉米才能封垄遮荫，只要加强管理，移栽后同样会生长旺盛。

6.田间管理

（1）除草、松土　黄连生长慢、极易生长杂草，应早除、除小、除净，一般移栽当年和第二年除草4～5次，并结合松土，移栽后3～4年，每年除草3～4次，第五年除1次草。

（2）追肥、培土　秧苗移栽后2～3日内，每公顷淋施7 500～15 000千克猪粪水，称刀口肥，促进生根，以后每年春季施1次春肥，每公顷用人粪尿15 000千克或饼肥750～1 500千克加水15 000千克。秋季施冬肥，以农家肥为主，肥料充分腐熟捣碎，撒在畦面厚1厘米，每公顷用肥2.25万～3.2万千克，结合施一些草木灰及饼肥。

黄连根茎向上生长，每年形成茎节，入冬前施冬肥后应培一层土。用林间腐殖土，捣碎，二三年撒1.5厘米厚，四五年撒2～3厘米厚，均匀撒在畦面。培土太厚，根茎长成细"过桥"，影响质量。

（3）编玉米秆棚　采用玉米黄连套作方法，秋季玉米收获后至次年复种玉米，封垄前，都需用玉米秆棚为黄连遮荫，在玉米行间隔1.5米插3个树杈，杈上搭竹竿，距地30厘米，在畦两边行间竹竿上搭横竹竿2～3根，连接两竿其上搭一根直杆，玉米秆距地30厘米处弯曲，互相编织成棚，棚顶部压一根直杆，与下边竹竿绑紧固定，不挖玉米根，冬季起牢固作用，防止风雪吹垮棚架。

（4）修枝亮棚　黄连生长各年对光的耐受能力越来越强，而利用树林栽连，则树枝叶越来越茂密，因此从第三年开始应修枝亮棚，修枝时应将乔木树干的下面几层树枝留下，可起到降低雨水冲刷的作用，调光要使移栽当年达70%～80%荫蔽度；第二年起逐年减少10%的荫蔽度；到第四年减少到40%～50%；第五年以后尽可能增大光照。

7.防治病虫禽害

（1）白粉病　俗称冬瓜粉，染病叶表面生褐色病斑，后长白粉，并产生黑色子囊壳、互相传染，严重时成片死亡。防治方法：发病前用65％代森锌可湿性粉剂500倍液喷洒预防，发病初期用70％甲基托布津1 500倍液，7～10天喷雾1次，连续2～3次。并注意调节荫蔽度，增强光照，降低棚内湿度等农业措施。

（2）茎腐病　幼苗成株均可发生，4月开始发病，5～6月逐渐严重，防治方法：

①土壤消毒　整地时每公顷施65％代森锌可湿性粉剂37.5千克和50％退菌特可湿性粉剂15千克。

②用药　发现病株后先用50倍石灰水将病株围起来，控制病害蔓延，并用65％代森锌500倍液每15天喷1次，共喷2～3次。

（3）蛞蝓　3～11月发生，咬食黄连嫩叶。白天潜伏阴湿处，夜间为害，雨天更为严重。防治方法：可用蔬菜毒饵诱杀。毒饵配制方法参见白果病虫害防治，或在棚柱附近及畦的四周撒石灰粉。

（4）铜绿金龟子和非洲蝼蛄　幼虫食黄连叶柄基部，严重时可将幼苗成片咬断。防治方法：用40％辛硫磷乳油1 000倍液浇灌土壤杀灭害虫。

（5）野鸡　又称锦鸡，常于春季早晨吃花薹。防治方法：拦好棚阻其进入。

（五）收获与加工

1.收获　黄连移栽后第六年10～11月间收获。用二齿耙挖出全株。收获过早，黄连含有水分过大，不充实；收获过晚，拖到次年，植株开始萌动，消耗养分，降低产量和质量。一般每公顷产黄连1 125～1 500千克，高产者也有达2 250～3 000千克的。利用玉米黄连套作，人工造林栽连的新技术，不但不破坏森林，栽1公顷黄连等于造1公顷丰产林，活立木积蓄量比同期造的未栽黄连的林快 1 倍，每公顷每年可增收玉米 3 750 千克，林间栽黄连的产量不低于搭棚栽连，且可节约 50% 的劳动力，提高经济效益，对防治水土流失，保护自然生态平衡起到积极的作用。

2. 加工

（1）剪须　用剪刀剪去毛须。毛须晒干后可作兽药。

（2）筑炕　炕长 4 米、宽 16 米、深 1 米，炕前挖 1 米深的火池，与炕相通的管叫喉管，用竹竿编帘，盖于炕顶，四周拦上挡板。

黄连剪须后，堆在炕帘上，点火烘炕，每隔 40 分钟用操板翻动一次，快干时碰打黄连，打掉泥土，即可出炕叫毛货。将毛货分成 4～5 个等级，大的为一托，一、二托和三托可一炕炕干，四、五托另炕，每 4～5 分钟翻操 1 次，快干时用大火烤一下，即可出炕，装入槽笼碰槽，打净泥土及毛根，黄连断面呈干草色，即为合格。

以身干、肥壮，个完整，外皮黄褐色，质坚实，断面颜色红黄色，味极苦，残留叶柄及须根少者为佳。

二十九、浙 贝 母

（一）概述　贝母为常用中药，在我国有悠久历史，早在秦汉时期《神农本草经》就有记载，市场上作为商品流通的百合科贝母属植物有 38 种，其中《中国药典》收载的有 8 种，但临床上应用的，主要是浙贝和川贝。

浙贝母 *Fritillaria thunbergii* Miq（*Fritillaria Vertieillata* Willd.var.*thunbergii* Bak）（图 29），别名象贝、珠贝，主产浙江鄞县，尤以樟村区最集中，已有 300 多年的栽培史，过去由于种种原因种植范围狭小，形成了一地生产供应全国的局面。六七十年代浙贝相当紧缺，在国家扶持下，在适宜地区扩大引种栽培，现已形成了江苏南通、杭州市郊、浙江余姚、舟山等新产区。浙贝以干燥鳞茎入药，主要成分有浙贝素、贝母乙素、贝母辛、贝母芬、贝母定、浙贝母甙等。味苦、性寒，有清热润肺、止咳化痰等功效。主治痰热咳嗽、胸闷痰黏、慢性支气管炎等症。

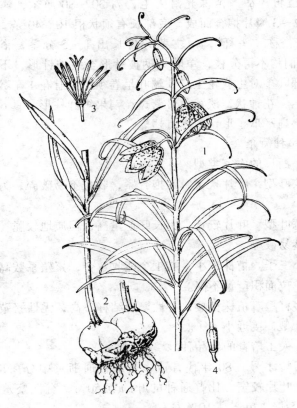

图 29　浙贝母形态图

1. 植株上部　2. 植株下部和鳞茎

3. 去花瓣后示雄蕊和子房　4. 子房和柱头

　　浙贝是著名的"浙八味"（浙江八味药）之一。90 年代初产销基本平衡，市价为每千克 10 元左右，由于受生产成本增加，收购资金影响，药农得益不如粮食作物，致使产量减少，而市场需求及出口量逐年上升，价格逐年上涨，1996 年、1997 年每千克价 9～15 元，目前已上升到 25 元左右。

（二）植物特征及品种简介

1. **植物特征**　植株光滑无毛，高 30～80 厘米，鳞茎扁球形，由 2～3 鳞片抱合而成，底部长有须状根 10～40 条，每株有 2 主茎，俗称"头秆"，由主茎旁再长出 1～3 分茎，俗称"二秆"，它们均不再分枝，单叶无柄披针形至线披针形，下部叶互生，上部叶多对生或轮生，顶端叶呈卷须状，有花 1 至数朵，顶生或腋生，花钟状，淡黄色带紫斑，蒴果短圆柱形，具 6 棱，种子多数，扁平瓜子形，边缘有翅。

2. **品种简介**

（1）浙贝的农家类型

①狭叶型　叶片狭，鳞片抱合紧，收挖不易破碎，为目前主栽品种。

②宽叶型　叶片较宽，生长旺产量高，但质地较脆，秆易折断，鳞茎易破碎。

③小三子　植株较小，栽 1 个能收 3 个，繁殖系数高是其特点，但单位面积产量不高。

④多籽型　植株稍矮，有性繁殖结籽率高，无性繁殖结籽率大于狭叶型，接近小三子。

（2）人工培育的新品种

①新岭 1 号　80 年代育成，是从普通浙贝中分离出来的。其特点是叶片较宽，比普通种的叶约宽 50%，有性繁殖比普通种约高 15 倍，单产高 10% 左右。

②梅园 1 号　90 年代才育成，是从多籽型中分离而来。其特点是叶的长、宽、厚都显著大于普通种，而结籽率却较低，更为可贵的是抗灰霉病、黑斑病及干湿腐病，与普通种比产量高 30% 左右。

（三）生长习性

1．生长发育　在浙贝产区 9 月中旬开始种植，9 月下旬鳞茎开始发根，2 月上旬出苗，主茎 3 月上旬或 4 月上旬达最高，2 月下旬至 5 月下旬是鳞茎膨大的主要时期。3 月下旬开花，5 月中旬种子成熟，5 月中下旬全株枯萎，鳞茎进入休眠期。

2．对环境条件的要求　浙贝喜温暖凉爽气候，主产区年平均气温 16.2℃，最高 38.7℃，最低 -8.8℃。平均地温 6~7℃开始出苗，根的生长要求地温 7~25℃之间，以 15℃为最适。地上部生长发育的气温范围在 4~30℃之间，-3℃植株受冻，30℃以上植株顶部枯黄。最适宜生长的土壤含水率为 20%~28%。最适的土壤 pH 为 5~7。

（四）栽培技术

1．选地整地

（1）选地　宜选土层深厚、疏松、有机质含量高的沙质壤土，并要求排水良好、阳光充足，鳞茎要在地里过夏的留种田，更要注意透水性好。海拔较高的山地，有机质含量高的沙土也可种植。浙贝以不重茬为好，前茬作物以芋头、黄豆、玉米、甘薯等为宜。

（2）整地　浙贝是耐肥作物，整地前应施足底肥，每公顷施厩肥或堆肥 22 500~30 000 千克。浙贝根系多分布于 20~30 厘米左右，黏性较大的地，畦面宜狭些，以 1.7 米为宜，并使畦高些，沟深些，有利于排水防涝。

2．繁殖方法

（1）无性繁殖　生产上采用无性繁殖，种植期 9 月中旬至 10 月上旬，迟至 11 月种植因根系发育不良而减产。

①鳞茎分级　种用鳞茎于 9 月从过夏以后的种子地挖出后，要分级选择，以免出苗后因鳞茎大小不一致植株参差不齐，影响生长和田间管理。产区一般将鳞茎分为四等（表1），表 1 中 2 号贝母作种子地用种，其余各号都作商品地用种，若 2 号贝不足

时可用 3 号贝代替（从商品地挖出的贝母全部加工成商品，不再作种用）。

表 1　浙贝种用鳞茎分级

级　别	俗　称	每千克个数	鳞茎直径（厘米）	用　途
1	土贝	30 以下	5 以上	商品地
2	2 号贝	32～40	4～5	种子地
3	3 号贝	40～60	3～4	商品地
4	小 3 号贝	60～80	2～3	商品地

②种植密度与深度　要根据鳞茎的大小及种子地和商品地来决定种植密度和深度。种子地行距 20～24 厘米，株距 16 厘米×20 厘米为宜，每公顷可种 180 000～195 000 株，6 750～9 000 千克。3 号贝以行株距 20 厘米×15 厘米，每公顷栽 255 000～285 000 株，用种量 2 520～6 000 千克为宜。小 3 号以行株距 18～15 厘米，每公顷栽 300 000 株，用种量 3 750～4 500 千克为好。

种植深度，种子地宜深，可使种鳞茎组织致密，鳞片抱合较紧，挖出时不易破碎，商品地种植宜浅，有利鳞茎膨大，提高产量。因此，种子地以栽深 10 厘米左右为宜，商品地 1、3、4 号的种植深度分别以 8 厘米、7 厘米、5 厘米左右为宜。

此外收挖贝母时留于地里的，小于 4 号，直径 1～2 厘米，重 0.5～4 克的小鳞茎，通过 2 年的培育，可达生产上种用鳞茎的大小，可以利用。

（2）有性繁殖　用种子繁殖育苗，其繁殖系数比无性繁殖约大 10 倍，若种源缺乏可采用有性繁殖。但浙贝母结实率低，一般只有 0.4%～1.7% 的结实率，采用异品种（或类型）人工授粉或异品种混合拌栽法，可使结实率提高到 50%～80%。

在自然条件下，当年采收的种子秋播，经冬季自然低温，第二年春可出苗。若采种后将湿种子沙藏于 5～10℃ 低温下，经50～60 天种胚可发育完成，在保护地上精心培育可得到一年生小鳞茎。一年生苗为 1 片线形针叶，地下鳞茎如绿豆大；二年生苗 1～3 片叶较宽大，鳞茎似玉米粒大；三年生植株开始抽茎、株高 10 厘米以上鳞茎达 10 克，不抽茎的植株有较宽的叶片。四年生开始无性繁殖，也能开花；五年生与成年植株相同，可正常繁殖。

3．田间管理

（1）间套作　浙贝母从播种到出苗需经 3～4 个月，且种子地种植较深，因此可套种一季蔬菜（雪里蕻等），但必须在 12 月前收获，否则影响贝母生长。种子地的贝母还需在地里过夏休眠，因此枯苗前要在行间套种瓜、豆、甘薯等作物为浙贝母遮荫、降温。此外浙江省磐安县为发展粮药间套作还取得了较好经验：在秋季作物收获后，于 10 月中旬栽种贝母，春玉米 3 月底用尼龙薄膜育苗，苗龄 15～18 天，于 4 月中旬将春玉米苗移栽于贝母行间，贝母商品 5 月收获后玉米苗已长大，8 月初可收玉米，若种甘薯需在 3 月中旬双膜育苗，在贝母收获后的 5 月中旬对甘薯可行插扦，10 月收甘薯。

（2）中耕除草　栽后 11～12 月应除草 1 次，第二年 2 月苗出齐后需第二次中耕除草，4 月进行第三次。

（3）施肥　浙贝母是耐肥作物，研究表明，每公顷浙贝母全生育期吸收氮约 102 千克，磷 21 千克，钾 126 千克，它们的比例 N：P：K＝1：0.46：1.25。生长前期对氮肥，现蕾期对钾肥均较敏感，宜巧施。

①重施冬肥　以栏肥、垃圾、饼肥等迟效性肥为主，每公顷适量施硫酸铵或尿素 10 千克左右。冬肥可改良土壤，提高地温，保护贝芽越冬，因此可在畦面行间开 3～4 厘米浅沟，按每公顷化肥、饼肥 1 125～1 500 千克，有条件再加人粪尿 11 250～15 000 千克，施入沟内。覆土后在表面盖上厩肥或垃圾 22 500～30 000 千克。

②早施苗肥　2 月上中旬苗基本出齐后，每公顷用人粪尿

22 500千克加硫酸钾150千克。

③巧施花肥　孕蕾开花期正是鳞茎迅速膨大期，此时施肥可延缓枯萎，促鳞茎膨大，尤其注意钾肥的施用。

(4) 摘花　不留种子的地，应在植株有1～2朵花开时适时摘花，减少营养物的消耗，促鳞茎膨大，摘取花宜选晴天，以免雨水渗入伤口，引起腐烂。

(5) 防旱排涝　土壤过干过湿都影响鳞茎的生长发育、导致病害加重或鳞茎腐烂。因此，必须及时灌水和排涝。

(6) 种子过夏　是指浙贝母种用鳞茎安全度过炎热夏季的过程。产区浙贝种子过夏有三种方式：

①大地过夏　就是种子地的贝母枯苗后并不挖出，就在原地保存，为减少太阳直射造成地温大起大落要套种瓜类、大豆、甘薯等遮荫作物，直到9月才挖出作种。这是过夏主要方式。

②移地过夏　种子地贝母枯苗后经半个月鳞茎老化后挖出，挑去破损及有病鳞茎，选地势较高、排水良好、通风凉爽的地方贮藏，用层积法，一层贝母一层沙子，共3～4层，其贮藏厚度不超过30厘米为宜，最上层覆盖沙土约20厘米即可，但要注意经常检查，防止沙土过干或过湿引起干腐或湿腐病。

③室内少量贮藏　方法类似于移地过夏，所不同的是一个在室外，另一个在室内，室内更应注意防止土壤过干或过湿。

4. 病虫害及其防治

(1) 灰霉病　4月开始从叶尖发病，向基部蔓延，病斑褐色长椭圆形或不规则形，边缘有明显水渍状环，茎部病斑灰色。防治方法：实行轮作；清洁田园，减少病源。从3月下旬开始喷1∶1∶100波尔多液，或65%代森锰锌可湿性粉剂400倍液10天1次，连续3～4次；发病前后可用50%甲基托布津可湿性粉剂1 000倍液防治。

(2) 黑斑病　4月开始从叶尖开始，叶色变淡，进而出现水渍状病斑，病部与健康部之间有明显界限（晕圈）防治方法同灰霉病。

（3）炭疽病　4月开始叶片出现浅褐色晕点，逐渐扩大呈棕色略微下陷的病斑，并有明显的褐色边缘，后期在病斑上出现黑色小点是分生孢子盘。茎部染病，在茎基部和近叶腋处产生棕褐色纵向条斑，后期病斑缢缩，直至干枯扭断。可用50%多菌灵可湿性粉剂1 000倍液加中性皂喷雾防治。

（4）干腐病和软腐病　二者均是在过夏期间为害鳞茎，前者使鳞茎的肉质部呈蜂窝状孔洞，或烂掉，后者使鳞茎腐烂成"鼻涕状"具酒酸味，外面包一皮壳。防治方法：选用健康无病鳞茎作种，加强过夏管理；在栽种前用50%甲基托布津400倍液浸种10～20分钟。

（5）蛴螬　为害严重，用辛硫磷500倍液灌根可杀灭幼虫，但成本高，用黑光灯或电网诱杀其成虫金龟子，成本较低、效果好。

（6）豆芫菁　又名"红豆娘"成虫有群聚性，咬食叶片，甚至将叶片吃光。防治方法：用网捕捉；用80%敌百虫可湿性粉剂1 300倍液或40%乐果乳油800～1 500倍液喷杀。

5. 良种繁育方法　为保证种用鳞茎不退化，产区贝农建立了一套防止鳞茎退化的方法，其要点是：

（1）将种子地和商品地分开　有利于对种子进行特殊管理，如选地特别重视疏松透气，排灌方便，种植也较深，并套种作物，有利于过夏。

（2）种子严格要求　种子地的种子有严格要求，且连年精选从不间断，只用高标准的2号贝作种，2号贝不足才用3号贝替代。

（五）收获与加工　商品地贝母，5月上中旬开始枯苗即可收获，若延迟收挖半月以上，鳞茎老熟发黄则影响折干率。一般每公顷产干货3 000～4 500千克。收挖时尽量不使鳞茎受伤，否则影响商品质量。通常上午挖收，下午加工，第二天晒，加工方法是洗净泥土，大鳞茎先去掉贝心芽，加工成元宝贝，小个鳞茎不去贝心芽，加工成珠贝，心芽可加工成贝心。

将洗净的鲜贝放船形的木质撞桶中，桶长1米、宽0.5米、高0.3米，每次可装25千克左右，撞桶悬于三角架上，两人来回推动或机动，经15～20分钟表皮脱落浆液出来后按50千克鲜贝加1.5～2.5千克的贝壳灰，继续推动15分钟，使全部沾上贝壳灰后，取出晒3～4天，当表皮蚌壳灰干后可装入麻袋放室内发汗1～2天，待贝母水分渗出后晒干即可。干燥的标准是折断时松脆，断面白粉状颜色一致否则需再晒。用机器代替人力可使冲撞时间由15～20分钟，缩短到2～3分钟，若天气不好需用火烘干，但火力不宜过猛，并经常翻动，否则僵籽增多影响质量。一般鲜干比为3.4∶1。

四川省南川药物种植研究所采用"硫磺熏法"加工浙贝，效率较高，质量较好。具体方法：清洗分级与浙江相同。将贝母分级后装入熏室内，元宝贝装中间，珠贝、贝心装周围，装时不要踩压，以利通烟。每1 000千克鲜品需硫磺3～4千克。熏时不要熄火断烟，一般熏蒸10小时即采样检查，用小刀将鳞茎横切，在切口断面涂碘酒，若断面变白即已熏透，若断面呈蓝色应再熏，熏后晒干或烘干即成。该法由于不去皮，浆液流失少，折干率比石灰法高6%～7%，有效成分含量也较高。

产品质量：以身干、个大、体重、鳞片肥厚、粉性足、质坚、断面色白者为佳。

三十、佛　手

（一）概述　佛手（图30）来源于云香科常绿灌木植物佛手 *Citrus medica* L.var.*sarcodactylis* Swingle.。别名佛手柑、手柑。主产浙江、广东、广西、福建、四川等地。北方地区多为盆栽，冬季入暖房。佛手以果入药。含有挥发油、佛手内酯、橙皮甙等成分。

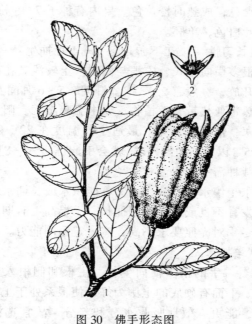

图 30　佛手形态图
1.果枝　2.花剖开，示雄蕊和子房

味辛、苦、性温。有理气止呕和胃健脾、开郁止痛、消食化痰、解酒毒等。可治胃气痛、积食呕吐、胸中胀满等症。除药用外，还可提取高级香料，制作蜜饯，酿造有独特果味佛手酒等。佛手也是有名的观赏植物，专门培育的单果重可达 2 千克；一盆佛手挂果可达 70 余个。佛手在经济上颇有价值，目前市价广州每千克统货 300～420 元，四川每千克统货 240～360 元。

（二）形态特征　佛手株高 3～5 米，枝具刺。单叶互生，革质；叶片长椭圆形或倒卵状长圆形，长 8～16 厘米，宽 3～7 厘米，先端钝或凹，背下面叶脉凸出，具透明油点；边缘有波状锯齿。花单生，簇生或成总状花序；花瓣 5，内面白色，外面紫色；雄蕊多数，子房椭圆形。柑果长椭圆形或卵形，长约 7～15

厘米，先端分裂如掌状，或开张如指，长短不一，故称佛手，果皮厚，幼时青色，成熟时橙黄色。果内有种子7～8枚，卵圆形，先端尖，子叶白色，单胚。

（三）生长习性 长江下游地区3～4月抽生新梢，4～6月生长迅速。根多横向生长，主根与侧根入土较浅。花在5～12月每月不定期开放，一般有2～3次盛开期，5～6月间开花最多。

佛手为热带亚热带喜温植物，要求温暖湿润、阳光充足的环境，不耐严寒，怕冰霜干旱。最适生长温度在22～24℃。冬季越冬要求在5℃以上；短期－6℃就会引起冻害，－8℃将会造成死亡。北方栽种需室内保温才能越冬。

佛手要求土壤水分充沛，但又不能积水或长期水分过多，否则会使根系发育不良或枝条瘦弱徒长。干旱高温时期会发生落果现象。佛手冬季对光照要求不高，有一定耐阴能力。

（四）栽培技术

1.**选地** 佛手的根多横向生长，主根和侧根入土较浅，故以土层较浅、下面有硬底的土壤为好，使根系处于土温较高透气较好的上层，能更有效地吸收水分和养分，故宜选沙土和油沙土，土粒粗细合适，肥力较高的微酸性土种植为宜。特别是扦插育苗地，应选疏松肥沃的沙壤土为好。

2.**繁殖方法** 多用扦插和嫁接法。扦插繁殖较为简便，繁殖量大，但从扦插成活到开花结果要经4～5年时间；嫁接法手续较繁，但苗木根系发达生长旺盛，结果早，从嫁接成活到开花结果一般只需3年时间。

（1）扦插繁殖 在春、夏、秋三季都可进行，但以新梢生长之际扦插较好，长江下游地区在4～6月进行较好，四川、广东地区在3～4月或7～9月，华北地区在5月左右。插条从8～15年生健康植株上剪取，取上一年的春梢，秋梢或当年的春梢，均以节间较短些的枝条为好，不用幼树枝和徒长枝，因这种枝条扦插成活后结果晚。剪去顶端过嫩和下端过老部分。

取长 17~20 厘米，剪去插条下端的叶子，上端叶子留半叶，以减少水分蒸腾。插入土中 1/3~1/2。扦插可用盆土，也可露地扦插。在南方露地能越冬的地区可在露地扦插；北方寒冷地区可用盆土扦插。

用盆土扦插的，盆土用粗沙、细沙及适量土壤混合，装盆土八成左右，盆不要装得太满以便浇水。在 30 厘米左右大的盆内，可插 20~30 枝，插后放在阴凉处，不让太阳直晒，经常浇水，约 1 个月左右可以生根，2 个月左右可发芽生长。

露地扦插的苗床，要选土壤肥沃、疏松、沙性好、透水性强的沙壤土。床土要细，苗床不要太宽，约 1~1.2 米宽为宜，便于操作及管理。行距 20 厘米，株距 6~7 厘米，每公顷扦插 22.5 万~30 万株。插后须搭荫棚，经常浇水，约 2 个月左右能成活生长。

扦插成活发根长芽后，可逐渐去除荫棚，并松土，施淡人粪尿 1 次，以后经常浇水，每月施 1 次人粪尿。10 月份以后不再施肥，以免秋梢徒长，冬季容易受冻害。露地扦插的要在上冻前覆草防冻。

(2) 嫁接法　一般用切接，有的也用靠接。砧木多用香橼、柠檬、橘、柚等，这些砧木亲和力强。枸橘虽耐寒，但它是落叶树，有休眠期，不宜作砧木。

切接法多在早春开始萌动，新枝尚未萌发前进行。将砧木在地面以上 10 厘米处剪平，用嫁接刀将砧木断面的一边，直劈一切口，深约 2~3 厘米；取有 2~3 个芽的接穗，下端切一斜面，插入砧木切口，要使砧木皮部与接穗的皮部二者相结合，用绳扎紧，涂上山地深处生黄泥土，再用塑料带紧包切口，使接穗顶芽露出。半月后能够愈合，开始抽生新芽，45~60 天开始抽梢，此时将扎物去掉，否则新梢易成弯曲。

靠接法江南多在 5 月前后进行，北方在伏前 10 天左右进行。方法是选生长健壮 4~5 年生的植株，除留一个分枝外，其他分枝都剪去，在留着分枝下部，向外方向的一边，削去几厘米长的一些皮层；另取一盆带根的接穗株，放在砧木的旁边，在砧木削去一些皮层相对应的位置，将接穗株也削去一些皮层，二去皮处紧贴在一起，用塑料带扎紧，1周后即能愈合。成活后将砧木的上部枝剪去，同时将接穗等愈合处以下的茎剪断，靠接即成。靠接比切接容易成活，但较麻烦。

（3）定植　扦插苗或嫁接苗培育1年后，于春秋两季均可定植，但以春季气温回升新芽即将萌发尚未萌发时移栽较好，在地周围开好排水沟，按株行距3米左右开穴，穴深30厘米，穴径约50厘米，穴内要整细，然后施些基肥，肥料与土拌匀。每穴栽苗1株，扶正，使须根向四周展开，用细土培根踏实，最后覆土稍高于地面，干旱需浇水。

盆栽扦插育苗的，插活后第二年4～6月间分盆，由原来每盆20～30株分为每盆4～5株，到第三年再分盆，每盆2株，到第四年再分盆定植，每盆1株。

3.田间管理

（1）除草施肥　定植后每年中耕除草、追肥3次。头次施春肥在2月现蕾以前；第二次施夏肥在夏至前后，肥料一般以人畜粪水与菜饼为主，此时还可施250克尿素加500克过磷酸钙混合加水100倍，溶解过滤后进行一次根外追肥喷施叶面。可促进树木生长旺盛和果实肥大。第三次为冬肥，在10～11月佛手采完后，重施较浓的肥料，以菜饼、猪牛粪、过磷酸钙堆沤之后施用最好。根据产区试验，佛手施冬肥最关键，冬肥可使越冬期不掉叶子，次年开春即开花。若冬肥不足，夏季花果不多，影响产量。由于佛手侧根和主根入土不深，中耕不宜深挖以免伤根，同时冬前施肥后覆土壅蔸1次。

盆栽佛手第一年苗小，肥料应少而淡，每次萌芽抽枝前后各施肥1次，生长旺季每株可施数十克饼肥粉。第二年每月可施1～2次肥水，浓度可比第一年大些。7～8月可施一次腐熟厩肥或饼肥。第三年除按第二年施肥外，春季可加施人粪尿。对已结果的植株在现蕾后要停止施肥，防止落花落果，等果结好后，再每隔半月左右施1次肥，连施几次。

（2）浇水　盆栽佛手因盆容量有限，植株蒸腾量大，所以要经常浇水。南方气温高，在生长期中，除雨天外，几乎天天要浇，夏天一天要浇2～3次，浇水不及时就会影响结果。

（3）换盆　盆栽成年的佛手当发现春季新梢抽生少时，说明根的生长受到限制，需要换盆。一般1～3年换1次，宜在5～6月间进行。换盆时宜将根适当修剪，以利发根。

（4）修剪整枝　佛手无一定树冠，枝梢生长杂乱，需年年整枝，使生长茂盛，枝条分布合理，促进结果及防止大小年，也可减少病虫害。

整枝的一般要求是：定植后的当年，留一主干，主干上留3～5个壮芽，顶端部分剪去，使将来形成3～5个基本分枝。以后各年的整枝宜在冬季进行。剪去病虫枝，衰老枝，过密枝。夏季生长的徒长枝除留少量补充树冠外，均应剪去。秋后的新梢需保留的可剪除顶端1/3～2/3，促使抽生短枝，因果是结在短枝上的，树上的刺既消耗养料，又在刮大风时易刺伤果、叶，操作也不方便，也应剪去。

（5）疏花摘芽　在肥料足长势过旺或树势衰老时均能产生早开花，早开的花大多为雄花，不结果，故须摘掉，并可加工入药。5～6月后开的花能结果，每短枝上只留1～2朵花结果即可。

在开花期内，须将主干和大枝条上的春芽全部摘除，此时去芽比冬季整枝可减少养分消耗。夏季以后的芽，可适当保留，以利树冠发展。

（6）搭架　夏秋之间，有台风地区易吹倒或折断树枝，支架还可避免大果压弯或折断树枝，故要搭架。搭架方法可根据当地具体情况而定，一般可在佛手旁每2～3株打一桩，桩与桩之间横扎一杆，佛手树枝缚在杆上。

（7）入室 寒冷地区冬天应将盆栽佛手移入温室，入室时为了减少占地，可将树冠用绳捆束，但捆束要有一定限度，不要太紧而伤枝。入室时期一般在早霜来临之前。

4．病虫害及其防治

（1）炭疽病 叶片上出现黄色小斑，后扩大成不规则大斑，略凹陷，边缘黄褐色，微隆起，中心散布小黑点（病原分生孢子盘），后期部分病斑穿孔。4月始发，6～8月为害严重，10月后停止发展。防治方法：结合冬季整枝，清除枯枝落叶集中烧毁或沤肥；发病前喷1∶1∶150波尔多液，保护新梢生长，发病时用70%代森锰锌可湿性粉剂800倍液喷雾防治。

（2）溃疡病 发病初期叶背出现黄色油渍状小斑，后不断扩大，使叶两面微隆起，形成表面粗糙木栓化的黄褐色病斑，周围有黄绿色晕环，中间呈灰白色，略凹陷，4～5月为害较重，6～7月较轻，8月以后又为害秋梢。防治方法：选用无病苗木，冬季清洁田园，剪除并处理有病枝叶减少越冬菌源；春梢抽出后，喷1∶1∶100波尔多液预防。

（3）煤烟病 被害叶片初生暗褐色霉斑，逐渐发展扩大形成黑色霉层似煤污状，影响光合作用，严重时落叶、枯枝。蚜虫、介壳虫等分泌的蜜露有利该病的发生，防治方法：注意通风透光，及时防治蚜虫、介壳虫等害虫，用29%石硫合剂100倍液或在杀虫剂中加入10 000倍龙胆紫水喷雾防治。

（4）柑橘潜叶甲 又名蛀叶虫。成虫从叶背潜入叶肉取食，形成白斑或孔洞，幼虫为害的虫道较宽，并有一条黑色粪便线。一年发年1代，以成虫在杂草、树皮、墙缝处越夏、越冬。3～4月活动为害。防治方法：冬季结合刷白，堵塞树干裂缝，破坏越冬场所，减少虫口密度；成虫发生期于植株和地面喷25%西维因可湿性粉剂，每公顷用量3～3.75千克。

（5）柑橘全爪螨 受害叶片初呈灰白色斑点，为害严重时逐渐转黄脱落，使幼苗生长不良；成龄树落叶过多，开花结果减少，产量质量下降。防治方法：结合冬季清理园地，烧毁枯枝落叶，减少越冬虫口；冬季及发芽前喷 1～2 波美度，夏季喷 0.2 波美度石硫合剂或 20％双甲脒乳油 1 000 倍液。

（五）采收加工

1．采花　佛手栽后 4～5 年开始开花结果，可采摘不孕之花，如发现已孕花内的小果呈条形干瘦说明不能成柑也应采摘；落地花也可拾拣；另外在较寒地带冬季开花幼果多被冻死亦应采摘。采花主要在开花盛期的早晨。将摘回的花晒干或用无烟炭火烘干。

2．收果　佛手的成熟期很不一致，一般从 7 月底或 8 月初陆续成熟。当果皮由绿开始变浅黄绿色时，选晴天用剪刀从果梗处剪下，到冬季采完为止。果实用刀顺切成 4～7 毫米厚薄片，及时晒干或炕干即可。盛果期每株年产鲜果 20～40 千克。佛手花以全干成朵、无霉变有香气为合格，佛手片以无焦枯、霉变，无变色的受汇片为合格，以片大、厚薄均匀，色白皮青、肉紧密充实，气味浓香者为优。

商品全国尚无统一规格标准，均为统货。

主产区广东将佛手片商品分为两个等级。

佛手片：干货，纵刨薄片，有指状分裂，边缘黄绿色或黄橙色，全片白色或淡黄白色，无霉点或黑斑点，质柔润，气香，味微苦，片厚不超过 2 毫米，无虫蛀，霉变。

等外佛手：干货，纵刨薄片，有指状分裂，边缘黄绿色或橙黄色。表面灰白色或棕黄色，带有轻微霉黑斑，质柔润，气香，味微苦，片厚不超过 2 毫米，无虫蛀，霉变。

以片大而薄、黄皮白肉、气味香甜者为佳。

三十一、益　智

（一）概述　益智（图 31）别名益智仁。来源于姜科多年生

草本植物益智 *Alpina oxyphylla* Miq.，主产于海南岛、广东南部、云南西双版纳地区，广西、福建等地亦有栽培。以干燥成熟的果实和种子入药。其主要成分为益智酮、萜烯、倍半萜烯等。味辛，性温。有益脾健胃、补心安神、温中散寒等功效。主治寒冷胃痛、脾虚腹痛、呕吐泄泻、遗精尿频、胃寒呃逆等症。曾为国家医药管理局推荐发展的紧缺中药材。目前，市价每千克35～42元。

图31 益智形态图

1. 花株 2. 果实

（二）植物特征 益智株高1～2米，茎直立丛生，叶在茎上二列互生，具短柄，叶片长披针形，先端尾尖，基部阔楔形，边缘有细锯齿，叶面深灰色，无毛，总状花序顶生，花萼管状，先端

3浅齿裂，花白色唇形，唇瓣粉红色。雌雄蕊各1枚，蒴果椭圆形或近圆形，表面有纵向条纹，熟时黄绿色。种子多角形，棕黑色。

（三）**生长习性**　益智种子无休眠期，苗期怕高温干旱和烈日照射。实生苗生长缓慢，分株苗生长较快。移栽后3年开花结果，花期2～3月，果熟期5～6月。5年进入盛产期，经济寿命20～25年以上，25～30年后生长日趋衰退。

益智对环境条件的要求：

1. **气温**　一般年平均气温在20℃以上能正常生长，但以年平均气温24～28℃最为适宜。花期气温24～26℃开花较多，低于24℃则开花少，20℃以下不开花或不完全开花。偶遇短期轻霜亦能正常生长。

2. **雨量与湿度**　雨量充沛且分布均匀对生长十分有利。一般年降雨量1 500～2 500毫米，空气相对湿度80%以上，土壤相对含水量25%～30%最适宜植株生长。

3. **荫蔽**　益智属半阴性植物需一定荫蔽，一般荫蔽度40%～50%。但在潮湿环境中，无荫蔽条件亦能生长较好且能够提早开花结果。潮湿环境下，荫蔽度过大对开花结果反而不利。

（四）**栽培技术**

1. **选地整地**　根据益智的生长习性，种植地宜选具一定荫蔽条件的山区山谷、溪旁、河边及缓坡地。平原地区的果树、橡胶等经济林下也可种植。为保持水土，山区在种植前2～3个月要进行带状整地，砍除杂树清除杂草，保留适当荫蔽树，等高带状开垦或穴垦，按行株距2米×1.5米挖穴，穴的长宽深分别为40厘米×40厘米×30厘米，穴内适量施腐熟基肥。

2. **繁殖方法**　生产上多采用分株繁殖，也可用种子繁殖。

（1）分株繁殖　选1～2年生茎秆粗壮，叶片浓绿未开花结果的分蘖株作种，一般在收果后的7～8月进行分株。选阴天，在益智丛中，把部分地下茎及连带的新芽从母株上分离出来，留地上茎15～20厘米。适当修剪叶片和过长的老根，从中分取带有 3～5 个地上茎（由根茎连为一体）作为种蔸，直接移栽于大田，种植深度略高于原来生长的痕迹，覆土不宜过深，以免影响分蘖，种后将土压实，以利成活。

（2）种子繁殖

①育苗　选近水源，排水良好的疏松肥沃沙质壤土作苗床。经耕作后做畦，畦长 4～5 米，宽 1 米左右，施熏土或腐熟有机肥作基肥，整平畦面，打碎土块，然后在畦面上铺一层厚约 2 厘米的细沙，按 15～20 厘米的距离开浅沟条播，均匀撒上种子，覆细沙约 1 厘米，淋水，盖草保湿，每公顷播种约 30～45 千克。15～20 天开始出苗，25～30 天出齐，出苗后揭去盖草，搭设荫棚遮荫。待幼苗长出 3～4 片叶后，逐渐减少荫蔽量，增加光照，促使幼苗苗壮，并第一次施肥，用 1:5～8 的稀尿水施入。以后每隔半月施肥 1 次。拔除杂草，松土。苗高约 20 厘米时适当培土精心管理。在水、肥充足条件下，培育 8～10 个月便可移栽。

②移栽　移栽期，无旱季地区分春季 2～3 月及秋季 7～8 月；有旱季地区宜夏季 5～6 月。种子苗一丛如不足 3 个芽的可 2 丛并种 1 穴。栽种不宜过深，覆土后轻压与穴面平即可。淋定根水。以后经常保持土壤湿润，以保证成活。

3．田间管理

（1）除草　幼苗期每年除草 2～3 次。第一次在 1～2 月；第二次在 7～8 月；第三次在 10～11 月。除草时砍去杂草灌木，株旁宜轻锄，以免伤根状茎及嫩芽。当进入开花结果阶段，每年于 1～2 月及 8～9 月除草 2 次，并结合剪除枯、病株及结过果的老苗，以减少水分、养分消耗，促进萌蘖生长。

（2）追肥　栽种第一年宜多施氮肥，促使多分蘖，每公顷施硫酸铵 37.5～75 千克。第二、第三年开始开花结果。每年施肥 2 次。第一次在 2～3 月春季花果期，以磷、钾肥为主，每公顷施过磷酸钙 150～300 千克，氯化钾 75～150 千克，混合适量堆肥，撒施；或施人粪尿 9 000～18 000 千克及熏土 7 500～15 000

千克。第二次在收果后的夏末秋初，以氮肥为主，促进植株复壮及新芽生长，施硫酸铵 90～180 千克，混合土杂肥 7 500～15 000千克。在花穗含苞待放及花苞开放期，于下午或傍晚喷洒 0.5%硼酸或浓度为 25～30 毫克/升的 2，4-D 和 3%过磷酸钙溶液，能提高结实率及坐果数。

（3）抗旱防寒保果　益智幼果形成阶段，如遇低温、干旱易落花落果，如及时灌溉并熏烟，能达到保果目的。

4.病虫害及其防治　烂叶病苗期易发生。常因土壤湿度大或阴雨绵绵容易发病。防治方法：及时松土、改善荫蔽状况，加速水分散发；剪除病叶或整株拔除集中烧毁，再喷洒 1∶1∶100 波尔多液或 50%多菌灵可湿性粉剂 1 000 倍液防治。

此外，生长期有地老虎、大蟋蟀等为害幼苗，可在傍晚投毒饵诱杀或人工捕杀。毒饵的配制参见人参虫害防治。

5.留种　选穗大果多，味浓产量高的植株为留种母株，选粒大、饱满、无病虫害的果实作为种用。待果实完全成熟后采收，剥去果皮，将种子倒入以细沙和草木灰（7∶3）混匀并加适量水的混合物中，用手搓擦，再用清水将果肉漂净，取沉入水中种子摊于室内晾干，备播，或与湿沙混拌贮藏。

（五）采收与加工　每年 5～6 月，当果实呈浅黄色，果肉带甜，种子辛辣时即为成熟。选晴天，将果穗摘下，弃除果枝。果实晒干即成商品。如遇雨天，宜及时用低温（不高于 40℃）下烘干，每 100 千克鲜果可得 35 千克左右的干果。每公顷可收干果 2 250～3 750 千克。

商品均为统货。要求果实饱满、显油性。瘦瘪果不超过 10%，无果梗、杂质、霉变。以粒大、饱满、气味芳香、浓郁者为佳。

三十二、巴 戟 天

（一）概述　巴戟天（图32）别名巴戟、鸡肠风。来源于茜草科藤状灌木巴戟天 *Morinda officinalis* How。主产广东、广西和福建等省、自治区。肉质根入药。根含有维生素C、大黄素甲醚、蒽醌等。味辛甘，性温。有补肾助阳、壮腰、强筋骨、祛风湿等功能。主治虚劳内伤、肾虚阳萎、小腹冷痛、夜梦遗精、子宫虚冷、腰膝酸痛等症。

图 32　巴戟天形态图
1. 着果的植株　2. 根

　　巴戟天多年来一直是市场畅销的名贵中药材，医药、食品、保健品、饮料等工业都需大量的原料。曾是国家医药管理部门重点推荐发展的紧缺中药材之一，我国南方广大亚热带地区，对发展巴戟天生产具有得天独厚的自然条件，可充分利用山地丘陵大量种植。目前，市价三等巴戟天每千克24～30元。

（二）植物特征 巴戟天，藤长80～150厘米。根圆柱形，肉质肥厚，支根多呈念珠状。鲜时外皮白色，干时暗褐色，断面淡紫色。茎圆形，灰绿暗褐色，小枝幼时有褐色粗毛，老时毛脱落后表面粗糙。叶对生，个别轮生，椭圆形或长椭圆形，先端急短尖或渐短尖，两面皆有短粗毛，基部钝圆，叶柄短，托叶鞘状。头状花序或由3至多个花序组成伞形花序，每花序有花2～10朵，聚合果近球形，直径6～11毫米，成熟时枣红色。

（三）生长习性

1. 生长发育 巴戟天扦插成活后第一年生长主藤，12月以后进入休眠期。第二年3～4月主藤继续生长，同时从茎基部和主藤的节间抽生果枝。第三年从第二年的果枝上现蕾开花。花期4～6月，果期8～11月。

根部生长，定植第一年以主根生长为主，长约20厘米，粗0.2～0.5厘米，由播种子而来的实生苗仅一条主根，扦插苗有根2～4条。

第二年春主根开始膨大成一次根，且长出侧根。第三年侧根膨大成二次根，由新的支根代为吸收养分。第四年由第三年的支根膨大为三次根，以此类推。

藤和根的生长是同时进行的，藤生长繁茂，根也多且粗，藤生长差，根亦少且细。

一年生巴戟天根细无肉，不能供药用；二年生根虽有一定产量，但药材较细，肉薄质量较差；三年生根较粗，可供药用；4～6年生，年限越长根产量越高，根越粗肉越厚，质量也越好。但4年以后易遭病虫危害，因此应加强病虫防治。

2. 对环境条件的要求 巴戟天喜生长在温暖和雨量充沛的地区，年平均温度在21℃以上，年降雨量1 200毫米以上，日平均温度20～25℃，生长最适宜。低于15℃或超过27℃生长缓慢。不耐霜冻，在 0℃ 以上能安全越冬，但有落叶现象。较耐旱。

对光照的适应性较广，前期（1～2 年生）荫蔽度应为 50%～60%，中期（3～4 年生）为 30%～40%，后期以荫蔽度 30% 至全光照为好。

（四）栽培技术

1. 选地整地　选海拔 200～700 米的山地，坡度 5°～25° 的稀疏林段，以土层深厚、疏松、肥沃、富含腐殖质、排水良好的红壤生荒地或表土为黑沙壤而底土为黄壤土为优。忌积水地，水分过多，根系易腐烂。

地选好后，冬季将地里的野草杂木砍掉，晒干烧作肥料，并施足基肥，每公顷施土杂肥 75 000～150 000 千克，再深翻，坡度大的宜选梯田，坡度小可依地形做畦，开好排水沟。

2. 繁殖方法

（1）有性繁殖　巴戟天果实 10 月以后陆续成熟，由黄转红时采收，种子发芽率与成熟度关系密切，红果种子饱满，千粒重达 76 克，发芽率达 80% 以上。青果种子未成熟，千粒重不足 60 克，发芽率仅 10% 左右。因此，以采红果为好。将其搓去果皮，阴干后即可播种，或用湿沙贮藏，或装于竹箩内，置通风处，至第二年 3～4 月气温超过 20℃ 时取出播种。种子不能晒干，一般晒 3 天就全部丧失发芽力，拌干沙或晾干的种子，仅能保持 35～55 天。一般采用撒播或点播，点播行株距 10 厘米×7 厘米，覆土 1.3～1.7 厘米，播后在畦面搭 1 米高的荫棚或插芒箕草遮荫。经常浇水保持畦面湿润，20 天左右出苗，出苗后注意除草，并施稀薄人粪尿 2～3 次，3 个月后将荫棚拆除，增加光照使幼苗生长健壮，经 5 个月左右即可移栽。试验表明，在同样的栽培管理条件下，种子苗比扦插苗生长健壮，苗较大，根的长、粗、重都明显优于扦插苗，因此有条件的地方应采用种子繁殖。

（2）无性繁殖　若种子不足可采用扦插育苗，扦插期宜在天气暖和雨水均匀的 3～6 月进行。秋季气候凉爽，有浇灌条件的地方也可在秋季扦插。剪取 2～3 年生粗壮无病虫害的藤蔓，每段留 2～3 个节作插条，剪去下部叶，仅留顶第一片叶，选阴天或晴天的傍晚，于整好的畦上按行株距 20 厘米×5 厘米斜插入土 2/3。插后压实浇水，盖草，经常保持畦面湿润，并搭荫棚或插芒萁草遮荫。插后 20～30 天发芽生根，成活率达 80％以上。管理方法同种子育苗。经 5～6 个月培育便可出圃移栽。广西药物研究所试验表明用 0.01％萘乙酸浸插条 24 小时，可提早生根 10～15 天，可增加根数和根的长度。

也可直接扦插栽培，但成活率较低，插后要用芒萁草遮荫，并经常注意浇水保湿，可提高成活率。

（3）移栽 一般在 3 月下旬至 4 月上旬选阴天进行。起苗前先将上部嫩苗剪去，留长 20 厘米左右，保留 3～4 个节，有利减少蒸发，促进多发新芽和新枝。起苗时尽量不伤根，苗挖出后立即用黄泥浆蘸根。定植时按行距 70～80 厘米，株距 40～50 厘米挖穴，每穴栽苗 1～2 株，压实泥土，并浇水，待水下渗后上盖一层松土，再用芒萁草或不易落叶的树枝插在植株周围遮荫，种后如少下雨就应注意浇水，经常保持土壤湿润，以保证成活。

3. 田间管理

（1）补苗 定植当年如发现死苗缺株，应及时补栽，有足够株数才能保证高产。

（2）中耕除草 幼苗定植后的前 3 年生长缓慢，杂草易滋生，故应于每年春秋两季的生长高峰期进行除草、培土和地面覆盖。

（3）覆盖 早期用稻草等覆盖可避免表土温度剧烈变化，可保湿防旱，防止杂草生长，从而促进生长，提高产量。待封垄后可撤去覆盖物。

（4）翻蔓 由于巴戟天茎蔓着地易长不定根，会影响主根生长，所以应结合中耕除草进行翻蔓，避免不定根生长。

（5）追肥　巴戟天长出 1～2 对新叶时，可开始施肥。栽后1～2 年，每公顷施人畜粪水 1.5 万～2.25 万千克或用 75～150千克尿素提苗，3～4 年后，植株生长进入旺盛期，地上部增长缓慢，而根重增长较快，宜少施氮肥，多施磷钾肥、肥料以火烧土、草木灰腐熟厩肥、土杂肥等混合肥为主，每株施 1～2 千克，要施于株旁，肥料不可与茎基部接触，以免产生肥害。

4. 病虫害防治

（1）茎基腐病　为害茎基、根和种子，发病率可达 80% 以上，是一种毁灭性病害。一般茎基先发病，初期病部表皮呈红褐色不规则斑点，后期扩大，水渍状，维管束变紫褐色，皮层腐烂变质，因症状不同，分为枯萎型（急性型）和黄化型（慢性型）两种。春末夏初和夏末秋初为两个发病高峰期。发病最适温度为20～26℃，如此时阵雨频繁，地面温差大则加剧病害流行，大量病株枯萎。高温、低温和干旱均能抑制病害流行。防治方法：与禾本科作物轮作，切忌连作；适当遮荫，避免强日照，增施钾肥，使植株生长健壮，增强抗病力；发病初期用等量的草木灰和石灰混合粉撒施病区或 50% 多菌灵 1 000 倍液浇灌病区或全区，10 天 1 次连续数次。

（2）根结线虫　为害根部，形成结节，以支根和须根为多，可生发状须根，影响植株生长，会加重茎基腐病和其他根部病害发生。防治方法：与禾本科作物轮作 3～5 年，忌连作。

（五）采收加工　巴戟天种植 5～6 年即可收获，以秋冬季挖收为好。将整株挖起，抖去泥土，摘下肉质根，用水洗净，摊开晒至五六成干，用木棒轻轻打扁，再晒至全干，扎成把，放干燥处。

商品以身干条大，木心细小，肉质紫蓝色，味甜、无虫霉为好。分两个等级，肉厚心小，直径 1 厘米以上为一级；心较大，直径小于 1 厘米者为二级。一般每公顷可产干货 7 500～9 000 千克。

三十三、天　麻

（一）概述　天麻（图33）别名赤箭、定风草、仙人脚、明天麻，来源于兰科多年生草本植物天麻 *Gastrodia elata* Bl.。由于古代对其生长的神秘感，故有天生之麻的说法。主要分布在四川、陕西、云南、贵州、湖北、安徽等省。以地下块茎入药。从

图 33　天麻形态图
1. 花序　2. 果实　3. 块茎　4. 种子（放大）

天麻中已分离出近 10 种化学成分，主要是天麻甙、香草醛、香草醇等。

我国利用天麻治病，已有 2 000 多年历史，《神农本草经》列为上品，味甘、性微寒，能祛风、定惊、益气、养肝、祛风湿、强筋骨。主治头痛眩晕、半身不遂、小儿惊风及风湿腰腿痛等症。用途广，需要量大，全国年用量 60 万千克左右。

由于天麻疗效显著，无毒副作用，市场供不应求。1990 年价格升至每千克 100 元，1991 年竟达到每千克 200 元，在此期间，由于中国医学科学院药用植物研究所科技人员的努力，于 60 年代初在全世界首次天麻人工栽培成功。70 年代研究出了天麻固定菌床栽培法新技术。以后又发现了天麻种子共生萌发菌，发明了天麻有性繁殖的树叶菌床播种法，解决了天麻的退化和有性繁殖问题。随着科技成果的推广应用，生产稳步发展，供求逐渐平衡，价格稳中有降，1993—1994 年每千克 120～140 元，1995—1996 年每千克 80～120 元，1997 年每千克 60～100 元，2000 年价格开始回升，每千克售价在 120 元左右。

（二）植物特征　天麻块茎横生，长椭圆形，肉质肥厚，外表淡黄色，芽顶生，红色，这种成熟的块茎俗称箭麻。在同一株上还有无明显顶芽的白麻和米麻。箭麻一般长 3～12 厘米，直径 2～7 厘米，重 100～200 克，外表有均匀的环节及芽眼。地上花茎单一，高 30～150 厘米，直径 1～1.7 厘米，花生于茎上部，花淡绿色或黄色，萼片和花瓣合生成花被筒，顶端 5 裂，口部偏斜。蒴果长圆形，浅红色。1 个果中有种子 3 万～5 万粒，种子细小如粉状，在显微镜下呈纺锤形或弯月形。

（三）生长习性　天麻是既无根也无叶的植物。它的生长发育可分为有性繁殖和无性繁殖两个阶段。无性繁殖必须与蜜环菌共生，有性繁殖需要与紫萁小菇共生，种子才能发芽生长。

1．天麻与蜜环菌的关系

（1）蜜环菌的形态与习性　蜜环菌属白蘑科真菌，其发育阶段不同有菌丝体和子实体之分，菌丝体又分菌丝和菌索。菌丝呈管状，初生菌丝乳白色，后逐渐加深呈淡红褐色，菌索是无数根菌丝结合在一起的根状物，外包一层壳，顶端有白色生长点，一般直径 1～2 毫米，粗壮者可达 5～6 毫米。幼嫩时为棕红色，衰老后变为黑褐色或黑色；子实体（蘑菇）伞状丛生于老树桩上，菌体高 10～15 厘米，菌盖蜜黄色，直径 10～15 厘米，菌柄中部多具双环菌托稍膨大并连有根状菌索。

蜜环菌可以分解木质素，以腐木或活植物体为营养；其幼嫩的生长点和菌丝可发光，在 6～8℃ 时开始生长，20～25℃ 生长最快，超过 30℃ 停止生长。在林地腐殖质土层含水量在 50% 以上才能生长良好，但风化石渣土虽然土壤的含水量只有 14%～18%，蜜环菌也能生长。

（2）天麻与蜜环菌的共生关系　蜜环菌以菌索形态侵入天麻块茎，在天麻皮层细胞内共生，进一步向内侵入天麻大型细胞，被最终消化作为天麻营养、天麻生长出健壮正常的新生麻，冬季新生麻生长结束，进入冬眠。蜜环菌侵入生长已衰老的种麻体内，种麻腐烂成为蜜环菌的营养物，促使蜜环菌大量繁殖，再侵入其他植物，天麻成为蜜环菌的中间寄主，天麻与蜜环菌结合，在不同生长阶段，双方相互受益，两者之间是一种共生营养关系。

2. 天麻与紫萁小菇的关系

（1）紫萁小菇的形态与习性　紫萁小菇属白蘑科，子实体散生或丛生，菌盖直径 0.15～0.5 厘米，发育前期半球形，灰色，菌褶白色，菌柄长 0.8～3.1 厘米，粗 0.6 厘米，圆柱形，菌丝白色。

紫萁小菇为好气腐生菌，多腐生于林间落叶朽枝及植物腐根上，能发弱光。紫萁小菇在 15～30℃ 范围内均能生长，25℃ 生长最快，超过 30℃ 停止生长。紫萁小菇喜荫蔽潮湿的环境，人工培养基含水量 200% 时生长良好。

（2）紫萁小菇对天麻种子共生萌发的作用 天麻种子由胚和种皮构成，无胚乳及其他营养贮备。试验证明蜜环菌抑制天麻种子萌发，天麻种子萌发靠紫萁小菇等一类真菌提供营养。紫萁小菇菌丝由天麻胚末端的细胞侵入胚内，被原胚细胞消化，分生细胞获得营养大量分裂，胚体积膨大而突破种皮发芽，播后 20～25 天可观察到长 0.8 毫米、直径 0.49 毫米发芽的天麻原球茎。

3. 适于天麻生长的环境条件

（1）地势与土壤 天麻需凉爽气候，我国天麻分布海拔高度，因温度由南向北逐步降低，因此天麻分布的海拔高度也由南往北逐步降低，从西南地区的 1 300～1 900 米，降低到东北地区的 300～1 000 米。一般适宜栽培地在海拔 800～1 500 米的山区阔叶林或针阔混交林下，以 pH5.5～6，富含腐殖质的沙壤土为好，宜选冬有阳光，夏有树荫排水良好，土质疏松的缓坡地及平地。树林是天麻共生真菌生存的重要条件，栽培天麻需培养菌材，必须选择林木资源丰富地区发展天麻，同时天麻怕重茬，因此栽过天麻之地不能再栽。

（2）温度 天麻喜生长在夏季凉爽、冬季又不十分严寒的环境中，当春季地温达到 10～12℃ 左右时，天麻开始萌动生长。地温达到 15℃ 以上时，天麻生长渐趋旺盛。地温在 20～25℃，为天麻生长的旺季，但夏季地温持续超过 30℃ 时，蜜环菌和天麻生长都受到抑制。天麻耐寒性强，如吉林省抚松县，海拔 700多米的山区，1 月份平均温度 -15.7℃，最低温度达 -34.7℃，仍有野生天麻分布，但当地必须有积雪覆盖，冻土下天麻生长层的温度，不低于 -5℃，天麻才能安全越冬。作种用的天麻，冬季应保存在 2～5℃ 低温条件下，经过 2 个月左右，才能渡过休眠期，不经过低温休眠的种麻，次年不能生长或生长不良。

（3）湿度 产区年降水量一般在 1 000 毫米，空气平均相对湿度 80% 左右，多雨潮湿的气候条件，最适宜天麻生长，尤其是在 6～8 月天麻生长旺季，需要较多的水分，而 9 月下旬至 11

月初，雨水多天麻反遭蜜环菌危害，导致天麻腐烂。

（4）光照　天麻主要生长期都在地下，光强度只能影响地温的变化，但箭麻抽薹出土后，强烈的直射光会引发日灼病，应搭棚遮荫。

（四）栽培技术

1. 选择场地　树种以青冈、槲栎、板栗、栓皮栗、桦树等阔叶树林地，坡向高山区选阳山、中低山区选半阴半阳山，土壤以沙壤土或沙土为好。1999 年中药材杂志第九期报道河南省西峡县林业局在板栗林下栽天麻获得了板栗和天麻双丰收，板栗增产 12%，天麻比非林地增收 19.8%。

2. 菌枝的培养　菌枝是培养菌材最好的菌种，将 1～2 厘米粗的树枝，砍成 7～10 厘米小段使两端成斜面，浸泡于 0.25% 的硝酸铵溶液中 10 分钟，挖深 30 厘米，宽 60～100 厘米见方的坑，长度视需要而定，坑底先铺一薄层树叶，摆放一层树枝，撒一薄层土，上面撒一层菌种，该菌种是专为培养菌枝而在无菌条件下培养出的优良纯菌种菌枝。也可以用在田间培养好又无杂菌污染的菌枝作菌种，摆在下层树枝上，覆土后再摆一层树枝，用同法培养 10 余层，最后覆土 5～6 厘米，再盖一层树叶保湿，约 40～60 天菌枝即长好。

3. 菌材的培养　天麻生长需由活的蜜环菌提供营养，蜜环菌生长又必须有腐生基物，栽培天麻就用合适的木段作基物，先让蜜环菌腐生在基物上，然后才栽天麻。这种有蜜环菌腐生的木段就称为菌材或菌棒。培养菌材的方法是选取直径 5～10 厘米的树干，锯成 40～60 厘米长的木段根据木段的粗细，在其两面或四面每隔 3～5 厘米砍一鱼鳞口，然后挖深 50～60 厘米，大小以能培养 100 根左右的菌材为宜，坑底铺一薄层树叶，平放新菌材木段一层，两根新菌材间加入 2～3 段菌枝，用土壤填好孔隙，用同样方法培养 4～5 层，上覆土，厚约 10 厘米。

4. 无性繁殖的栽种方法　天麻块茎、箭麻、白麻、米麻都可作种麻，但以重 7 克左右的白麻为好。栽种期，冬栽 10～11 月土壤上冻前，春栽 3 月土壤解冻以后，目前比较好的种植方法有三种：

（1）菌材伴栽法　此法为基本法，其他方法以此为基础，具体操作是在选好的地方挖深 30 厘米，直径 60 厘米的窝，窝底铺一薄层树叶，其上平放菌棒 3～5 根，棒间距 2～3 厘米，靠紧菌棒、与棒平行放种麻 3～4 个，菌材两头各摆一个，一窝用种量 0.4～0.5 千克，用同法栽第二层，窝顶盖土 10 厘米厚，再盖一层树叶，栽两层的好处是天旱时下层产量高，雨水多的年份上层产量高。

（2）菌材加新材栽培法　如菌材栽培法，但每隔 1 根菌材添加 1 根新材，种麻紧靠菌材放，并加菌枝。由于新材营养丰富，天麻产量高。

（3）菌床栽培法　即事先培养好菌床，6～8 月培养菌床为宜，挖深 30 厘米，长宽各 60 厘米的坑，坑底铺树叶后摆新材 3～5 根，棒间距离 2～3 厘米，放菌枝 3～4 段，盖薄层沙土，如法培养上层，顶上覆土 10 厘米厚，一窝用 5～10 根新棒。

下种时，挖开预先培养好的菌床，取出上层菌材，不动下层菌材，在两棒间和菌棒两头挖小洞，放入种麻 5～6 个，种麻靠紧菌棒，填一薄层土后，用菌材加新材法栽上层，此法接菌快，接菌率高，空窝少，天麻产量高。

5. 有性繁殖的播种技术

（1）培育种子　育种地应建立在较平坦的地方，有树遮荫或搭棚架荫蔽并能防雨。湿润、通风的室内也可用来育种。南方产区栽植时间可在 10 月收获天麻时，选顶芽饱满，无病虫危害，单个重量在 100 克以上的箭麻作种，按株行距 15～20 厘米种植，芽头向上，覆细沙土 4～7 厘米，因箭麻本身营养能满足开花结籽，不需菌材伴栽。为便于开花时人工授粉，每栽两行要留一走道。春天出苗后在株旁插竹木并绑扎防止倒伏。华北地区可春收春栽，东北地区寒冷，上冻前收获后在地窖内贮藏，春天种植。

野生天麻靠昆虫传粉结籽，家种天麻，特别是室内栽的箭麻，必须辅助授粉结籽率才高，每一朵花，从开花后第一天起，3 天之内授粉有效，用小镊子取出一朵花的花药，挑去药帽，将花粉块授到另一朵花的柱头上，授粉后，大约 20 天果实成熟，蒴果开裂，应在开裂前两三天采收，因为较嫩的种子发芽率高，开裂后才收的种子发芽率大大降低。天麻种子成熟不一致，应随熟随采，随播，在冰箱内也只能保存几天时间。

（2）播种技术　一般情况天麻种子在 6 月份成熟时播种。为了缩短成熟时间，可选 500～800 米的低海拔山区或利用温室，或向阳室内育种，播期可提前到 5 月，当年 11 月便可长成小指大的白麻，可提早翻栽，是提高天麻有性繁殖产量的关键。播种方法有：

① 树叶菌床法　在选好的地上，按无性繁殖菌材伴栽法挖好窝后，在窝底铺好湿树叶，树叶的厚度为 1～2 厘米，此法成败的关键在于选好树叶，一定要选壳斗科树种如柞树、板栗树等的潮湿树叶，才有利于天麻种子萌发菌生长。每平方米面积播种 30～40 个天麻果实（每果有种子 3 万～5 万粒），每窝约播 15～20 个果实，将种子从果实中抖出后分为两份，一份撒在铺好的湿润树叶上，然后放入蜜环菌棒，棒间加入菌枝，填土至棒平，土面上再铺同样厚一层树叶，将另一份种子均匀地撒在树叶上，放菌棒后盖土 10 厘米，窝顶再盖一层树叶以利保温保湿。

②伴萌发菌直播法　由专业菌种厂生产紫萁小菇三级生产菌种，由瓶中掏出菌叶，仔细一片片分开，将种子均匀拌在菌叶上，边撒边拌，如树叶菌床播种法，将拌种的菌叶分两层撒在窝中树叶上，覆土后盖树叶。

6.田间管理

（1）防旱排涝　久旱无雨，可加厚窝顶的覆盖物，或在窝顶开穴，但开穴时不能露出菌材。灌水后再盖好。雨季前应挖好排水沟，防止天麻窝被雨水浸泡。尤其在 9、10 月，天麻进入冬眠期，更应防止水浸。

（2）越冬防冻　在长江流域地区，若 11 月份突然降温，当气温达 −10℃ 以下时，天麻易受冻害，应在寒潮来前加厚盖土和盖草，以防冻害。

（3）防杂菌及病虫害

①防杂菌危害　凡在菌材表面出现有一片片白色菌丝，都是杂菌，蜜环菌菌丝不会成片生长在菌材表面。培养菌枝时采用无菌条件下生产的纯菌种接种；栽天麻时多加菌枝，加大接菌量；调节栽培穴的湿度，都是有效防止杂菌污染的有效措施。

②病虫害防治　为害天麻的虫害有伪叶甲蛀食果实，可捕杀之；蚜虫危害花薹，可喷 40% 氧化乐果乳油 1 000 倍液防治；介壳虫常由菌棒带入土内为害块茎，发现后应将菌棒放在原窝架火烧毁，所收天麻（白麻、米麻、箭麻）一律水煮加工，不能作种用。

病害主要是块茎黑腐病，由尖孢镰刀菌感染。目前尚无有效药剂，只能采取农业措施预防，如严格选种，用种子繁殖后代作种，老窝老棒、老麻种等不再采用。为防止蜜环菌为害天麻，调节晚秋土壤，不致过湿、使天麻与蜜环菌共生关系得到平衡，不致使蜜环菌消耗掉天麻过多养分。

（五）采收加工

1. 采收　我国南方多在 11 月份冬收冬栽，华北地区采用春收春栽，东北则应冬收贮藏种麻。次春栽种。收获时用镐挖出菌棒，捡净麻种及箭麻，应小心采挖，尤其是作种用的天麻，绝不能刺破种皮，引起腐烂，采挖时注意复收。

2. 加工　白、米麻作种，箭麻加工入药，但应留出作有性繁殖的箭麻种。其加工方法分以下几步：

（1）分级　根据天麻大小分三个等级，150 克以上的大箭麻为一级，75～150 克的箭麻为二级，75 克以下的为三级，挖破的箭麻和麻种为等外品。

（2）清洗　用清水洗净泥沙。

（3）蒸煮　有采用蒸麻加工，也有采用煮的方法。不同等级的天麻煮沸时间不同。水煮沸后放天麻，水煮开后计时，一级煮10～15分钟，二级煮8～10分钟，三级煮6～8分钟即可出锅，以煮过心为标准，不能煮过火，若天麻已软化，则会降低出货率。

（4）熏　煮过的天麻，放入熏房，点燃硫黄，熏20～30分钟，天麻质量好，白净，同时可防虫蛀。

（5）烘炕　可用火炕烘干天麻，烘炕开始火力不宜太猛，保持50～60℃，温度升的太快太高，皮干内湿，天麻鼓肚。温度长时间低于45℃，则易感染霉菌，温度升至70～80℃，烘炕80小时左右，90％以上天麻干透即可出炕。

商品分春天麻和冬天麻。二者按个头大小及肥瘦又分四等：

一等：长椭圆形，去净粗栓皮，一端有残留茎基或顶芽，另一端有圆盘状的凹脐形疤痕。质坚实，半透明。每千克26支以内，无空心。

二等：每千克46支以内，余同一等。

三等：每千克90支以内，稍有空心，余同一等。

四等：每千克90支以外，凡不合一、二、三等的碎块、空心及未去皮者均属此等。

以个大，质坚实、色黄白、断面半透明无空心者为佳。

三十四、猪　　苓

（一）**概述**　猪苓（图34)来源于多孔菌科真菌猪苓 *Polyporus umbellatus* (Pers.) Fries 我国猪苓分布很广，主产地在山西、四川、云南。以菌核入药。主要含有猪苓多糖、麦角甾醇、粗蛋白、粗纤维及多种微量元素。猪苓性平、味甘、淡。主治全身水肿，心脏性水肿、腹泻、急性肾炎、尿急、尿频、尿道痛、肝硬化、黄胆、腹水等症。临床治肺癌、白血病亦有效。目前，市价每千克28～33元。

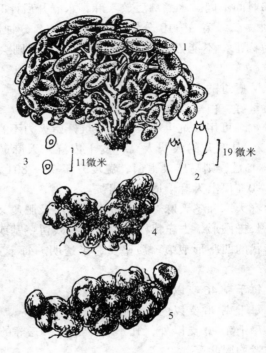

图34 猪苓形态图
1. 子实体 2. 担子 3. 孢子 4～5. 菌核

（二）形态特征 子实体从地下的菌核长出地表，菌柄基部相连多次分枝，形成一丛菌盖，总直径可达20厘米；菌盖圆形，宽1～4厘米，中央脐形，有淡黄色的纤维状鳞片，菌肉白色至浅褐色，无环纹，边缘薄，多内卷，干后硬而脆。菌管长约2毫米，与菌肉同色。管口圆形至多角形。孢子无色，光滑，圆筒形，一端圆另端具歪尖。菌核呈不规则块状，大小约为2.5～4

厘米×3～10厘米，坚实，外皮紫黑色，有多数凹凸不平之皱纹，内部白色。

（三）生长习性 在自然条件下，野生猪苓多生于凉爽干燥和朝阳的山坡。寄主植物以枫、桦、柞、槲、槭及山毛榉等树的根际为多。

1. 营养 研究发现猪苓菌核的生长靠蜜环菌提供营养，蜜环菌侵入猪苓菌核，蜜环菌的代谢产物及蜜环菌侵染后期的菌丝体都成为猪苓的营养。同时菌核本身也可以从土壤中吸收部分有机和无机营养。菌丝纯培养可用葡萄糖、蔗糖、纤维素等碳源、蛋白胨是较好的氮源。

2. 温度 菌丝在10～30℃都能生长，以22～25℃最适宜。菌核在9.5℃时开始萌发，18～22℃生长较快，超过28℃生长受到抑制。

3. 湿度 猪苓在林下腐殖质土内生长的适宜土壤湿度为30%～50%。生长旺季的空气相对湿度为65%～85%。

（四）栽培技术

1. 菌枝、菌材、菌床的培养

（1）菌枝培养 选取直径1～2厘米的阔叶树枝条，斜砍成7～10厘米。挖30厘米深60厘米见方的坑，先在坑底平铺一薄层树叶，然后一根靠一根摆两层树枝，接种蜜环菌菌种，覆土后在菌种上再摆两层树枝，用同法培养6～7层，最后顶上覆土8厘米左右，再盖一层树叶。40天菌枝可以长好。

（2）培养菌材 选择5～10厘米的树干，锯成50厘米左右长的树棒，在树棒的两面5厘米左右，砍一鱼鳞口，砍透树皮到木质部。挖60厘米坑，一般每坑放100～200根树棒。底铺一层树叶，平摆树棒一层，两根树棒间加入菌枝2～3根，用土填好空隙，摆放4～5层，顶层覆土10厘米。

（3）菌床培养 挖深30厘米，长宽各60厘米的坑，坑底先铺一薄层树叶，摆新鲜树棒4～6根，棒间放菌枝2～3根，盖一层沙土，如法培养上层，每穴 8～12 根菌材为宜，然后覆土 10 厘米。

2．选种　栽培猪苓用菌核要选择灰褐色、压之有弹性，断面菌丝色白较嫩的鲜苓作种，不要选择乌黑、质坚实、生殖能力差的菌核，白苓栽后腐烂，不能作种。

3．栽培方法　一般在秋后封冻前或春季解冻后（4～5 月份）栽种。种植方法有：

（1）半野生栽种方法　在灌木树丛旁边挖深 10 厘米、长 30 厘米的小坑，能见到有较粗的树根及纵横交错生长的须根，在坑底先铺一层潮湿树叶和树枝，平放入一根培养好的小菌材，猪苓菌核有大有小，用栽植剪将大块菌核内离层或从菌核的细腰处分开，成 100～150 克的小块，每穴下种 1～2 块。猪苓菌核夹在树根与菌材之间，然后再盖一层树叶，覆土将穴填平，穴顶再盖一层较厚的树叶。

（2）菌材伴栽　挖 50 厘米见方深 40 厘米的穴，穴底铺一层树叶，放入 3～4 根已培养好的蜜环菌菌材，菌材间间隔 3 厘米左右，将选好的猪苓菌核，接在两根菌材之间，用树叶填满菌材棒间空隙，上层如法培养，上面覆土 10 厘米。

4．场地管理　猪苓菌核生命力很强，并具有较强的抗逆性，一般年份干旱、雨涝、高温、低温、只能影响菌核的生长和产量，而不能威胁其存活，一般半野生栽培猪苓方法，不需特殊管理，自然雨水和温度条件及树根上寄生的蜜环菌能不断供给营养，猪苓便可旺盛生长并获得较高产量。只是每年春季在栽培穴顶加盖一层树叶，它可大大降低土壤水分蒸发，对防旱起良好效果，同时腐烂后的树叶又可补充土壤中有机质，提高土壤肥力和猪苓产量。

猪苓栽种后不要翻动，防止牲畜践踏，在雨少的地方，应该经常检查土壤湿度，保持土壤含水量在 40%～50% 之间，尤其 7、8 月份猪苓生长旺季，干旱时应引水灌溉，保证猪苓能正常生长。

（五）采收与加工　猪苓是多年生菌类，栽后前一二年内产量不高，特别在北方和较寒冷的高山地区，生长速度较慢，栽培后三四年生长旺盛，产量较高，应在栽后第三年或第四年秋季收获，若栽培第五年以后再收，菌材已腐烂，影响猪苓的生长。采挖时，挖出栽培穴中全部菌材和菌核及色黑质硬的老菌核，除去泥沙，晒干入药。选灰褐色，核体松软的菌核，留作种苓。

商品分为特级、一等、二等和统装。

一等：每千克不超过 32 个。

二等：每千克不超过 80 个。

三等：每千克不超过 200 个。

四等：每千克不超过 200 个以上。

以个大、外皮色黑光润、断面洁白、体较重者（俗称铁皮白肉）为佳。

三十五　灵　芝

（一）概述　灵芝 *Ganoderma lucidun*（Leyssex Fr.）Karst.（图 35），别名木灵芝、菌灵芝、红芝、赤芝、万年蕈等。属灵芝菌科一年或多年生真菌。产地分布较广，以南方各省为主。以子实体、孢子及菌丝体入药。含有多糖、多肽及多种氨基酸和微量元素等成分。味苦、性平无毒。具保肝、解毒、强心、抗缺氧、抗惊厥、益心气、补中等多种功能。主治慢性气管炎、高山病、急慢性肝炎。其孢子粉经加工制成的无菌水溶液对进行性肌营养不良、肌肉萎缩、肌强直、肌硬化等病症有较好疗效。

灵芝是我国历代广为使用的传统真菌药物，称之为"仙草"。其有机锗含量是人参含量的 3～6 倍，另外含有高分子多裙体及多种矿物元素，对多种疾病有良好的疗效。其所含成分的种类和比例被认为是其他药物很难比拟的，成分的整体对人体的生理机能具有很好调整作用。特别近年开发利用的灵芝孢子粉，在癌症

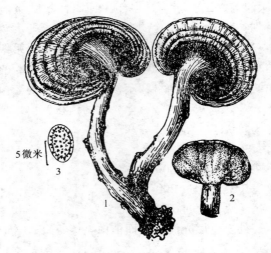

5微米

图 35　灵芝形态图

1~2. 子实体　3. 孢子

的治疗，减轻放化疗的毒副作用，提高人体的免疫力等方面得到广泛的应用。作为名贵中药材，在条件合适的地方可以开展灵芝及其孢子粉的培养。目前，市价每千克子实体 25~35 元。

（二）形态特征　菌丝无色透明、有分隔、分支。表面常分泌出白色草酸钙结晶。子实体分菌盖、菌柄和子实层。成熟后子实体木栓化，其皮壳组织革质化。有赤褐色光泽。菌盖多为肾形、半圆形，柄侧生，菌盖大小不一，上有环状轮纹及辐射状皱纹，下面菌肉连着紧密排列的相互平行的菌管，管内产生担子层。担孢子（即灵芝孢子粉）着生在担子上。

（三）生长习性

1. 生活史　灵芝的生活史是担孢子依靠自身贮存的营养萌发为初生菌丝。初生菌丝是单核的，在灵芝生活史中存在时间很短，即由不同性别的初生菌丝相互结合为双核的次生菌丝。次生菌丝洁白粗壮，生长迅速，分解和利用基质营养能力强，在自然界次生菌丝能在寄主树木组织中迅速生长，在适宜温湿度条件下分化出子实体原基，继而发育成灵芝，并产生新的担孢子。

2. 对环境条件的要求

（1）温度　菌丝在 4～39℃ 均可生长，以 24～30℃ 生长快，分化子实体也快。分化子实体的温度至少要 20℃，在 25℃ 子实体发育慢，但质地紧密，皮壳色泽也比 30℃ 亮。琼脂斜面上菌丝只能耐受 0～4℃ 低温，再低会逐渐死亡。保存不了 3 个月。但在小麦、麸皮及玉米粉中的菌丝体可在 0～4℃ 条件下保存 1 年以上。锯木屑为主的栽培瓶中菌丝体在北京冬季堆放室外避风处，冬季虽有 -10℃ 左右短期低温，翌年夏秋仍可继续生长出子实体。

（2）湿度　包括基质含水率和空气相对湿度。菌丝生长要求基质含水在 150%～200% 之间，超过 250% 时生长慢。菌丝体只在容器内生长时，外界相对湿度可低一些，有利于减少杂菌繁殖，如在 60% 即可，过低引起基质水分蒸发，也不利菌丝生长。子实体分化和发育对湿度要求比较严格，子实体分化要求基质和水之比为 1:2 最适，菌体直接接触空间环境，相对湿度低，其幼嫩的分生组织易受损害而停止生长。因此，子实体分化发育期相对湿度不能低于 70%，以 85%～90% 为好。

（3）空气　主要是空气中氧气及二氧化碳对其生长影响较大。特别是子实体分化发育需较多氧的供应，如 CO_2 浓度高则菌盖不分化或不产生担孢子。因此，需要有一定的通风换气条件，保证空气中 CO_2 含量超过 0.1%，以 0.1%～1.0% 之间为佳，不能在密闭的条件下生长。

（4）光照　菌丝在基质里生长不需要光，无光全黑条件生长速度最快，当照度增加到 300 勒克斯时，生长速度只有全黑条件下的一半。对子实体来说，缺少光照则生长缓慢甚至畸形，在全黑中生长的菌丝体不分化子实体；子实体生长具向光性，其新生的白色先端部分总是朝向光源的一边，在 1 500～5 000 勒克斯光强下，菌柄、菌盖生长迅速，粗壮，盖厚。

（5）酸碱度　灵芝喜欢在偏酸性的环境中生活，菌丝体在pH3.5～7.5的基质中均可生长，以 pH5～6 生长较好。一般常用的培养基自然酸碱度都适于其生长。

（6）营养　在自然界灵芝常生于柞、栎、桦、椴及枫香、板栗等阔叶树的木桩旁。菌丝生长初期只能吸收利用一些低碳水化合物单糖，很快它就可通过本身产生的各种酶类来分解、转化、吸收、利用纤维素、半纤维素、木质素以及一些矿物元素，所以可在多种腐木上生长。在利用锯木料作培养基栽培灵芝时，加入一定量的麸皮，营养更丰富，灵芝生长发育更好。麦麸比例越大，菌丝生长越旺盛，但如全用麦麸则难分化发育出子实体。

（四）栽培技术

1. **繁殖方法**　利用担孢子来培养子实体的繁殖方法一般不被采用，其主要用于更新菌种和培养优良母种。无性繁殖是人工栽培灵芝的主要方法，栽培方式有瓶（袋）栽、段木栽及露地栽三种，以瓶（袋）栽较普遍。

2. **菌种**　以组织分离法获取。即将野外或人工栽培的正在生长发育的新鲜子实体的一部分用 75% 的酒精进行表面消毒后，采用无菌操作把它切为 3～5 毫米^2 的小块，取 5 块左右放置于平板培养基上，或取一块放在试管斜面培养基上。在 25～28℃，培养 3～4 天就会发现小块组织的周围有白色菌丝长出。这时挑选纯白无杂的菌丝移植于新的斜面培养基上，继续培养 5 天左右，即得灵芝母种。每支母种可转接新斜面 20 支为原种。母种分离及原种培养的培养基成分如下：

马铃薯（去皮）　　　200 克（切片加水煮沸半小时去渣）

蔗糖　　　　　　　　20 克

磷酸二氢钾　　　　　3 克

硫酸镁　　　　　　　1.5 克

维生素 B_1　　　　　10 毫克

琼脂　　　　　　　　　　20 克

加水至 1 000 毫升

注：如无马铃薯可用 50 克麦麸代替，并且可不加维生素 B_1。

除上述培养基外，还可用 PSA 或 PDA 培养基以及沙氏培养基。为了配制方便，降低成本，也可用浸胀的小米、麦粒或玉米粉，以及麸皮做成斜面培养基，供培养原种用，也可用来保存菌种。

3. 栽培方法　灵芝栽培早期多使用断木法，此方法需消耗大量的木柴资源，不易也不宜推广，因此现在基本采用瓶栽法或袋栽法。袋栽原理和瓶栽基本相同，操作过程也相似，只是使用的包装一般用 15 厘米×42 厘米×0.04 厘米的聚丙烯或聚乙烯筒料袋，每袋装干料约 250 克（湿料约 600 克）。本文只介绍瓶栽法。

（1）制备培养基　成分为锯木屑和麦麸，重量比为 3∶1。通常采用阔叶树的木屑，以硬木为好，后劲足。杨、柳等木屑较松泡，不易压紧，后劲差。松、杉、樟、柏的木屑及霉变的硬木木屑不宜用。没有木屑可用蔗渣、棉籽壳或玉米秆渣等代替。按比例称好木屑及麦麸后混拌均匀。各地因地制宜摸索出了许多较好的配方，种植户可以查询选择使用。如：

①木屑培养基　杂木屑 73 千克，米糠或麸皮 25 千克，糖 1 千克，石膏 1 千克，水 160 千克。

②甘蔗渣培养基　甘蔗渣 74 千克，米糠或麸皮 25 千克，石膏 1 千克，水 160 千克。

③木屑甘蔗渣培养基　木屑 40 千克，甘蔗渣 33 千克，米糠或麸皮 25 千克，糖 1 千克，石膏 1 千克，水 160 千克。

④棉壳玉米培养基　棉籽壳 70%，玉米粉 28%，磷肥和石膏各 1%。在该配方中可以加入硫酸镁 0.1%，硫酸锌 0.01%，硼酸 0.002%，B_9 0.25% 等，可以显著提高灵芝的产量。

（2）装瓶及制种子皿（瓶）　将配好的培养料，装入750毫升的广口瓶或蘑菇瓶，边装边将瓶墩几下，以免瓶下部有空隙。使上下均匀。合适的盛量为距瓶口3～5厘米，压平上表面，然后用直径近1厘米的竹竿或木棒（可用筷子代替），在瓶中央从上到下扎一孔洞。旋转退出竹竿以防把上部料弄碎。扎洞有利于灭菌彻底和菌丝蔓延。瓶口塞棉塞加防潮纸，或盖耐高压塑料瓶盖，用两层牛皮纸包上亦可。灭菌要求1.2千克压力，1个小时。种子皿（瓶）制备：将麦麸及水按重量比1:2配合，混匀后装入培养皿或柯氏瓶中。稍压平即可。每10克干麦麸可装一个9厘米直径培养皿。装瓶时培养基不要太厚，或者降低拌水量，按1:1.5～1.8即可，灭菌同上。

（3）接种　在无菌条件下，将培养好的斜面原种，以接种针挑取黄豆大带培养基的一块菌丝，入置麦麸皿中央，将菌种稍往下压，与麦麸紧密接触，置26℃下培养1周，白色菌丝几乎充满全皿，即可作栽培种用。一个培养皿的菌丝可接25～30瓶。栽培瓶接种时，用镊子从皿中夹取约1厘米^{2}的一块菌丝麦麸，迅速放入瓶中孔洞处，包好瓶塞即可进行发菌培养。在没有麦麸种时可用斜面原种，也可用没长出子实体或已出过子实体的栽培瓶下边的菌丝体作种。

（4）培养　可分两个阶段，最好设两个培养室。第一培养室只要求适宜菌丝生长的温度25～28℃。瓶子均竖放，不能横放，以免菌种掉在瓶壁或瓶口，接不上培养基影响发菌。约10天后菌丝除向瓶内延伸5～6厘米外，在瓶内培养基表面形成白色疙瘩状突起物，即子实体原基。此时应去盖拔塞送入第二培养室。为了多排放一些瓶子，瓶子可横放。如罩袋收孢子粉以竖放方便。培养室除有合适温度25～28℃外，并要求空气相对湿度不能低于70%，最好在80%～90%之间。此外还要求有一定的散射光和适当的通风换气，以保证有足够的氧供应，使灵芝正常分化出芝盖和产生担孢子。换气要缓缓进行，气温低时应在中午，避免温度骤变引起灵芝畸形。

4. 病虫害及其防治

（1）杂菌　有青霉、毛霉、根霉，有时还有曲霉等，在无菌操作不严或高温高湿的第二培养室长时间不换气容易发生。防治方法：培养基灭菌要彻底，无菌操作要严格。培养间可用5%新洁而灭100倍液喷雾灭菌；适当通风降低相对湿度；轻度感染培养瓶可局部清除重新灭菌后再接种，严重污染时淘汰。

（2）蕈蚊及尖眼蕈蚊　可在室内悬挂蘸敌敌畏布条防治。

（五）采收与加工

1. 灵芝的采收与加工　瓶栽灵芝从菌种到采收子实体一般需45～60天，成熟的标志是菌盖不再出现白色边缘，原白色也变赤褐色，菌盖下面的管孔开始向外喷射担孢子。成熟后即可采收，由菌柄下端拧下整个子实体。摊晾干燥，或低温烘干，温度不要超过55℃，并要通风，防闷热发霉。充分干燥后放入塑料袋中封藏。商品为统货，以完整、有光泽者为佳，其中色紫红者好。

2. 灵芝孢子粉的培养与采收　如采收孢子粉，则可在培养架子实体下放干净塑料布或光滑干净纸张，用板刷收集。用套袋法将开始产生孢子的子实体包起来会收得较多孢子粉。接种后50～70天，当灵芝子实体白色边缘完全或基本消失时方可套袋，套袋时成熟一瓶套袋一瓶。套袋时清洁瓶壁，用纸张套住灵芝与瓶的上半部分，皮筋固定。一般收1个月即可，平均2～5克/株。孢子粉产生期间，培养室温度控制在22～28℃，空气相对湿度90%。孢子释放的最佳温度是24℃，超过30℃孢子停止释放。如连续2～3天空气相对湿度低于60%，子实体逐渐死亡。采收后的孢子粉经过晾晒，干燥后入塑料袋保存。

三十六、瓜蒌（天花粉）

（一）概述　瓜蒌和天花粉来源于葫芦科多年生草质藤本栝

楼 *Trichosathes kirilowii* Maxim. 和双边栝楼 *T. rosthornii* Harms。其中栝楼（图 36）为主要的栽培种。它们的果实、种子、果皮和根均可以入药，分别称为瓜蒌、瓜蒌子、瓜蒌皮和天

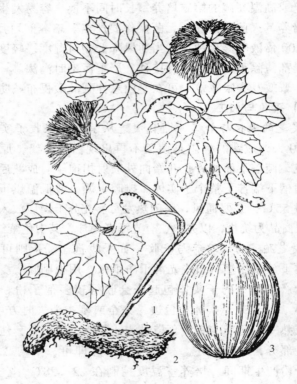

图 36　栝楼形态图
1. 花枝　2. 根　3. 果实

花粉。全国大部分地区有栽培，山东的瓜蒌和河南的天花粉都很著名，销全国并有出口。双边瓜蒌主产四川，一般自产自销。根含淀粉、皂甙、天花粉蛋白、多种氨基酸及糖类等，味甘、微苦、性凉，有生津止渴、降火润燥、排脓消肿的功能，用于热病口渴、肺热、燥咳、乳痛、疮肿等症。瓜蒌含皂甙、有机酸、脂

肪油等。味甘、微苦、性寒，有润肺祛痰、滑肠散结的功能，用于肺热咳嗽、胸闷、心绞痛、便秘、乳腺炎。瓜蒌子味甘、性寒，有润燥滑肠、清热化痰的功能，用于大便燥结、肺热咳嗽、痰稠难咯。瓜蒌皮味甘、性寒，有清热化痰、利气宽胸的功能。用于痰热咳嗽、胸闷肋痛。

瓜蒌和天花粉为常用中药，用途广，用量大。野生资源已基本没有，现在主要依靠人工栽培满足用药需求。属于市场比较畅销的药材品种之一，市场价瓜蒌每千克 1994 年 9～10 元，1995 年 15～16 元，1997 年 18～30 元，目前（2000 年 9 月）6～10 元。栽培条件合适的地区可以发展。栝楼为主要栽培种。

（二）植物特征与品种简介

1. 植物特征　藤长 5～10 米，块根横生肥大，圆柱形，稍扭曲，外皮浅灰黄色，断面白色，肉质。茎多分枝，卷须细长，常 2～3 枝；单叶互生，具长柄，叶形多变，通常心形，掌状 3～5 浅至深裂。雌雄异株，雄花 3～8 朵呈总状花序，萼片线形；花冠白色，裂片倒三角形，先端丝状流苏，雄蕊 3 枚。雌花单生于叶腋，花柱 3 裂，子房卵形。瓠果球形或椭圆形，成熟时橙黄色。种子扁平，卵状椭圆形，浅棕色。

2. 品种简介　栝楼生产上存在较多的农家品种。仁栝楼圆形，个儿较小，橘黄色或橘红色，皮干后有皱纹，糖汁较稠，质量较好。糖栝楼长圆形，个儿较大，皮色较黄，光滑，质脆易碎，糖汁较稀，不易干燥，质量次于仁栝楼。其他农家品种还有小光蛋、牛心栝楼和短（歪）脖 1 号。前两种种植的区域很小。短脖 1 号在河北安国种植较多，不需搭架，但瓜蒌的产量较低，质量较差。

（三）生长习性

1. 生长发育　种皮坚硬，不易发芽，需处理。雌雄异株。早春播种，20～30 天出苗。

栽培当年生长不旺，果少、根小，第二、第三年大量结果，根条伸长膨大；超过 6 年根条生长缓慢，且粉性减少，纤维增多，质量下降。雄株根条粉性重于雌株，质优。立架攀缘有利生长。花期 7~8 月，果熟期 9~10 月。

2. 对环境条件的要求 喜温暖潮湿的环境，较耐寒，不耐干旱，故宜选择雨量较丰富或灌溉方便的地方栽培。栝楼为深根植物，根可深入土中 1~2 米，栽培时选择向阳地块、土层深厚、疏松肥沃的沙质壤土为好。盐碱地及易积水的洼地不宜栽培。房前屋后，树旁、沟沿等处亦可栽培。

(四) 栽培技术

1. 繁殖方法 可用种子、不定根、压条和分根繁殖。种子繁殖容易混杂退化，开花结果晚，难于控制雌雄株，不宜收获瓜蒌，但以收获天花粉为目的可以采用。为了收获瓜蒌，可用后三种方法，其中以分根繁殖为主。

(1) 种子繁殖 9~10 月果熟期，选橙黄色、壮实而柄短的果实的种子。4 月上中旬，将选择好的饱满成熟无病虫害的种子，用 40~50℃ 温水浸泡一昼夜，取出稍晾，用湿沙混匀，放在 20~30℃ 温度下催芽（也可不催芽直接播种），当大部分种子裂口时即可按 1.5~2.0 米的穴距，挖约 5~6 厘米深的穴，每穴播种子 5~6 粒，覆土 3~4 厘米，保持土壤湿润，15~20 天即可出苗。河南有的地区秋季采收瓜蒌随即进行播种，第二年出苗。

(2) 不定根繁殖 6~7 月将栽培栝楼的土地翻松，选择结果 3~5 年健壮未坐果的栝楼秧蔓平直铺在整好的地面上稍加掩埋 1.5~2 厘米，叶片露出土外。冬季用土和稻草稍加覆盖。清明前后将栝楼根刨出，选粗壮无病虫害根条作种根。在整好的畦面上，刨 30 厘米左右宽浅沟，株距 60 厘米，斜栽种根于沟内。盖土以能覆盖种根为度。用脚轻踩一遍，再培土 6~10 厘米，使成垄状。

(3) 压条繁殖 根据栝楼易生不定根的特性，耕松土壤，在夏秋季雨水充足、气温高的时候，将生长健壮的茎蔓平铺地表，在叶的基部压土，待根长出后，即可剪断茎部，使其生长新茎，成为新株。加强管理，翌年即可移栽。

（4）分根繁殖　北方在3～4月份，南方在10月下旬至12月下旬。将块根和芦头全部挖出，选择无病虫害、直径3～6厘米、断面白色新鲜者作种栽（断面有黄筋的不易成活）。分成7～10厘米的小段，注意多选用雌株的根，适当搭配部分雄株的根，比例为80～100∶1。按行距160～200厘米开沟，沟宽30厘米，深100厘米，沟内施圈肥或土杂肥每公顷37.5吨左右，与土混匀，填平沟，随即浇水，等土落实后，按株距30厘米布穴，将种根小段平放在穴内，覆土4～5厘米，用手压实，再培土10～15厘米，使成小土堆，以利保墒。栽后约20天左右，待萌芽时，除去上面的保墒土，1月左右幼苗即可长出。每公顷用种根450～885千克。

2．田间管理

（1）地膜覆盖　有条件的地区，春季土壤解冻后，扒开培土填平行间后覆盖地膜。可提高地温，提前出苗，提前开花结果。

（2）合理搭架　当茎蔓长至30厘米以上时，可用竹竿等作支柱搭架，棚架高1.3～1.5米左右，棚宽2～2.5米，两棚间的距离为60厘米左右，对地面的覆盖面积约为83%～85%为宜。

（3）控制茎蔓生长　可以采取如下措施：①每公顷种植9 000～10 500株，春季出苗时根部选留2～3个健壮的主芽作主茎，其余的芽及时除去；②生长旺季合理摘芽和疏枝，即主茎长至2～3米时打顶，封棚后合理打顶、摘芽和疏枝，摘除多余腋芽，疏去细弱侧蔓，及时除徒长枝；③立秋后所结的果不能成熟，从8月上旬开始把所有的茎蔓去顶，去除所有新长出的侧芽、花蕾；④合理施肥，以农家肥为主，适当施用氮、磷、钾复合肥，慎用速效氮肥，最好是在早春整畦时（出苗前）一次施入。5月底以后不可追施速效氮肥。

（4）冬前翻土及培土　收获瓜蒌后可在畦内翻土 2～3 遍，深度在 20 厘米左右。10 月下旬封冻前进行培土，厚度在 30 厘米左右，保证根部的安全越冬。

3．病虫害及其防治

（1）黄守瓜　是栝楼的主要害虫，成虫 5 月出现，咬食叶片，严重时仅剩叶脉，幼虫咬食叶部，成长幼虫蛀入主根，使植株黄萎，乃至死亡。防治方法可用 90% 敌百虫晶体 1 000 倍液喷雾，幼虫期可用 2.5% 鱼藤精乳油 1 000 倍液或 10% 烟碱乳油 30 倍水灌根。

（2）瓜蒌透翅蛾　近年来在北京地区为害严重，6 月份出现成虫，7 月上旬幼虫孵化，开始在茎蔓的表皮蛀食，随着虫龄增大，蛀入茎内，并分泌黏液，刺激茎蔓后膨大成虫瘿，茎蔓被害后，整株枯死，8 月中下旬老熟幼虫入土做土茧越冬。防治要及时，一旦蛀入茎蔓，防治效果就不佳，在北京 7 月上旬用 80% 敌敌畏乳剂 1 000 倍液喷茎蔓，尤其喷离地 40 厘米高的茎蔓可收到良好的防治效果。

（3）瓜蚜　又名棉蚜。为害幼嫩心叶，使叶片卷曲。防治方法：用 40% 乐果乳油 1 000～1 500 倍喷雾。

（4）黑足黑守瓜　近年在山东产区为害严重，防治方法同黄守瓜。

（五）采收与加工

1．瓜蒌的采收加工　栝楼栽后 2～3 年开始结果，因开花期较长，果实成熟也有先后，故需分批及时采摘，如采摘过嫩、肉皮不厚，种子也不成熟；采摘过老，果内变薄，产量减少。一般 9～10 月果实先后成熟，当果实表皮有白粉，变成浅黄色时，就可采摘。将采摘下的栝楼悬挂通风处晾干，即成全瓜蒌；取成熟的栝楼果实，用刀切 2～4 刀至瓜蒂处，将种子和瓤一起取出，果皮用绳子吊晒或平放晒干，晒时使瓤向外，遇阴雨天气，可用火烘干，即加工成瓜蒌皮。瓜瓤和种子放入盆内，加草木灰，用手反复搓揉，淘净瓜瓤，得干净种子晒干即为瓜蒌子。

商品均为统货。瓜蒌以个大整齐、皮厚质韧、皱缩、橘黄色至红黄色、糖性足、不破者为佳；瓜蒌皮以红黄色、内白色、皮厚、无瓤、整齐者为佳；瓜蒌子（仁）以个均匀、饱满、油性足者为佳。

2. **天花粉的采收加工**　肥力充足地块栽后 2 年刨挖，但以生长 4～5 年为好，年限过长粉质减少，质量差。采挖雄株天花粉，霜降期前后较好，雌株多在瓜蒌采收后刨挖。将刨出的块根去净泥土及芦头，刮去粗皮，细的切成 10～15 厘米长的短节，粗的可再对半纵剖，切成 2～4 瓣，晒干即成。本品粉质多，糖分大，贮藏保管期间夏秋季要经常晾晒，以防虫蛀食及防发霉变质。

天花粉分为三等。一等：长 15 厘米以上，中部直径 3.5 厘米以上。刮去外皮，条均匀。表面白色或黄白色，光洁。质坚实，体重。断面白色，粉性足。无黄筋、粗皮、抽沟。二等：长 15 厘米以上，中部直径 2.5 厘米以上。刮去外皮，条均匀。表面白色或黄白色，光洁。质坚实，体重。断面白色，粉性足。无黄筋、粗皮、抽沟。三等：中部直径不小于 1 厘米。扭曲不直。表面粉白色、淡黄白色或灰白色，有纵皱纹。断面灰白色，有粉性，少有筋脉。

三十七、丹　参

（一）概述　丹参（图 37）来源于唇形科多年生草本植物丹参 *Salvia miltiorrhiza* Bge.，以干燥根入药。别名血参、赤参、紫丹参、红根等。我国大部分省份有野生资源分布，栽培地域较广泛。主产四川、安徽、江苏、山西、河北等地。根主要成分为脂溶性的丹参酮类和水溶性的丹参素类。药理实验表明对心脑血管系统有明显的改善作用，有降血脂和改善动脉硬化作用，能改善血液系统，提高耐缺氧能力、免疫力，以及抗炎、抗过敏、抗胃溃疡等作用。味苦，性寒。有活血祛瘀、消肿止痛、养血安神功能。用于冠心病、月经不调、产后瘀阻、胸腹或肢体瘀血疼痛、痈肿疮毒、心烦失眠等症。

图 37　丹参形态图
1.植株　2.花　3.根

丹参为传统的大宗常用药材。近年又成为国内外重点开发的药材品种之一，特别是在治疗心脑血管系统疾病方面的药物开发较多，原料使用量急剧增加。丹参前几年主要来自野生资源，由于资源日渐稀少，近二三年家种生产发展很快，效益可观。全国规模达200公顷以上的基地相继建立。目前（2000年9月），市价每千克野生9～12元，家栽5～9元。

（二）植物特征 株高30～100厘米，全株密被柔毛。根细长，圆柱形，外皮砖红色。茎直立，四棱形，多分枝。奇数羽状复叶，对生，小叶3～7片卵形，顶端小叶较大，边缘具圆锯齿，两面被柔毛。花序顶生或腋生，轮伞花序有花6至多朵，多数轮伞花序组成总状花序，密被腺毛和柔毛；花冠蓝紫色，二唇形，长2～2.7厘米，雄蕊2，着生于下唇的中下部，子房上位，柱头2裂。小坚果4，椭圆形。

（三）生长习性

1. **生长发育** 丹参根主要的有效成分隐丹参酮，集中分布在根表皮，含量比皮层或中柱高10～40倍以上，细根的含量比粗根约高1倍。建议生产上栽培年限不宜过长，应以一年生为主，并适当密植。

2. **对环境条件的要求** 丹参野生于山坡草丛、沟边、林缘等阳光充足较湿润的地方。分布较广，多种土壤都可以生长，喜光照、温暖和湿润环境。

四川产区常种在海拔500米左右的丘陵山地，年平均气温17℃，年降雨量930毫米，相对湿度77%左右的条件下生长良好。北京地区年降雨量500～600毫米，年平均气温11℃左右，也能正常生长。一般地温（5厘米）在10℃左右开始返青，5月下旬至8月底平均气温20～26℃，相对湿度80%左右，最适宜地上部生长，为营养生长和生殖生长盛期。10月底11月初平均气温10℃以下，地上部开始枯萎。抗寒力较强，初次霜冻后叶仍保持绿色，茎叶能经受短期－5℃左右，最低气温－15℃左右，最大冻土深度43厘米左右仍可安全越冬。

种子在18～22℃温度下，15天左右出苗，出苗率70%～

80%，陈种子发芽率极低。分根繁殖者，在地温 15～17℃ 以上开始萌生不定芽。根条上、中段比下段发芽生根快。

丹参根系发达，深可达 60～80 厘米，故土层深厚，质地疏松的沙质壤土最利于根系生长。过沙过黏的土壤生长不良，土壤酸碱度从微酸性至微碱性都可生长。

丹参依其强大的根系，可以从表层土壤，也可以从深层土壤吸收养料，所以一般中等肥力的土壤就可以生长良好。但多施基肥，配合追施氮肥效果更佳。

（四）栽培技术

1. 选地与整地　选择向阳、土层深厚、排水良好的沙质壤土栽培，四川中江常于前作如甘薯、玉米、花生等收获后整地，北方每公顷施堆肥、厩肥 37.5 吨左右作基肥，深耕、耙平，做宽约 130 厘米的高畦（北方少雨则应作平畦）。

2. 繁殖方法　用种子、分根或扦插繁殖，生产上主要用分根繁殖。

收挖药材时，留种地不挖，第二年 2～3 月间随挖随栽（华北地区可在 3～4 月间），作种用的种根应选择直径 0.5～1 厘米，健壮、无病虫、皮色红的一年生根为好。老根作种易空心，须根多；细根作种生长不良，根条小。通常选用根条中上部萌芽强的部分作种，选好的根条掰成约 5 厘米的节段，按行距 25～30 厘米开穴，穴距 15～20 厘米，深 5～7 厘米，南方穴内施入猪粪尿，每公顷约 22.5～30 吨，每穴放入根段 1～2 小段，边掰边栽，立放，使上端保持向上，也可平放，但深度 2～4 厘米为宜，覆土约 3 厘米，每公顷用种根量 375～600 千克。北方地区可在春季套种于冬小麦行间。

为提早出苗可采用土藏催芽法：于 11 月底至 12 月初挖深约 25 厘米的长方形槽，将掰好的根段铺入槽中约 6 厘米厚，上面盖土 6 厘米，再铺 6 厘米厚的根段，上面再覆土 10～12 厘米略高于地面，以免积水，天旱浇水，常检查以免霉烂。翌年 3 月底

4月初取出，每个根段都长了白色的芽，即可移植。

3．田间管理

（1）中耕除草　用分根法栽种者，常因盖土太厚，妨碍出苗，因此在3、4月份幼苗开始出土时查苗，及时挖去板结土壤或过厚的覆土。根据土壤板结、杂草生长和丹参生长的情况，及时中耕除草。

（2）追肥　结合中耕除草追肥2～3次，第一次以氮肥为主，以后配施磷钾肥，如饼肥、过磷酸钙、硝酸钾等，收获前约2个月重施磷钾肥，以促进根部生长。

（3）排灌　雨季注意排水防涝，以免烂根，出苗期要经常保持土壤湿润，干旱要及时浇水，以利出苗和幼苗生长。

4．病虫害及其防治

（1）叶斑病　细菌性病害。病叶上生有近圆形或不规则形的深褐色病斑，严重时病斑扩大汇合，致使叶片枯死。5月初始发，一直延续至秋末。防治方法：清除基部病叶，改善通风条件，减轻发病，注意排水；冬季清园，处理病残株。

（2）菌核病　发病植株茎基部、芽头及根茎部等部位逐渐腐烂，变成褐色，并在发病部位及附近土面以及茎秆基部的内部，生有黑色鼠粪状的菌核和白色菌丝体，植株枯萎死亡。防治方法：①加强田间管理，及时疏沟排水；②实行水旱轮作，淹死菌核；③发病初期及时拔除病株并用50%氯硝胺0.5千克加石灰10千克，撒在病株茎基及周围土面，防止蔓延，或用50%速克灵1 000倍液浇灌。

其他病虫害有根腐病、根结线虫病、中国菟丝子、粉纹夜蛾、棉铃虫等，均可按一般方法防治。

（五）采收与加工　当年10～11月份地上部枯萎或翌年春芽萌发前挖收，将全株根挖起，先放在地里晒，使根软化，不易碰断，再抖去泥沙，剪掉落叶。运回晒至五至六成干，把一株一株的根捏拢，再晒至八至九成干再捏1次，把须根全部捏断除去晒干即成。北方只把根晾晒干即成。鲜干比 3.1～4.4∶1。堆起"发汗"的加工方法会使隐丹参酮含量降低，不宜采用。

产品分为两个等级。一等多为整枝，头尾齐全，主根上中部直径在 1 厘米以上；二等主根上中部直径在 1 厘米以下，但不得低于 0.4 厘米，有单枝及撞断的碎节。以条粗壮、色紫红者为佳。

三十八、太子参

（一）概述 太子参（图 38）来源于石竹科多年生草本植物

图 38 太子参形态图

太子参 *Pseudostellaria heterophylla* Miq.，以干燥块根入药。别名孩儿参、童参、四叶菜、异叶假繁缕。主产江苏，其次为山东、安徽、浙江、上海等地也有栽培。以块根入药，含皂甙类、淀粉及果糖等成分。味甘、苦，性平。有益气、健脾生津功能。用于脾虚体倦、食欲不振、肺虚咳嗽、心悸口干、自汗等症。

太子参主要来源于栽培，价格波动较大，变幅一般在 3～8 倍，当前基本处于价格的最低谷，预示下一轮高价格的到来，在适当的时候可以发展种植。市场价每千克 1988～1990 年间从十几元到 100 多元，1993 年跌至 5～10 元，1995 年上升到 8～18 元，1996 年 22 元，1997 年 25～50 元，目前（2000 年 9 月）为 12～20 元。

（二）植物特征　　株高 10～20 厘米。块根多数、肉质、纺锤形，疏生须根。茎直立，近方形。叶对生，近无柄，下部叶匙形或倒披针形，上部叶卵状披针形至长卵形，长 7 厘米，宽约 1 厘米。花腋生，有二型：茎下部接近地面的花小形，紫色，萼片 4，闭合，无花瓣，雄蕊通常 2；着生茎端总苞内的花 1～3 朵，形大，白色，萼片 5，花瓣 5，倒卵形，雄蕊 10，花柱 3。蒴果卵形，种子 7～8 粒，扁球形，褐色，表面具疣点。

（三）生长习性

1. **生长发育**　　种子和块根芽需要一定的低温才能萌发，种子根在生长中逐渐解体腐烂。从籽苗或种参长出的地下茎节上产生不定根形成子参；在子参根头的新芽基部又能长成孙参，相继延续长出多级新参。生产上主要用块根进行营养繁殖，生育早期，主要增加根数和根的长度，绝大部分根呈纤维状。生育中期块根不仅增加长度，相应增加根径和根数，4 月中旬块根出现纺锤形，5 月中旬后植株进入生育后期，新生块根主要增粗，直至植株枯萎为止。全生育期约 4 个月。

2. **对环境条件要求**　　喜疏松肥沃、排水良好的沙质壤土。适宜温和湿润气候，怕炎夏高温和强光曝晒，气温超过 30℃ 时，植株生长停滞。6 月下旬（夏至）植株开始枯萎，进入休眠越夏。耐寒，怕旱涝，积水易导致病害烂根。

（四）栽培技术

1.选地整地　忌重茬。选丘陵坡地与地势较高的新平地种植。向北、向东坡地为佳，要求土质疏松、肥沃，低洼积水地、盐碱地、沙土、重黏土不宜选用。前作物以甘薯、蔬菜等为宜。早秋作物收获后，施足基肥，耕翻土地，作成 1.3 米宽、17～23 厘米高的弓背形畦，畦沟宽 33 厘米。

2.繁殖方法　一般用种栽繁殖。10 月上旬（寒露）至地面封冻之前均可栽种。留种地起挖时选芽头完整、参体肥大、整齐无伤、无病虫块根作种用。栽种深度对块根的形成和发育影响很大。栽参方法有：

（1）平栽（睡栽）法　在畦面上开直行条沟，沟深 7～10 厘米。开沟后撒入腐熟基肥，稍覆土，将种参平放摆入条沟中，株距 5～7 厘米，种参头尾相接。继续开沟，泥土覆盖前一沟，再行摆种。每公顷用种量 450～600 千克。

（2）竖栽（斜栽）法　在畦面上开直行条沟，沟深 13 厘米，芽头朝上将种参斜排于沟外侧边，株距 5～7 厘米，按行距（沟距）13～17 厘米开第二沟再行摆种。每公顷用种量 600～750 千克。

3.田间管理　整个生育期根据草情及时除草。早春出苗后，培土 1.7 厘米，以促进根发育。雨季注意排水，干旱少雨季节，注意灌溉，保持畦面湿润。太子参生长期短，枝叶柔嫩，不耐浓肥，须施足基肥，以发酵腐熟后的迟效有机肥为主。一般不追肥，茎叶黄瘦缺肥时追肥，生长早期，可浇施兑水的稀薄人粪尿或硫酸铵，每公顷 150 千克。

4.病虫害及其防治

（1）叶斑病　春夏季多雨期间易发生，严重时植株枯萎死亡。防治方法：一般在发病前期用 1∶1∶100 的波尔多液，每隔

10 天喷 1 次或用 65％代森锌可湿性粉剂 500～600 倍液喷雾防治。

（2）根腐病　在炎夏高温天气，特别是低洼地易发生。防治方法：雨后注意防积水；发病用 50％多菌灵或 50％甲基托布津可湿性粉剂 1 000 倍液浇灌病株；轮作。

（3）太子参花叶病毒　受害植株叶片皱缩和花叶，植株萎缩。防治方法：注意防治传播病毒的蚜虫等害虫；选无病株留种。

此外还有锈病、蛴螬、地老虎、蝼蛄、金针虫等。

（五）采收与加工

1. 留种　留种地不能选用排水不良地或包浆地。产地留种经验是原地保种，套种春黄豆。5 月上旬，参地内套种早熟黄豆，株、行距 33 厘米×40 厘米。待太子参植株枯黄倒苗时，黄豆已萌芽生长，有利于太子参越夏。

太子参种子有繁殖能力，产地利用自然散落的种子进行原地育苗。收获参根后进行施肥、耕翻、整地做畦，栽上萝卜、青菜之类的蔬菜。次年早春种子发芽出苗，收获地面作物后，对太子参进行间苗、除草等管理。5 月上旬套种黄豆保苗，秋天种植时期即可收获作种参用。种参来源缺乏时常用此法繁殖种参。

2. 收获加工　6 月下旬（夏至）前后，植株枯萎倒苗时收获。除留种地外，均需起收。如若延迟收获，常因雨量过多而造成腐烂。收获时选晴天，细心挖收。每公顷产干货 750～1 125千克，高产可达 2 250 千克。

选晴天加工，收挖的鲜参放在透风的室内摊晾 1～2 天，使根部稍失水发软，用清水洗净，装入淘米箩内，稍经沥水后放入100℃开水锅中，浸烫 1～3 分钟。注意浸烫时间不宜过长，否则会发黄变质。浸烫的检验是以指甲顺利掐入参身为标准。烫后立即摊放在水泥晒场或芦席上曝晒，至干脆为止。干燥后的参根装入箩筐，轻轻振摇，撞去参须即成商品，此法加工的参，习称烫参。烫参面光、色泽好，呈淡黄色，质地较柔软。

商品分太子参和太子参须两种。以条粗、色白者为佳。

三十九、金银花

（一）**概述** 金银花（图39）来源于忍冬科半常绿缠绕灌木忍冬 *Lonicera japonica* Thunb.、红腺忍冬 *L. hypoglauca* Miq.、山银花 *L. confusa* DC. 和毛花柱忍冬 *L. dasystyla* Rehd.，以干燥花蕾入药。别名银花、双花、二宝花。全国大部分地区均产，

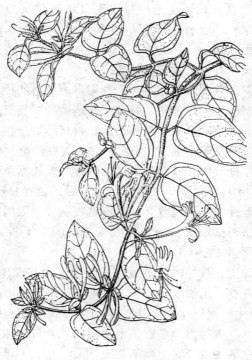

图39 金银花形态图

栽培历史已 200 年以上，其中以河南密县的密银花和山东平邑、费县的东银花最著名，畅销国内外，这两个主产区的金银花均来源于生产上的主栽种忍冬（本节主要介绍忍冬）。金银花种抗菌有效成分以氯原酸和异氯原酸为主，药理试验表明对多种细菌有抑制作用。味甘，性寒，有清热解毒的功能。治温病发热、风热感冒、咽喉肿痛、肺炎、痢疾、痈肿溃疡、丹毒、蜂窝组织炎等症。

金银花是一种比较名贵的常用大宗药材，用途广，用量大，植株进入花期后可以连续收获 10 年以上，是一种比较适合在山区发展的名贵药材。自 1993 年以来，山东产金银花价格基本稳定在每千克 30～40 元之间，目前（2000 年 9 月），价格每千克 38～50 元。

（二）植物特征与品种简介

1.植物特征 藤长可达 9 米，茎中空，多分枝。叶对生，卵形或长卵形，长 3～8 厘米，宽 1～3 厘米，嫩叶有短柔毛，背面灰绿色。花成对腋生或生于花枝的顶端，苞片 2 枚叶状，花梗及花都有短柔毛，花冠初开时白色，经 2～3 天变为金黄色，故有金银花之称。花萼短小，5 裂，裂片三角形，花冠稍呈二唇形，长 3～5 厘米，筒部约与唇部等长，上唇 4 浅裂，下唇不裂，外面被柔毛和腺毛；雄蕊 5，子房无毛，花柱比雄蕊稍长，均伸出了花冠外。浆果球形，熟时黑色，有光泽。

2.品种简介 金银花品种较多，目前山东金银花主产区有两个较好的品种。

（1）大毛花 俗称毛花，墩形矮大松散，花枝顶端不生花蕾，花蕾生于叶腋间，花枝壮旺，花蕾肥大，枝条较长，易缠绕，开花较晚，根系发达，抗旱耐瘠薄土壤，适于山岭田间地堰栽培。

（2）鸡爪花 花蕾生于花枝的顶端，集中丛生，犹如鸡爪，枝条粗短直立，墩形紧凑，开花期早于大毛花，但花蕾较小，适于田间密植。

（三）生长习性 根系发达，细根很多，生根力强，插枝和下垂触地的枝，在适宜的温湿度下，不足 15 天便可生根，十年生植株，根冠分布的直径可达 300～500 厘米，根深 150～200 厘米，主要根系分布在 10～50 厘米深的表土层。须根则多在 5～30 厘米的表土层中生长。根以 4 月上旬至 8 月下旬生长最快。一年四季只要有一定的湿度，一般气温不低于 5℃，便可发芽，春季芽萌发数最多。幼枝绿色，密生短毛，老枝毛脱落，树皮呈棕色，而后自行剥裂，每年待新皮生成后老皮脱落。

喜温和的气候，生长适温为 20～30℃，喜湿润的环境，以湿度大而透气性强为好。但土壤湿度过大，会影响生长，叶易发黄脱落。喜长日照，光照不足会影响植株的光合作用，枝嫩细长，叶小，缠绕性更强，花蕾分化减少，因此，应种植在光照充足的地块，不宜和林木间作。

金银花生命力较强，耐旱、耐寒、耐瘠薄、耐盐碱。叶子在 −10℃ 下不凋落。种子在 5℃ 左右发芽，并可在含盐量 0.3% 左右的地区生长。

（四）栽培技术

1. 选地整地 金银花对土壤要求不严，荒山、地堰均可栽培，以砂质壤土为好，pH 在 5.5～7.8 均适合金银花生长。最好是土壤肥沃、土层深厚、质地疏松的沙质土壤，种植前每公顷施圈肥 30～45 吨，耕深 25～30 厘米，耙细，整平，浇透水，做畦或不做畦。

2. 繁殖方法 用种子和插条繁殖。以插条繁殖成活率高，收益快，为产区普遍采用。

（1）种子繁殖 11 月采摘果实，放到水中搓洗，去净果肉和秕粒，取成实种子晾干备用。翌年 4 月将种子放在 35～40℃ 的温水中，浸泡 24 小时，取出拌 2～3 倍湿沙催芽，等种子裂口达 30% 左右时，即可播种。播种前选肥沃的沙质壤土，深翻30～33 厘米，整成 65～70 厘米左右宽的平畦，畦的长短不限。

整好畦后，放水浇透，待土稍松干时，平整畦面，按行距21～22厘米每畦划3条浅沟，将种子均匀撒在沟里，覆细土1厘米。播种后，保持地面湿润，畦面上可盖一层杂草，每隔两天喷1次水，约十余天即可出土。实生苗当年可长到1米高。秋季停止生长后，将上部枝条剪去，留30～40厘米，初冬或第二年春移栽。每公顷用种量约15千克。

(2) 插条繁殖 又分为直接扦插和育苗扦插两种。

①直接扦插 水利条件好的地方，一年四季均可，一般在雨季进行或初冬结合剪枝进行。选择壮旺、无病虫害、开花多的1～2年生枝条截成30～35厘米，摘去下部的叶子作插条，随剪随用。在整好的土地上，按行距165厘米、株距150厘米挖穴，穴深16～18厘米，每穴5～6根插条，分散开斜立着埋于土内，地上露出7～10厘米左右，栽后填土踩实。遇干旱年份，栽后浇水，以提高成活率。具体行株距可以依地形而异。平原栽种可于冬季小麦苗后，结合剪枝，将健旺的带2、3个分枝的枝条剪下，按每公顷4 500株开穴插于麦垄内，栽后立即浇水。

②育苗扦插 为了节约金银花枝条，便于管理，常采用育苗扦插。其方法是：选择浇水方便的地块，深翻整平，用土杂肥作基肥。7～8月间按行距23～26厘米开沟，深16厘米左右，株距2厘米，把插条斜立着放到沟里，然后填土盖平压实。栽后浇一遍水，以后若天气干旱，每隔2天要浇1次水，保持土壤湿润。半月左右，即能生根发芽，第二年春季或秋季移栽。

3. 田间管理

(1) 山区栽培管理 山区土壤瘠薄，水利条件差，忍冬长势相对弱，因此，管理上新栽植株以轻剪、定形、促生长为主，投产植株以轻剪促稳产、高产为主。移栽生长1年的植株冬季或春季萌动前，将枝条上部剪去，留30～40厘米培养做主干，以后每年春季注意将新发的基生枝条及时除去，留好侧枝，通过多年修剪，使之主干明显，枝条分布均匀，生长旺盛，呈伞形。投产植株采花后，剪去花枝节上部，剪后以枝条能直立为度，同时剪去枯老枝，过密枝，以保持其旺盛的生命力。通过剪枝，改善通风透光条件及植株内部的养分分配，减少病虫害的发生，在其他条件相同的情况下，山区剪枝较不剪的增产 20%～30%。

冬季封冻前培土，防止根部受冻害。春初，距植株 30 厘米处开环形沟，深 15 厘米，沟内施肥，然后覆土。施肥量视花墩大小而定，一般 5 年以上花墩每株施土杂肥 5 千克或碳酸氢铵50 克。如长势旺盛，土质肥沃，不宜施氮肥。施肥后将植株整成鱼鳞坑式，以保持水分。

（2）平原栽培管理　平原土层肥沃深厚，水利条件好，管理上以剪枝定型为主，选节间短，直立性强、开花多的品种，保证稳产、高产。平原栽金银花，通过 4 年的整形修剪，主干高30～40 厘米，直径 6～8 厘米，主干以上有数条粗壮的侧干，侧干上密生花枝，整个植株呈圆锥形，株高 1.5～1.7 米，枝条分布均匀。栽培 5 年每公顷产干花 2.25 吨。具体作法是，第一、第二年培养主干及选留二级干枝。冬季在主干上 30～40 厘米处留4～7 个强壮枝条，枝条间保持适当角度，其余枝条全部剪去，保留5～7 对芽，然后再剪去枝条上部，使二级干枝固定下来，第三年除补定、调整二级枝外，主要是选留三级干枝，在每个二级干枝上，本着去弱留强的原则，留 3～5 个健壮枝作为三级干枝，整株选留三级干枝 20～30 个。每条三级干枝选留 4～6 个饱满芽，上部枝条全部剪去，以固定三级干枝，整个株型也基本培养好。第四年开始进入正常产花树龄，修剪时除调整三级骨干枝外，主要是选留花枝母枝及花枝上的饱满芽数。本着留强去弱的原则，每个三级干枝留花条母枝 4～6 个，整株花条母枝控制在100 条左右，选留下来的花条母枝除留下 4～6 对饱满芽外，其余全部剪去，以利抽出花芽，为丰收奠定基础。第五年，进入丰产期，修剪时除继续调整三级干枝外，主要是留花条母枝，做到每年更换，保留强枝、旺枝，以利抽出花枝。每次花后，修剪花枝，以剪枝后枝条能直立为度。通过剪枝，再结合浇水、施肥，促使侧芽形成旺盛、整齐的新花枝，同时开花时间相对集中。这样一年可收 4 次。

剪枝时间，冬剪于冬季至翌春萌动前，结合整形进行。夏、秋剪一般于每次花后，除选留适当花枝外，及时剪去交叉枝、缠绕枝、重叠枝、细弱枝、徒长枝及枯老枝、蘗生枝条，以缓和树势，改善通风透光条件。冬剪或夏秋剪，均应适时适树，因地而定。掌握冬剪宜重、夏剪宜轻，短截促进开花，控制冠幅的原则。

施肥浇水，水肥充足是平原栽培夺取高产的关键。早春解冻后，5 年以上的花墩每公顷追施豆饼 750 千克，加适量的土杂肥，在株旁开沟施入；每次采花后，每公顷追施尿素 225 千克。封冻前追施 1 次，将土杂肥均匀地撒入地面，在距金银花植株 30 厘米处，深翻 25 厘米，使土肥混合均匀，并切断老侧根，促发新根，起到暖根肥棵的作用。

每次施肥和解冻后各浇 1 次透水，以促进枝叶萌发。

4. 病虫害及其防治　金银花病害较少，主要有幼忍冬褐斑病、白绢病和白粉病；虫害危害较严重，主要有蚜虫、咖啡虎天牛、木蠹蛾、尺蠖等。

（1）忍冬褐斑病　是一种真菌病害。发病后，叶片上病斑呈圆形或受叶脉所限呈多角形，黄褐色，潮湿时背面生有灰色霉状物。7～8 月发病重。防治方法：清除病枝落叶，减少病菌来源；加强栽培管理，增施有机肥料，增强抗病力；用 3% 井冈霉素 50 毫克/千克液或 1:1.5:200 的波尔多液在发病初期喷雾，隔 7～10 天 1 次，连续 2～3 次。

（2）白绢病　主要为害根茎部。高温多雨易发生，幼花墩发病率低，老花墩发病率高。防治方法：春、秋扒土晾根，刮治根部，用波尔多液浇灌，病株周围开深 30 厘米的沟，以防止蔓延。

（3）白粉病　主要为害新梢和嫩枝。防治方法：施有机肥，提高抗病力；加强修剪，改善通风透光条件；结合冬季修剪，尽量剪除带病芽，越冬菌源；早春鳞片绽裂，叶片未展开时，喷0.1～0.2波美度石硫合剂。

（4）中华忍冬圆尾蚜和胡萝卜微管蚜　以成虫、若虫刺吸叶片汁液，使叶片卷缩发黄，花蕾期被害，花蕾畸形；为害过程中分泌蜜露，导致煤烟病发生，影响叶片的光合作用。胡萝卜微管蚜于10月从第一寄主伞形科植物上迁飞到金银花上雌雄交配产卵越冬，5月上中旬为害最烈，严重影响金银花的产量和质量，6月迁回至第一寄主上。防治方法：用40%乐果乳剂1 000倍液或用80%敌敌畏乳剂1 000～1 500倍液喷雾，每隔7～10天1次，连续2～3次，最后一次用药须在采摘金银花前10～15天进行，以免农药残留而影响金银花质量。

（5）咖啡虎天牛　是金银花的重要蛀茎性害虫。分布于山东金银花老产区，尤以平邑、费县为重。据调查十年以上的花墩被害率达80%，被害后金银花长势衰弱，连续几年被害，则整株枯死。在山东一年发生1代，初孵幼虫先在木质部表面蛀食，当幼虫长到3毫米后向木质部纵向蛀食，形成迂回曲折的虫道。蛀孔内充满木屑和虫粪，十分坚硬，且枝干表面无排粪孔，因此不但难以发现，且此时药剂防治也不奏效。防治方法：于4～5月份在成虫发生期和幼虫初孵期用80%敌敌畏乳剂1 000倍液喷雾防治成虫和初孵幼虫有一定的效果。近年来，在田间释放天牛肿腿蜂取得良好的防治效果。放蜂时间在7～8月，气温在25℃以上的晴天为好，此种生物防治方法可在产区推广应用。

（6）豹纹木蠹蛾　在山东一年发生1代。幼虫孵化后即自枝叉或新梢处蛀入，3～5天后被害新梢枯萎，幼虫长至3～5毫米后从蛀入孔排出虫粪，易发现。幼虫在木质部和韧皮部之间咬一圈，使枝条遇风易折断，被害枝的一侧往往有几个排粪孔，虫粪长圆柱形，淡黄色，不易碎，9～10月花墩出现枯株。该虫有转株为害的习性。防治方法：及时清理花墩，收二茬花后，一定要在7月下旬至8月上旬结合修剪，剪掉有虫枝，如修剪太迟，幼虫蛀入下部粗枝再截枝对花墩生长势有影响；7月中、下旬为幼虫孵化盛期，这是药剂防治的适期，用40%氧化乐果乳油1 500倍液，加入0.3%～0.5%的煤油，促进药液向茎内渗透。该方法效果较好。

（7）柳干木蠹蛾　在山东主产区二年发生1代，跨越3年。幼虫孵化后先群居于金银花老皮下为害，生长到10～15毫米后逐步扩散，但当年幼虫常数头由主干中部和根际蛀入韧皮部和浅木质部危害，形成广阔的虫道，排出大量的虫粪和木屑，严重破坏植株的生理机能，阻碍植株养分和水分的输导，致使金银花叶片变黄，脱落，8～9月花枝干枯。防治方法：加强田间管理，柳干木蠹蛾幼虫喜为害衰弱的花墩，幼虫大多从旧孔蛀入，因此，加强抚育管理，适时施肥、浇水，促使金银花生长健壮，提高抗虫力；药剂防治，幼虫孵化盛期，用40%氧化乐果1 000倍加0.5%煤油，喷于枝干，或在收花后用40%氧化乐果或50%杀螟松乳油按药：水＝1:1的比例配成药液浇灌根部，即先在花墩周围挖一穴，深10～15厘米，每墩灌20毫升左右，视花墩大小适当增减，然后覆土压实，由于药液浓度高，使用时要注意安全。

（8）金银花尺蠖　金银花重要的食叶害虫。大发生时叶片被吃光，只存枝干。防治方法：清洁田园减少越冬虫源；可在幼龄期用80%敌敌畏乳油1 000～1 500倍液喷雾防治。

（五）采收与加工

1.采收　适时采摘是提高金银花产量和质量的重要环节。按现在的栽培技术，每年可以采摘四次金银花，但第一、第二次花较多，以后两次较少。一般在5月中、下旬采摘第一次花，6月中、下旬采摘第二次，7月、8月分别采摘第三第四次。忍冬从幼蕾到花开放，大体可以分为幼蕾（绿色，花蕾约1厘米）、三青（绿色，花蕾约2.2～2.4厘米）、二白（淡绿白色，花蕾约3～3.9厘米）、大白（白色，花约3.8～4.6厘米）、银花（刚开放，白色花约4.2～4.8厘米）、金花（花瓣黄色，约4～4.5厘米）、凋花（棕黄色）七个阶段。药材以大白、二白和三青为佳，银花、金花次之。花的绿原酸含量从幼蕾到花开放，绿原酸含量呈下降趋势。

在生产中根据金银花开花的规律，掌握好采摘的时期和标准。以花蕾上部膨大，但未开放，呈青白色时采摘最适宜。采得过早，花蕾青绿色嫩小，产量低；过晚，容易形成开放花，降低质量。每天采集的时间为上午，最好是在露水未干之前。金银花开放时间集中，必须抓紧时机采摘。对达到采摘标准的花蕾，先外后内，自下而上进行采摘，注意不要折断树枝。

2.加工　金银花采下后立即晾干或烘干。将花蕾放在晒盘内，摊在干净的石头、水泥地面或席上，厚度以2厘米为宜，以当天晾干为原则。晒时不要翻动，以防花蕾变黑。最好用筐或晒盘晒，遇雨天或当天不能晒干，可以及时收起堆放。晒干法简单易行，成本较低，为产区普遍采用。

产花集中的地区为保证金银花的质量，或遇阴雨天气则应采用烘干法。各产地因地制宜，可以设计不同的烘干房。一般农户采用是自然烘烤法，即房间中央放置煤火炉（依房间大小确定数量），自然排湿，一般在40℃左右烘干，不变温。

稍复杂的烘干房设计为，一头修两个炉口，房内修回龙灶式火道，屋顶留烟囱和天窗，在离地面30厘米的前后墙上，留一对通气口。烘干时采用变温法，初烘时温度不宜过高，一般30～35℃，烘2小时后，温度可升至40℃左右，鲜花排出水气，经5～10小时后室内保持45～50℃。烘10小时后鲜花水分大部分排出，再把温度升至55℃，使花迅速干燥。一般烘12～20个小时可全部烘干，烘干时不能用手或其他东西翻动，否则易变黑，未干时不能停烘，停烘发热变质。山东平邑县试验，烘干一等花率高达95%以上，晒盘晾晒的一等花率只有23%。烘干法是金银花生产中提高产品质量的一项有效措施。经晾干或烘干的金银花置阴凉干燥处保存，防潮防蛀。

3. 规格等级　商品按银花的品质优劣及传统产销习惯分为密银花（南银花）、济银花（东银花）及山银花（土银花）三种，各种再分若干等级：

（1）密银花　香港市场称"密花"。

一等：花蕾呈棒状，上粗下细、略弯曲。表面绿白色，花冠厚，质稍硬，握之有顶手感。气清香，味甘微苦。无开放花朵，破裂花蕾及黄条不超过5%。无黑条、黑头、枝叶、杂质、虫蛀、霉变。

二等：开放花朵不超过5%，破裂花蕾及黄条不超过10%，无黑条、枝叶。其他标准同一等。

三等：开放花朵、黑条不超过30%，无枝叶。其他标准同一等。

四等：花蕾和开放花朵兼有，色泽不分。枝叶不超过3%。无杂质、虫蛀、霉变。

（2）济银花　香港市场称"勿花"。

一等：花蕾呈棒状，肥壮。上粗下细，略弯曲。表面黄、白、青色。气清香，味甘微苦。开放花朵不超过5%。无嫩蕾、黑头，枝叶、杂质、虫蛀、霉变。

二等：花蕾较瘦，开放花不超过15%，黑头不超过3%。无枝叶、杂质、虫蛀、霉变。

三等：花蕾瘦小，开放花朵不超过25%，黑头不超过15%，枝叶不超过1%，无杂质、虫蛀、霉变。

四等：花蕾及开放的花朵兼有，色泽不分，枝叶不超过3%。无杂质、虫蛀、霉变。

四十、川 贝 母

（一）概述　2000 年版《中国药典》记载可供川贝的植物有川贝母 *Fritillaria cirrhosa* D.Don、暗紫贝母 *F. unibracteata* Hsiao et K.C.Hsia、甘肃贝母 *F. Przewalskii* Maxim.ex Batal. 和棱砂贝母 *F. delavayi* Franch.。它们产于四川、云南、西藏、青海、甘肃等地。前三种称松贝和青贝，第四种俗称炉贝，统称川贝。味甘，性微寒，归肺心二经，有清热润肺、化痰止咳之功效；用于肺热燥咳、干咳少痰、阴虚痨嗽、咯痰带血等症。过去全靠采挖野生，60 年代初开始由野生转为人工栽培。现在四川阿坝、理县、小金等县，甘肃漳县，云南丽江等地均有栽培，并建有种子、鳞茎种源基地，供各地引种栽培。

川贝母（图 40）为当前紧缺名贵药材，市场价格居高不下，目前（2000 年 9 月），每千克价格松贝 360～420 元，青贝 250～300 元，因此，人工栽培川贝不但收益高，而且可以缓和临床用药的奇缺。

（二）植物特征

1. 川贝母　株高 20～85 厘米，茎生叶通常对生，顶端叶多呈线形，先端卷曲，蒴果 6 棱，翅宽 1～1.5 毫米。

2. 暗紫贝母　株高较川贝矮（15～60 厘米），茎生叶最下面 2 枚对生，上面通常互生，叶先端不卷曲，花深紫色，蒴果长圆形，6 棱，棱翅宽约 1 毫米。

3. 甘肃贝母　与暗紫贝母很相似，区别在于花黄色，有细紫斑。

4. 棱砂贝母　株高 15～35 厘米，生长有叶的茎段比花梗短，茎秆上生长的叶卵形至椭圆状卵形，果实上有翅，翅宽 2 毫米，长在果实上的花被果熟前不萎蔫，可与其他种相区别。

此外 80 年代引种栽培成功的瓦布贝母和浓蜜贝母适应环境

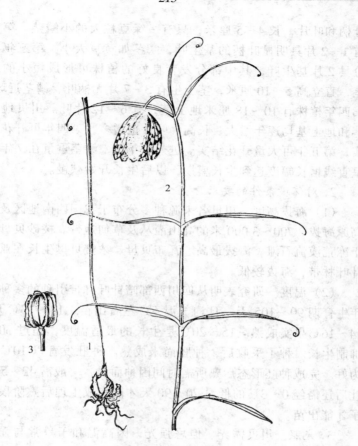

图 40 川贝母形态图

1. 花茎下部 2. 花茎上部 3. 蒴果

能力强，更易于栽培。特别是瓦布贝母生物碱含量及止咳祛痰作用优于暗紫贝母。目前，"野转家"栽培成功的还有秦贝母和太白贝母等。

（三）生长习性

1. 生长发育　从种子萌发到开花结籽需经 4～5 年时间，第一年地上只有 1 片由种子出苗后生出的一片扁平线形叶，分不出叶柄和叶片，长 4～5 厘米，只有一绿豆粒大的小鳞茎。第二年有 1～2 片具明显叶柄的基生叶，鳞茎如黄豆大小。第三年大部分具 2 片基生叶，其中部分发育良好的植株可形成短小的地上茎，直立高 5～10 厘米，茎上生有 3～7 片无柄叶，鳞茎近球形。第四年植株有 10～18 厘米地上茎，有 6～12 片叶。川贝地下鳞茎和地上基均逐年增大、长高、叶片也增多，第四年可开花、结实，第五年可大量开花结实。进入成年期，鳞茎重量在 7 年以前呈直线增长幅度达到生长盛期，以后生长开始减慢。

2．对环境条件的要求

（1）海拔高度　川贝各来源种多分布于我国西南地区及青藏高原海拔 2 700～3 000 米的高山灌丛及草甸地带。棱砂贝母分布于冻荒漠流石滩，海拔最高。瓦布贝母、浓蜜贝母生长在亚高山针叶林带，海拔较低。

（2）温度　研究表明从四川西部暗针叶林带引种的多种贝母年生育期 90～105 天。日均气温 5℃ 左右出苗，10～13℃ 开花，14～16℃ 果实成熟。15～20℃ 是生长的最适温度，超过 30℃ 则抑制生长。种子采收后，种胚尚未成熟。种胚发育以 10℃ 左右为好。完成种胚形态后熟所需时间因种而异，一般需 42～56 天，此后还需经 0～3℃ 的低温 70～90 天才能完成生理后熟阶段，种子才能出苗。

3．光照　川贝需光、但忌强光，因高温和干旱常与强光伴随，夏季高温强光使川贝早枯。在全光照而凉爽的条件下，植株生长健壮，鳞茎发育良好，质地坚实，在荫蔽地方则生长不良。

4．水分　川贝喜湿润，忌干旱和积水。

（四）栽培技术

1．选地与整地

（1）种植环境与土地的选择　川贝喜冷凉气候，应根据川贝对环境条件的要求选海拔 2 000～3 000 米，年平均气温 0～6℃，最热月不超过 15℃，最冷月不低于 0℃，年降水不少于 700 毫米的区域为宜。考虑到中药材很重视地道产区，因此将当地所产优质川贝就近引种容易获得成功。土壤以有机质含量高、疏松透气的沙壤土为好，过沙，不利保水保肥；过黏，土壤容易板结，通气不好，贝母容易早衰。

（2）整地　川贝母根系不发达，多水平生长，入土不深，因此以耕深 20～25 厘米为宜，川贝对肥料较敏感，肥料充足能显著增产。缺氮，叶片黄绿；缺磷钾植株生长不旺，叶片薄无光泽，鳞茎膨大受影响。整地时应施足基肥，有性繁殖的育苗地，每公顷可均匀撒施过磷酸钙 750～900 千克，栽种鳞茎的地，每公顷可均匀撒施过磷酸钙 900～1 200 千克，腐熟厩肥 37 500～60 000 千克，将土块打碎耙平，作成宽约 1.20 米，高约 0.15 米，沟宽 0.3 米高畦。

2．繁殖方法

（1）种子繁殖

①种子处理　将干籽浸泡 24 小时，使种子充分吸胀，再用 2% 甲醛水溶液浸泡 10～20 分钟，进行表面灭菌，再用清水洗去药液，然后沙藏催芽。催芽用层积法，以 4 倍于种子的腐殖质土或锯末与种子混拌均匀，选室外树荫下，挖深 20～30 厘米的平底浅坑，长宽视种子多少而定，将种子放入坑内，厚 10～20 厘米，上盖山草、苔藓类物 1～2 厘米，每隔 10 天左右翻动检查 1 次，保持湿润、透气，平均气温 10℃左右，50 天左右可使 90% 以上种胚完成形态后熟，在上冻前播完种。若第二年春播可放 0～5℃的地方沙藏越冬。

②播种方法　坡地采用撒播，平地可用条播。条播，播幅宽 15～20 厘米，幅间距 7～10 厘米，将种子均匀撒于畦面或播幅内，并立即用过筛的堆肥或腐殖质土覆盖，厚 1.5～5 厘米，然后再盖上山草或其他覆盖材料，以减少水分蒸发防止土壤板结和冻拔。播种量根据不同种的籽粒大小，以每平方米播 90～180 粒为宜，各种贝母种子千粒重在 1.33～4.48 克之间，因此每公顷

播量在 24～40.5 千克。

（2）鳞茎繁殖

①鳞茎的选择 贝母枯苗后及时挖收。要收籽进行有性繁殖的鳞茎可选 2～10 克的大小为宜，栽后可连续采籽 2 年再翻栽，可降低用种量及劳力投资。以收药材为目的，可选鲜重 10～30 克或 1～5 克的鳞茎作种。种用鳞茎选好后，需在通风良好的室内或荫棚下晾置 10～15 天，待鳞茎表面呈浅棕色再栽种，否则影响出苗。

②栽植 在整好的畦上横向开沟，行株距与沟深依鳞茎的大小而定，大于 5 克的鳞茎，行距宜 15 厘米左右，沟深宜 12 厘米左右；1～4 克的小鳞茎，行距 13 厘米，沟深 8 厘米左右，株距随鳞茎的增大而增大，变化在 10～20 厘米之间。将鳞茎均匀摆放沟内，芽头向上，用开第二沟时的土盖好第一沟的鳞茎。

3．田间管理

（1）覆盖及防旱排涝 目前，种川贝的地区多无灌溉设施，播、栽后应覆盖山草或枯枝落叶既可减少水分蒸发，又可防止土壤板结，还能避免暴雨将泥土溅污苗加重病害。

（2）间套作 种子播种的一二年生幼苗叶面积很小，地面多裸露，直射阳光可使地温高达 50℃ 以上，容易引起贝苗早衰，可套作同种贝母的较大鳞茎降低地温，在畦上套作的行株距以 30～35 厘米×20～25 厘米为宜。贝母枯苗后还可套种荞麦大麻等作物，继续保护贝苗过夏，间套作物枯苗后还可割倒作覆盖材料。

（3）除草 川贝播种密度大，盖土浅，拔草容易损伤或带出小苗，因此应及时除草。不等野草长大就彻底清除，尤其 7～8 月雨季温度高，杂草萌芽生长快，应特别注意将杂草消灭于萌芽期。

（4）培土追肥 贝苗枯萎后要在畦面培土 2～3 厘米，使贝母鳞茎处于较厚土层下，容易安全过夏和越冬，每年贝母出苗前要揭去覆盖物追施厩肥或堆肥，每公顷 30 000～45 000 千克，花果期再用过磷酸钙水溶液或磷酸二氢钾 0.5% 水溶液进行 1 次根外追肥，可提高种子及商品鳞茎的产量和质量。

4. 病虫害及其防治

（1）锈病　5 月开始发病，近地面茎叶出现棕褐色凸斑，后期散出橙黄色孢子。防治方法清除枯萎茎叶减少病源，使用充分腐熟的肥料，贝母出苗展叶后用 25% 粉锈宁可湿性粉剂 1 000 倍液每隔 10～20 天喷撒 1 次可以预防。

（2）白腐病　栽植时操作及保管不好，堆沤发热的种栽（繁殖材料）容易得此病，鳞茎局部成乳酪样腐烂，患部表面可见菌丝呈灰白、黑色或蓝绿色孢子。防治方法：防止鳞茎损伤及堆沤，栽前鳞茎必须晾置并用 50% 多菌灵可湿性粉剂 1 000 倍液浸种 20 分钟。

（3）菌核病　被害鳞茎产生黑斑，严重时整个鳞茎变黑，其内形成大小不等的黑色菌核，地上部枯萎。防治方法：轮作；高畦种植；肥料充分腐熟。发现病株立即拔除，并用石灰消毒病穴，再用 50% 多菌灵可湿性粉剂 1 000 倍液灌根防止未病植株进一步蔓延。

（4）立枯病　此病主要发生 1～3 年生贝母出苗展叶期，症状和防治方法参见人参。

（5）金针虫和蛴螬　4～6 月咬食根部，防治方法：在为害时期，用烟叶熬水浇灌，每公顷用烟叶 37.5 千克熬成 1 125 千克原液，用时每千克原液加水 30 千克效果较好；或每公顷用 50% 氯丹乳油 7.5～15 千克在播种前整地时拌土或出苗后对水 7 500 千克灌土防治。

（五）采收与加工

1. 种子采收　川贝以 5～6 年生留种为好，为保证种子饱满，每株留花 2～3 朵为宜。7～8 月，果实黄熟时分批剪下脱粒立即沙藏，或用布袋盛装，放通风处供外地或次年使用。

2. 鳞茎的收获与加工　种子繁殖第三、第四生长年，此时尚未大量开花结实，商品质量好，无性繁殖的一个生长年可采收鳞茎作种栽和加工成商品。用狭锄或小齿耙仔细挖收，勿伤鳞茎，以免影响种栽和商品质量。加工要选晴天，将鳞茎用水洗净泥土，装入麻袋或编织袋，扎紧袋口，来回拉动使之相互摩擦至残根脱落，表皮稍有脱落但不损外形为度。3 克以下的小鳞茎可直接晒干。先晾干表面水气；然后摊在竹席、棉毯等物上曝晒 4～6 小时可成粉白色，冷却之前不宜翻动，最好盖上黑布，傍晚鳞茎降温后，薄晾室内，次日再晒即可干燥。若天气不好，需用烘房烤干，将洗净摩擦好的鳞茎摊放在烘烤盘的竹帘上，烘烤温度以 40～50℃ 为宜，温度宜先低后高，要注意排潮，特别是前期。若高温、高湿会使淀粉糊化造成"油子"、"僵子"，低温高湿会发霉腐烂。3 克以上的鳞茎不易干燥，需放熏灶内，用硫磺熏蒸，至断面加碘液不变色为止，然后再烘干。川贝的鲜干比为 3.1～3.5:1。

四十一、山　参

（一）山参的传说　据资料记载野山参（图 41）的发现已有三千多年历史，最早发现于太行山，之后在东北长白山脉又有大量发现，从此对长白山的野山参有了神奇的说法。由于它的形体似人，其籽也像人"十月怀胎"，种胚要在种子里面孕育 9 个月才能破土蒙生，因而得名，山参形态又像老百姓洗衣用的棒槌，因此又称"棒槌"。古人长期将山参作为药用，视为神草、救命草，有起死回生的作用，是药中之王，东北"三宝"之首。过去民间对山参有"七两为参，八两为宝"之说，因此，长白山野山参闻名于世，不仅在国内畅销，还大量出口。由于价格昂贵，人们野蛮性的采挖，使山参越来越少，现在已濒临绝迹。

山参逐年减少，满足不了市场的需要，人们将"野珍"逐渐

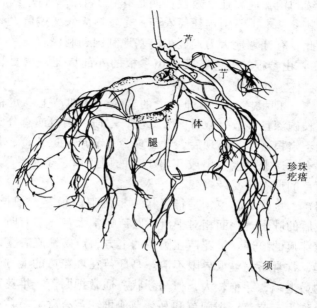

图 41 野山参形态图

变为"家宝"——园参。山参演变成园参至少有 400 年的历史。

（二）让园参"返籍"势在必行 山参无论从它的药用价值还是商品价值都要高于园参。人参的祖籍是生长在森林之中，为了满足市场需求，让园参"重返家园"势在必行。

（三）人工培育山参的意义 人工培育山参就是模拟野山参的生态环境，将人参种子播于林下，利用天然的条件，在人工管理看护下，自然生长几十年，使山参的根部形态及其内在质量与野山参相同无异。

人工培育山参的好处：一是投资少，成本低，经济效益高，投入产出比是园参的 5～10 倍，甚至几十倍；二是充分利用林地，不破坏资源，有利于水土保持，提高生态效益；三是利于林地的立体经营、综合利用，沟谷河流养林蛙，以林养参、以参护林，永续利用，提高社会效益；四是有利于生产绿色中药材，由于林下栽参基本上不施用任何农药，是发展无农药残留人参的方向，因此，有计划地大力发展山参基地利国、利民。

（四）山参根的外部特征　山参根的外部特征，主要是指山参的芦、体、纹、皮、须。

1. **芦**　即根茎，芦碗即芦上的茎痕。艼即芦上不定根。野山参芦长碗深且多节，常可区分二段、三段、多段或有分支。特别是当不定根（艼）出现后，常出现为二节芦、三节芦、分支芦等。也有在芦上又生一串或几串小芦的即所谓"子母芦"。参龄越大，芦的形态越复杂多变。

圆芦，也称雁脖芦，是指紧接主根的那段根茎，细长略弯，宛如大雁的脖子，表面相对平滑。圆芦通常无节，但有时见芦碗或类似芽痕的痕迹。堆花芦在圆芦的上方，芦碗螺旋着生，拥挤在一起，常常不完整或界限不清。马牙芦在堆花芦的上方，即整个芦的最上端，芽孢较大，似马牙状。通常把圆芦、堆花芦和马牙芦合称为三节芦；把圆芦和马牙芦或堆花芦合称二节芦。

此外，山参还有竹节芦、线芦之分。竹节芦，即根茎的茎痕虽年久，但尚未长平，局部膨大形成竹节状。线芦，即因年限久远，根茎上的芦碗已长平，根茎又细又长。根茎上还有艼，即着生在根茎上的不定根，有枣核艼或蒜瓣艼。枣核艼是指二端渐细，中间稍粗，状如枣核，但有枣核艼的山参极少，多为蒜瓣艼，自然下顺，极少上翘。

2. **主根（体和腿）**　体指的是主根；腿指侧根。山参多为横灵体、疙瘩体或顺体。横灵体是主根纵向短粗，横向伸展，二歧分叉，形若二腿分开的练武人，也称武形参；"疙瘩"体是状如"疙瘩"样紧缩；"顺体"体长腿短。但部分腿灵活，无拧腿或并腿。

3. **主根外表（皮和纹）**

（1）**皮**　是指主根的外皮。生于黑色腐殖土的外皮通常紧凑而致密，皮色黄色，锦皮细纹或细皮似锦，颇有光泽感。生于黄土地或沙性地的外皮较粗糙而松弛，黄褐色，皮老纹深。

（2）纹　专指主根上端的横行皱纹，也叫肩纹，也称铁线或螺旋纹。

4.须根（须和点）

（1）须　指须根。布局匀称、自然、清疏不乱。质地柔韧、不易折断，故称皮条须。

（2）点　俗称"珍珠疙瘩"，着生在须根上的小疙瘩，加工成干货后依然清晰显见。

（五）商品山参分类

1.野山参

（1）纯山参　是指野山参的种子自然落地或被鸟类吞食后排出体外，自然发芽生长的人参在整个生长发育过程中不移动，又不经过任何人工管理，称为纯山参。生长百年以上或重200克以上称为老山参；重量在50克以上的称为大山参；重量不足5克称为捻子。

（2）变山参　是指纯山参在自然生长过程中，主根因某种原因（如被人或野兽践踏，鼠类咬食，干旱，高温，病虫害等）使主根烂掉毁坏，其中芋帽（不是根）仍然继续生长发育而代替了主根，这种山参称为芋变山参。

2.移山参　将采挖的纯山参或山参幼苗重新移植在山林中，任其自然生长，不经人工管理，若干年后挖出，这种参叫移山参，也叫"趴货"。

3.充山参　非正品山参，但内在质量比园参高，根据其来源不同，有以下四种：

（1）上山货（老栽子、小栽子上山）　从园参栽子中挑选体形美观近似山参体形的参栽，经人为整形移植于山林里自然生长若干年，这种参又称为老栽子上山。

（2）籽货（籽趴、籽密）　将园参种子撒播到选好的山林中，在人工的看护下自然生长 20～30 年。

（3）池底子　在收获园参或遗漏在参畦内的园参，又自然生长若干年，这种参称为池底子。

（4）硬底参　园参的长脖、圆膀圆芦等农家品种在特定的自然条件下又经特殊技术培育而成，如辽宁省宽甸县的石柱子参。

（六）野山参的鉴别　在长白山的老参农中流传着这样一首歌谣，可帮助鉴别山参：

芦碗紧密相互生，园腹园芦枣核艼。

紧皮细纹疙瘩体，须似皮条长又清。

珍珠点点缀须下，具此特征野山参。

（七）林下免耕法培育"充山参"技术要点

1. 选地整地

（1）植被条件　选择以柞、椴、色、桦树等为主的阔叶林或针阔混交天然林或天然次生林。林木稀疏高大，林冠下生有 2 米以上的灌丛透光率在 15%～25% 之间，它关系到人参能否生存几十年和参形及内在质量好坏的关键。

（2）对土壤的要求　pH5.5～7 酸碱度为酸性到中性，底土是黄泥，保水性能好。上层土壤疏松肥沃，腐殖质层在 12～15 厘米以上，具良好团粒结构，土壤含沙量占 15%～29% 左右，通透性好，保苗靠货。黏重土、灰色土、涝洼地、漏风地禁用。

（3）对坡向与坡度的要求

①坡向　选择窝风向阳的东坡、南坡、东南、西南、东北、北坡（阴坡、阳坡、半阴半阳坡向）均可；刺风头（风口）坡向不可选用。

②坡度　一般在 10°～30° 之间。稍有沟棱、山岗、孤石等都无妨碍。

2. 整地

（1）清理场地　为了方便种植与管理，将林下杂草及影响光照 1 米以下的灌木丛全部清除。

（2）规划种植区域　种植区（带）宽 4～6 米，长 15～20 米，上下左右纵横交错，设人行道宽 30～40 厘米，呈"井"字或梯形。

（3）设看护警房　在山参基地四周方便看护管理处建警房，供看护管理人员使用。

3．山参（充山参）的种植方法

（1）选种　人工培育山参最好选择长脖、圆芦、线芦等，这些品种具备山参芦长细纹的特点。抗逆性较强。如果没有这些品种，也可选择园参二马牙农家品种。

（2）种子处理　在播种前需要将人参种子进行人工催芽处理。促进种子生理后熟。催芽方法参见人参。

（3）种植方法

①免耕种植法　采取不刨土，不耕耘，不破坏原土层结构。

穴播：在山参地种植区内采用 10 厘米×10 厘米等距穴播。穴深 3～5 厘米，每穴只播一粒裂口种子。

条播：用锄头在种植区内搂沟 3～5 厘米深，行距 15 厘米，株距 7～10 厘米，条播，播后盖上原土，再把树叶覆盖好，使种子自然出苗。

②播种时间　秋播、春播均可。秋播在种子催芽裂口后，上冻之前；春播一般在 4 月中旬至 5 月上旬。

（八）移山参栽培方法　移山参的选地土壤、植被、坡向及坡度，条件与林下免耕法培育山参是相同的，所不同的是在整地、栽培方法有区别。

1．整地　疏松土壤，为有利于做畦移栽，在种植区内，用镐将表土层中的草根刨除，深度 5～7 厘米，刨土不宜过深，不破坏表土层下原有土层。再将草根上的泥土敲碎，连同草根、树叶、杂物等搂到人行道上，以便栽参覆盖用。

2．做畦

（1）土壤消毒　作畦前，在土壤中喷施绿亨 1 号土壤杀菌剂和杀虫剂，搅拌到土壤之中。

（2）做畦要求　畦宽 120 厘米，畦高 10～15 厘米。

3．移栽方法

（1）选栽　选择野山参栽子或山参幼苗。标准要求芦长，体形好，无病的参苗。

（2）移栽

①移栽时间　在秋季 8 月末至 10 月初，人参越冬芽已经形成后移植。

②参苗消毒　移植前将参苗用 50％多菌灵可湿性粉剂或 70％代森锰锌可湿性粉剂 500 倍液浸苗 15 分钟，晾干后即可移栽。

③移栽方法　移山参要采用"立式"或斜式。这两种方式移栽参根不变形，最好不平栽。因平栽参芋过大，易出现"腿分支"、"肿腿"或"踢腿"现象。

④整形　移栽时将参栽的腿，须顺其自然。也舒展开，不能卷须。有的体形不好如顺体或分支腿或跨小（并腿），可人为整形处理。

⑤覆土与覆盖　移山参移栽时要细心，边栽边整形边覆土（压土），覆土深度 4～5 厘米，然后再将落叶覆盖到畦面，厚度 3～5 厘米。

（九）山参* 的管理与看护

1．管理

（1）林下培育山参　其管理要比园参管理易得多，不需松土、拔草，也不用施肥，让它自然的生长。每年在生长期可适当喷施高效低毒杀虫剂或杀菌剂，预防病虫害的发生，增强人参抗

---

*　注：山参资料来源于钱少军参编的《中草药种植技术指南》。

逆性。

（2）盛夏期管理　在种植区内个别地方林冠稀，出现天窗，光照强，可将周围相邻树冠的枝叶，用绳线互拉开来调节强光（直射点）。郁闭度超过 0.9 以上，可将林下灌丛枝杈略清理，使山参得到适度的光照。

2.看护　山参的管理最重要的是看护，尤其是 15 年生以上的山参要特别管理和看护。

（1）封山　山参基地要封山、封沟管理。有条件的可在基地周围架设铁丝网。一年四季禁止外人进入和牲畜入内。不得随意割柴和砍伐林木。

（2）设专人看护　在基地四周适当的位置建警房，养警犬。经常在基地内外巡逻。看护人员巡逻时要走人行道，不得随意进入种植区。

（3）立法保护经营者的合法权益　山参的经济价值高，要想将山参这块产业发展壮大，各级政府要有法，保护山参经营者的合法权益，严厉打击盗窃违法犯罪分子。

四十二、西 洋 参

（一）概述　西洋参（图 42），别名花旗参、美国人参。为五加科多年生草本植物，原产于北美洲。我国使用西洋参已有 200 多年的历史，过去依靠进口，40 年代江西庐山植物园曾引种，但未能推广。1975 年又开始在华北、东北等地试种，并于 1980 年获得成功后，在全国推广应用。目前，全国已形成东北、华北、华中及西南四大生态气候栽培区，总面积约 350 万米^2，年产西洋参 150 吨左右。

西洋参以根入药，主要含 9 种人参单体皂甙，如 Rb、Rg、Re、Ro 等及挥发油、各种氨基酸、多糖、维生素、微量元素等。现代医学证明，西洋参具有抗疲劳、抗衰老、抗缺氧、提高机体

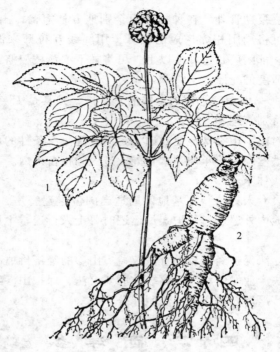

图 42 西洋参形态图
1. 植株 2. 根

免疫功能等作用。对高血压、冠心病、虚火咳嗽、热病伤阴等均有可靠的疗效。对癌症患者可减轻由于放疗和化疗而引起的不良反应。

西洋参性凉、味甘、微苦。具滋补强壮、养血生津、宁神益智等功效。西洋参的滋补作用与人参相似，人参具温补作用，适合年老体衰者服用，而西洋参凉补，克服了人参易引起上火的不足，因此服用西洋参不论老幼，四季皆宜。

目前，市场销售旺盛。我国引种西洋参的地方多在北温带，气候适宜，又因我国有种植人参的技术基础，因此西洋参的生产发展很快。大量科研工作表明，我国生产的西洋参比美国、加拿大生产的西洋参毫不逊色，不但有效成分高，而且价格比进口低，因此市场销售旺盛，我国已成为世界上生产西洋参的第三大国。

由于我国森林资源不足，而目前种植西洋参仍以林地为主，为防止水土流失，保护森林资源，国家严格控制林地栽参，（包括人参）。为发展我国西洋参事业并参与同国际竞争，农田种植西洋参应是今后发展方向。目前（2000 年 9 月），市价每千克 350～550 元。

（二）植物特性 西洋参株高 60 厘米左右，根肉质，长纺锤形，茎圆柱形。掌状复叶轮生茎顶，每复叶有小叶 5 枚，广卵形或倒卵形，先端突尖，基部楔形，边缘具不规则粗锯齿。伞形花序顶生，小花多数；花萼、花瓣、雄蕊均 5 枚，雌蕊 1 枚；子房下位，2 室。果实浆果状，扁圆形，熟时鲜红色。种子每果多为 2 粒，半圆形扁平。

（三）生长习性

1. 生长发育

（1）种胚发育 西洋参种子属胚后熟类型，种子收获时，胚长仅 0.3～0.4 毫米，远未分化发育完善，必须经过胚的形态后熟和生理后熟两个阶段，才能出苗。形态后熟的标准是由细胞团发育成完整的胚，种子裂口，胚长 4 毫米左右，此期要求 10～20℃温度，110～120 天。种胚生理后熟期的标志是从形成完整的胚开始到胚具有发芽出苗能力，胚长从 4 毫米长到 5.5 毫米，此阶段要求 0～5℃的低温约 80 天。

（2）植株的生长发育 种子的幼苗出土以后，生长极其缓慢，第一年只生出由 3 片小叶组成的 1 片复叶，株高 5～7 厘米，平均根重 0.5～1.2 克，最大者可达 2 克。每年冬前茎叶枯萎，下年再出苗生长，基本上是 1 年增加 1 片复叶。第二年为具 5 片小叶的 2 个复叶。株高 15～20 厘米，平均鲜根重 3～4 克，最大者 10 克以上。3 年生长出 3～4 个复叶，小叶 15～20 片，株高

20～30 厘米，平均鲜根重 15～20 克，从第五年以后，叶片数不再增加，株高 50～70 厘米，平均鲜根重 20～50 克，最大者近 110 克。

2. 对环境条件的要求

(1) 气候 西洋参原产地美国、加拿大，由于受大西洋墨西哥暖流的影响和太平洋及五大湖的调剂，气候温和多雨，美国的威斯康星州产区，年平均气温为 5.6℃，1 月和 7 月平均气温分别为 -11℃ 和 20.1℃，年温差较小，年雨量 1 100～1 200 毫米。由于西洋参长期生长在这样的气候条件下，因而形成喜凉爽、湿润的特性。

我国栽培西洋参的主要地区（华北、东北）是属于温带季风大陆性气候，冬、春季寒冷干旱，夏季炎热多雨，哈尔滨年平均温度 3.5℃，1 月和 7 月平均温度分别为 -20℃ 和 20℃，年温差较大，年雨量 533.6 毫米。

由于美国产区与我国引种地区各有独特的气候特征，尽管纬度相同，但气候并不完全相似，冬季气温却显著低于原产地同纬度地区。因此，在我国栽培西洋参若 1 月平均气温低于 -10℃，冬、春气温变化幅度大的地区应特别注意防寒。现已查明我国西洋参越冬致死温度为 -11℃。

(2) 光照 西洋参是一种阴性植物，忌强光照射，故栽培需搭棚遮光，给植物以适当的光照条件。参棚透光度大小随气温的高低而变化，气温低透光度宜大，反之则宜小，一般荫棚的透光度应控制在 15%～30% 之间，春秋可大，夏季宜小。

(四) 栽培技术

1. 选地与整地

(1) 林地栽参 宜选硬木阔叶林地，以坡度较缓，土壤含腐殖质高，夹有 3～5 毫米粗沙的沙质土或腐殖质土壤为好。

清除灌木后，翻挖土壤，深度 20～30 厘米，捡净石块及草根、树根，做成中间略高瓦背形高畦，畦宽 1.4～1.5 米，畦高约 25 厘米，作业道宽 50 厘米。

（2）农田栽参　前作物宜选禾本科及豆科植物，不宜选烟草、茄子、番茄、棉花等作物为前茬。土壤透水性好，肥沃，腐殖质含量较高的沙质壤土为好。不宜选黏土或排水不良的低洼地。

土地选好以后，休闲一年，并耕翻曝晒 8～10 次，在翻晒前施入基肥，每公顷施经过充分腐熟的厩肥或堆肥（如猪粪、落叶、鹿粪、马粪等）225～300 米^3，翻深约 30 厘米，以便土壤充分风化和达到日光消毒的目的。

土地整好后，以南北向作畦，畦宽 150～180 厘米，畦高 25～30 厘米，作业道 40～50 厘米，畦面做成瓦背形，中间高两边略低，为预防病虫害可用 50% 多菌灵可湿性粉剂消毒，每平方米用药量 15 克，在地下害虫多的地区每公顷可用 75% 锌硫磷乳油 3.75 升与细土 375 千克拌和后撒施土中或用 25% 西维因粉剂 100 千克进行土壤消毒。

2. 繁殖方法　用种子繁殖，7～8 月，果实呈鲜红色时采下，搓去果肉，漂去病粒及瘪籽，淘洗干净，晾干贮藏或立即处理。

（1）种子处理　根据西洋参种子的生长习性，当年种子不经处理，第二年不能保证全部出苗，这是因我国西洋参主要种植区华北等地 8～9 月温度偏高，东北等地 9～10 月温度又偏低，自然温度不能满足种胚发育要求。

①当年种子的催芽方法　将淘洗干净的鲜籽用 1% 福尔马林浸种 10 分钟后捞出沥干水分，或用 50% 多菌灵按种子量的 0.3% 拌种后，再与 3～4 倍于种子的干净沙子拌匀后装入木箱催芽。当年种子催芽的关键因素是温度，必须按生长习性关于西洋参种胚发育不同阶段对温度的要求催芽效果才好。根据不同地区的温度，前期可放室外，天冷后可移室内或温室、塑料棚内。最好有控制温度的专门房间，前期温度 20℃ 逐渐降低，当温度达不到形态后熟的温度时要升火或电热加温，最好用自动控温设备

使温度符合要求。

在催芽期间除按种胚发育要求的温度外，还要经常浇水保持沙子含水率在 9% 左右（太湿应筛出晾干一些再藏），并经常翻动使之透气良好。种子开始裂口以后及时将温度降低，并加强检查，当种胚形态后熟完成后，应将种子与沙一起移入窖内或埋于 0.5~1 米的阴凉处，上覆土 0.4 米左右，使之在 0~5℃ 低温下完成生理后熟，便于春播。

②隔年种子催芽方法　用当年种子催芽，费工、费时，往往因温度控制不好不能保证全部出苗。随着生产的发展，种子越来越充足，为有计划用隔年种子创造了条件。将收的种子风干后装袋内放通风的冷凉地方，在 0~10℃ 的冷库或冰箱内贮藏更好。催芽时间一般在 4~5 月，最迟不超过 6 月。沙藏前将种子置清水中浸泡 2 天左右，每天早晚各换水 1 次，捞出沥干水分，用当年种子催芽方法进行种子消毒及混拌沙子或沙土混合物（腐殖质土:沙 = 1:2）。沙藏一般在室外进行，宜选地势稍高地方，可在树荫下或搭设荫棚，以免阳光直射增温。挖出宽 40~50 厘米，深 40 厘米的坑，长视种子多少而定。下面垫 5 厘米厚粗砂，铺上塑料编织膜，将沙、种放入，厚度 20~25 厘米，将编织膜对拉封好，上盖沙 5 厘米。沙藏期间要加强管理，勤检查，每 10 天左右检查 1 次，保持种子水分不干不湿，疏松透气，若发现上层种子干了，要及时浇水，但不宜太多，以水渗透到种子层的 1/3 为宜。几小时后，将下层种子翻倒 1 次，如沙子太湿，应把沙种取出，摊在洁净地面晾干水气至正常湿度。若发现霉烂应用 50% 多菌灵 500 倍液浸 10 分钟，晾干后再藏。若冬前不播应于封冻前适当浇水，盖上 20 厘米以上厚的土层后再覆草越冬，以便春播。

（2）播种　播种时期为春播或秋播。方法可用播种机或手工播种，手工播种多用点播法，即先在整平的畦面用播种板压穴，行株距为 8 厘米×5 厘米，5 厘米×5 厘米，10 厘米×5 厘米都可。深 2.5～3.5 厘米，每穴放 1 粒种子，播后覆土。每公顷需种量 105～135 千克，每平方米播种量 100～120 粒。育苗移栽者，行株距 5 厘米×4 厘米，每平方米播种 500～600 粒。也有撒播者，每平方米 25 克籽。

（3）移栽　西洋参在美国多采用直播方法，播种后一直生长到第四年收获。我国多数地区采用"一三制"或"二二制"移栽。即播种出苗后第一年或第二年秋栽，生长 3 年或 2 年收获。春季在土壤解冻后，芽苞尚未萌动，根毛尚未长出也可移栽。

栽前选健壮、无病、完整的参苗，按大、中、小分级，分别移栽。栽种前用 50% 多菌灵可湿性粉剂 500 倍液或 65% 代森锌可湿性粉剂 500 倍液浸泡 50 分钟；或喷雾以根湿为度，稍晾干水气即可栽种。

移栽时，将参侧根顺直，使主根与地面保持 30°角。芽苞处覆土深 3～4 厘米，栽后畦面要平整，并做到边起苗边移栽。注意不要使芽苞和根皮层部受到损伤，行株距 20 厘米×10 厘米，根据参根大小可适当增大或缩小株距。覆土后再覆盖稻草或麦秸 10 厘米，以利防寒保湿。

吉林省集安市林地栽参一年苗移栽行株距 20 厘米×9 厘米，每米畦长栽 65～70 株，二年生移栽，行株距 20 厘米×12 厘米，每米畦长栽 50～55 株。

3. 田间管理

（1）搭棚遮荫　目前，我国栽培西洋参主要采用两种不同的遮荫方式。一种是传统矮式参棚，一种是平顶高棚（棚式参阅人参）。矮棚前沿高 90～120 厘米，后檐高 60～90 厘米，上面盖苇帘、草帘，也可用竹帘、高粱秆、芦苇、板条等材料，编制成双透帘（透光、透雨）。帘宽 200～250 厘米，透光度 20% 左右，另一种是高棚，棚高 200 厘米，柱间距为 220 厘米×220 厘米，水泥柱栽在参床中间，以 8 号铅丝或其他坚固材料做横梁，注意搭牢固，以防被风吹倒，苇帘遮荫，透光度 20%～25%，于解冻前搭好。

(2) 合理调节光照　西洋参不同生育期及不同参龄对光照的适应和要求是不相同的。因此，对不同时期和不同年龄的参苗给以不同的光照条件，一般春季比较凉爽，透光度可大些，高温季节透光度可小些。一二年生平原地区透光度 18%～20%，三四年生透光度 22%～25%。合理的光照对减轻病害，提高保苗率和产量是一项重要的措施。更详细的调光技术参阅人参。

(3) 除草追肥　参畦内杂草要及时清除，拔草时注意不要把参苗带出来，一定要勤除。二年生以上的参苗，生长期间，可在行间开浅沟施腐熟有机肥或复合肥或 0.5%磷酸二氢钾液于花前进行叶面喷肥，每半月 1 次，亦可在花果期喷 2%的过磷酸钙（1 千克过磷酸钙加水 50 千克，浸泡 24 小时，在浸泡过程中要充分搅拌 3～4 次，取上清液），于傍晚喷于叶面，半月 1 次。中国农业科学院特产研究所用吉林化肥厂生产的人参长效复合肥每平方米在行间开沟施 100 克，结果增产 10%～25%。

休眠期追肥：二三年生参苗，待秋季回苗后或春季解冻后将畦面覆盖的稻草取下，将腐熟好的豆饼或复合肥撒入畦面，轻轻松土，使肥与土混合均匀，再将草覆好，可促进参苗生长，提高产量。

(4) 摘蕾　三年生以上的参苗，由于大量的开花结果，消耗过多的营养而使参根增长缓慢。因此，不留种子的地块，当花茎抽生 1～2 厘米时，选出晴天及时摘除，可提高小区产量55.9%，平均根重提高 52.7%。

4. 病虫害及其防治　西洋参的病虫害与人参类似。在我国，对人参、西洋参病害已报道的达 20 种之多，但危害最重的有下面几种：

(1) 黑斑病　发生普遍，为害严重，在整个生长季节都可为害，并反复侵染蔓延，可在很短时间内传遍参园，是毁灭性病害。在不同时期表现为根、茎、叶、花、果实上，一旦被病菌侵染很快可发现病斑。参苗在春季嫩茎出土通过覆盖物时可被病原菌侵染，并在近地面的绿茎上出现黄色或浅棕色病斑，若不及时控制，茎秆发黑倒伏枯死，叶部受侵染时，开始为小黄斑点。天气湿热，病斑扩大变黑，产生大量孢子传播蔓延，花梗及花染病后种子不能成熟并变黑干枯，根染病后也会逐渐烂掉。5月开始发病，6～8月最重。

防治方法：①种子消毒（见种子处理）。②加强田间管理，搞好秋季参园清理，将枯枝残叶清除集中烧毁以减少病源，早春参苗未出土前，用1%硫酸铜液或45%代森铵水剂400倍液喷撒参园消毒。喷撒范围包括畦面、畦沟、作业道及棚架等。③合理调节荫棚的光照强度，使西洋参经常处于最佳光照下生长健壮，增强抗病力。④加强药剂防治，并以预防为主，西洋参出苗展叶后，选对黑斑病高效且对植物低残留的几种农药如70%代森锰锌可湿性粉剂500倍液，45%代森铵水剂800～1 000倍液、多抗霉素100～200国际单位，有条件还可用咪唑霉400～500倍液轮流喷洒，7～10天1次，将病菌消灭在发病前，这是最保险最有效的措施。

（2）立枯病　在春季低温、高湿的环境条件下易造成危害，危害率一般达20%以上，其表现为幼苗成片死亡，其症状是病菌侵染幼苗茎基部，多在土表下3～5厘米干湿交界处，逐步扩展至茎内部，造成茎局部腐烂缢缩，地上部在新鲜状态下倒伏死亡，播种时覆草过厚地温低有利该病的发生。

防治方法：①土壤处理，常用药剂为50%多菌灵可湿性粉剂，50%福美双可湿性粉剂，50%敌克松可溶性粉剂等，在播种前每平方米用10～20克，均匀撒在床面，再拌入5～10厘米土中，然后播种。②用50%多菌灵或克菌丹按种子量的0.3%拌种。③发现病株立即拔除，对病穴周围的土壤以5%的石灰乳进行浇灌。然后用50%多菌灵300倍液或敌克松800倍液喷撒叶面及茎的基部，每7～10天1次，共2～3次，对病重的地块用药液浇灌至表土下 3 厘米，每平方米用药液 10 千克左右，以控制病害蔓延。

（3）猝倒病　发病时期、条件与立枯病相类似，早春低温、高湿的条件下容易发病，其症状是初期近地表处幼茎出现水浸状暗色病斑，很快扩大，茎基部变细变软，无力支撑地上部而倒伏死亡，土壤湿度越大，病株倒伏越快，有时在病部能看见白色棉状物，拔出根部观察，往往没有侧根，猝倒病幼茎变细变软不是在土表下干湿土交界处，而是从地表开始，容易与立枯病区别。

防治方法也是预防为主，预防黑斑病、立枯的种子消毒，土壤消毒及清洁田园、调节光照等对猝倒病防治均有效，发现病株应彻底拔除，集中深埋或烧毁，病区用 100 倍液的福尔马林或 0.2% 的硫酸铜液浇灌以控制蔓延。

（4）疫病　该病是西洋参成株期的主要病害，流行时可造成严重损失。初期症状与黑斑病相似，病斑呈深绿色水浸状，一般在 6～8 月的高湿多雨季节发病，叶片像开水烫过一样凋萎下垂，又称"搭拉手巾"高温高湿环境下蔓延极快，几天时间可全田死亡，疫病是土壤寄居菌，下大雨后，病菌随水流传播既快又广，往往由低洼地方开始发病，避免参地积水是防病措施之一。参根受侵染后，病根呈棕灰色，根皮容易剥离，内部黄褐色，散发出腥臭味，并迅速腐烂。

防治方法：疫病是毁灭性病害，同其他病害一样以预防为主，对种子和土壤消毒，加强田间管理，按时喷防治其他病害的预防药对疫病防治也有作用，25% 瑞毒霉可湿性粉剂 500 倍液喷雾对刚开始的地上部疫病效果好，若已发展至根部就治疗不好了，只得把病株拔除集中烧毁或埋掉，用 25% 瑞毒霉拌土撒于病株四周畦面，每平方米 10～20 克，对防止蔓延有较好效果。每年 4～5 月以 1:100 倍的农抗 120 水溶液灌根，连续 2～3 次，有较好防效。

其他病害尚有根腐病、锈腐病、炭疽病、菌核病等，主要虫害有金针虫、蛴螬、蝼蛄、小地老虎、夜盗虫等，可参阅人参、三七的病虫害防治。

（五）收获与加工

1. 收获 西洋参一般四年生收获。9～10月为收获适期，太早影响后期生长，太晚根内淀粉转化为糖，影响质量，以植株开始枯黄前收挖为好。

2. 加工 一般洗净泥土，干燥成原皮西洋参。干燥方法因地制宜，量少可直接用阳光晒，或放玻璃温室内干燥。收获量大的参场或专业户必须建烘干房。

（1）干燥房 干燥房建造及设备（略）。

（2）加工技术 加工流程分洗参、分等、装盘、晾晒、上架、干燥、整形、包装8道工序，其中装好盘的参必须在室外晾晒1～2天，每天翻动1～2次。晾是为减少干燥室的水汽，还可促使参质变软。影响质量的关键因素是控温、排潮及倒盘。

①控温 参盘放入干燥室后，先以28～30℃的温度控制24小时；此后，前期温度为30～34℃，中期35～37℃，后期38～42℃，最高不超过45℃，直到完全干燥。

②排潮 参盘进入干燥室前期应最大限度地开动排风扇，中期每隔15分钟排潮10分钟，后期每隔15分钟排潮5分钟。

③倒盘 干燥期间，要经常倒盘，将干燥室两侧和下层的参盘（低温）与温度较高地方的参盘调换位置，使之干燥一致。

一般每平方米可产鲜参1～1.5千克，高产的可达2.5千克。3.5千克左右鲜参可加工成1千克干参。

目前，国内外用远红外变温吸湿干燥新技术加工西洋原皮参，加工时间短、耗能少、质量好，符合国家标准。正推广应用。

四十三、人 参

（一）概述 人参（图43）来源于五加科多年生草本植物人

图 43　人参形态图
1. 植株　2. 根

参 *Panax ginseng* C. A. Mey. 因根如洗衣用的棒子，故有"棒槌"的别名。它原产中国、朝鲜半岛及俄罗斯，日本已引种成功。我国人参不论在应用历史、栽培面积、还是总产量上都居世界首位。主产区在东北三省的长白山地区，尤以吉林省最多，占总产量的 80% 以上。我国北方气候凉爽、湿润地区，南方高海拔山区也有栽培。以根入药；花、茎叶、种子等也可药用。生品味甘、苦，性微凉；熟品味甘性温。有大补元气、益心复脉、生津健脾等功能。主治失眠多梦、惊悸健忘、阳萎、尿频等一切气血津液不足之症。对高血压、冠心病、糖尿病、肿瘤等均有较好疗效。是年老体弱者扶正固本的重要滋补强壮药。

人参不仅是珍贵的滋补强壮药，而且在轻化工、食品、保健品方面有广泛的用途，同时还是我国出口创汇的大品种。但是在七八十年代，由于人参生产的盲目发展（因当时出口量一年比一年大，加之国家和农户对于生产过剩都缺乏认识，别的农作物很难获得资金，惟独发展人参容易得到银行贷款，促使东北地区国营参场、乡村集体参场及个体户一起上），致使 80 年代末 90 年代初，产销供求严重失衡，销售价格大大低于生产成本，严重挫伤了生产者的积极性，加之西洋参生产的不断发展，使得一些种人参户向西洋参生产转移，再就是人参的过剩和效益低下，促使人们开发人参为原料的新产品，如人参蜜片、人参脆片、人参晶、人参茶、人参雪花膏、人参护肤品（如大宝）、人参罐头等新品种不断走向市场，激发了人们的消费热情，加之中医药走向世界，其优越性逐渐被外国人接受，使人参销量增加，价格逐渐上扬，以普通 80 支红参为例 1989 年每千克 35～40 元，1993 年为 25～30 元，1995 年为 70 元，1997 至今为 150 元左右。

由于人参生长周期长，技术要求较高，加之近年来国家严格控制伐林种植人参和西洋参，短期内，人参的种植面积不易扩大，库存越来越少，出口和内需又逐渐增加，故发展人参的种植前景看好。

（二）植物的特征及品种简介　株高约 60 厘米，掌状复叶轮生，叶披针形或椭圆形，边缘有浅锯齿，主根肥大肉质，下部有分枝。伞形花序生于人参茎的顶端，花瓣 5 枚，绿色；雄蕊 5 枚，雌蕊 1 枚；花期 5 月底，7 月底 8 月初果实成熟，果实成熟前绿色，成熟后鲜红色，种子扁圆形，黄白色，表面有浅沟纹，大小如小黄豆。每株五年生人参可产种子 50～100 粒。

人参的主要农家品种有：

1. **大马牙**　主根粗短，生长快，产量高。以吉林省的抚松县为代表产区。

2. **二马牙**　主根较长，较粗，侧根较少，经整形栽培后具两条腿，似人形，称"边条参"，国际、国内均享有盛誉。以吉林省集安市为代表产区。

3. **长脖** 生长较慢，参体小巧玲珑，经多年培植可代替野山参，称"充山参"，以辽宁省宽甸县石柱乡为代表产区。

4. **圆膀圆芦** 植株大小及生长快慢均间于二马牙与长脖之间。

人参的育成品种：中国医学科学院药用植物研究所与吉林省集安一参场协作，经20余年努力，用系统育种方法育成了高产优质边条人参新品种"边条1号"。与此同时，中国农业科学院特产研究所也培育出了有效成分含量高的"黄果人参"和高产优质的"吉参1号"。以上品种正扩繁推广中。

（三）生长习性 人参从播种到收获一般需6年，地上部基本上是一年增加一片复叶，其复叶由3～5片小叶组成，一年生的复叶由3小叶组成，以后各年生复叶均由5片小叶组成，植株和复叶一年比一年大，复叶数一年比一年多，但六年生以后复叶数不再增加。地下部参根随地上部叶片的逐年增长而长大，平均单根重由一年生的0.5～0.8克增加到六年生的50～80克，最高可达200克。

人参三年生开始较大量的产籽，以后逐年增多，但留籽影响参根生长，因此生产上多在第四或第五年留籽1次，不留籽的年份于开花前将花摘除，如此可比每年留籽增产30%～50%。

人参的祖先是生长在森林中，它的生长习性有以下四大特点：

第一，由于长期生长在疏松透气的森林腐殖质土中，因此对土壤要求比较高，土壤有机质含量要求丰富，并充分腐熟形成团粒结构，能保水保肥，当水分较大时也不影响透气。

第二，长期适应于较荫蔽的环境，但也不能没有阳光，所需阳光多少随不同地区的不同温度而变化，温度低的地区所需光较大，温度高的地区需光较少，一般在全光照的15%～35%范围内变化。

第三，喜欢凉爽的气候和充足的水分，月平均气温以不超过25℃为好，既需要充足的水分，又要防止水分过大，严禁水泡，土壤水泡后板结不透气，人参的根会窒息而死。

第四，人参长期处于荫蔽环境，叶片组织结构较脆弱，多为薄壁组织，栅栏组织少，病菌容易入侵，因此种植人参防治病虫害是重要环节。

（四）栽培技术　人参的种植主要有林地栽参和农田栽参。

1. 林地栽参

（1）选地整地　宜选用坡度15°以下的阔叶林地，pH 为5.5～6.8，腐殖质含量高的沙壤土或活黄土。一般头年刨地第二年种参，使土壤熟化，增加肥力减少病虫害，整地前可将饼肥、50％多菌灵可湿性粉剂、25％西维因可湿性粉剂分别按每平方米50克、10克。15克施于地面，拌入土中，作成宽1.2～1.4米，作业道0.5米，高25厘米左右的畦。根据中国农业科学院特产研究所试验，每平方米施150克人参长效复合肥（吉林化肥厂生产）可增产10％～25％。

（2）繁殖方法　用种子繁殖。

①种子催芽处理　春、秋播均需催芽。因人参种子属于胚发育不完全类型，新采收的种子胚很小，如针尖大小，肉眼几乎看不见，需与湿沙拌匀保湿贮藏，经12～20℃昼夜变温条件下3～4个月，让种胚长大，将种壳胀开，使种子裂口，这一阶段称为"形态后熟期"，再经5℃左右的低温贮藏2～3个月，完成"生理后熟期"，种子才能出苗。

根据催芽和播种时间的不同分为夏催冬播和秋催春播，前者是用上年的干籽，于6月底前催芽，多在室外进行，有充足时间和自然的高、低温度完成形态后熟和生理后熟，播后出苗好，苗全苗壮。后者是较寒冷参区，为使当年产的籽第二年能出苗，采收后必须立即进行催芽，由于时间晚，自然的温度不能满足形态后熟的要求，往往需要人工加温。由于温度不好控制，一般不采用。

催芽方法有箱槽式催芽和床土自然催芽两种。第一种要求条件高，技术性强，管理环节多，易产生烂籽现象，后者简便、省工、省料，种子裂口整齐，效果好，生产上多采用。具体操作是头年的干种子于6月底前，先用凉水浸泡一昼夜，捞出稍微晾至种子表面无水，当年籽于8月5日前必须进行处理，可利用整好等待栽参的土垄或参畦，做成宽100厘米，深10厘米的平底槽，先在槽底铺一层尼龙纱网，将种子和过筛沙土1:3混合均匀，装入槽内厚5～7厘米摊平，在种层上盖一层尼龙纱网，上覆参土5～10厘米，将床面耙平，上盖一层树叶或山草，既防雨水冲刷又保温保湿。天旱浇水，夏季防涝，催芽期间除保持不干不润外，一般不进行特殊管理。6月处理，10月上旬可取出播种。如果春播可加厚防寒物，以利越冬。用此法处理当年籽，后期要床面盖膜保温，待种胚发育完好再撤膜防寒，让种子通过形态和生理后熟期，有利春播出苗。

②播种　东北人参产区，气候较温暖的地方如吉林省集安市等地，7月份采种后立即播种，种子在土壤中利用自然的温度，可完成"形态后熟"和"生理后熟"，第二年春可正常出苗，气候寒冷的地方如吉林省抚松县等地，当年播种第二年不能出苗，若要第二年出苗，就必须采用上述催芽方法。

播种方法，一般撒播，每平方米用种子25～35克，覆土3厘米左右。也可点播，用5厘米×5厘米的行距压孔器先压好3厘米深的孔，每孔内播1粒籽，覆土3厘米，点播稀密均匀，但较费工，多用于科学试验。生产上劳力许可的情况下也应采用。播种后要立即盖上树根、山草等物，既可防止雨水冲刷畦面及土壤板结和干燥，又可防止冬春的缓阳冻（上冻后因阳光直射速化，入夜又速冻，如此使种子、参根受害称缓阳冻）。注意上冻前覆盖物不宜过厚，否则温度不够，种胚发育不好，春天出苗差。

③移栽　由于地区不同，土质、气候等条件各异，吉林人参产区形成了两大参区，即以集安市为代表的边条参区和以抚松县为代表的普通参区。两大参区种植方法有别。

普通参的栽培：普通参区以农家品种大马牙为主，当地土壤较黏，雨水渗透较慢，且气候冷凉，参根不易下扎，参体短粗，基本上是三年生移栽，六年生收获（移栽后长 3 年），称为"三三制"栽培。加上当地雨水较多，腐殖质层厚，若移栽时下须，栽后会烂根，因此，不能培育边条参。

边条参的栽培：边条参区以农家品种二马牙为主，土壤沙性大，雨水渗透快，气候温暖，参根易往下扎，三年生移苗时要"整形下须"，即将参苗上的侧根和须根全部掐掉，只在主体的下端留两条长而粗的侧根，将来长成两条腿，使参根如人形美观，由于二马牙不如大马牙生长快，为使边条参等级提高，移栽两年后挖出将不符边条参要求的参根加工，将体形好无病斑的参再栽种 2 年，七年生收获，这种三年生移苗，五年生再移苗各长 2 年收获的栽参制称"三二二"制。"下须整形"，栽后不烂，这是边条参区的特点，普通参区下须栽后会烂，因此不能下须。

移栽时期秋天春天皆可，秋栽在 10 月中旬至土壤上冻前进行，春天土壤化冻人参即出苗。因时间短暂，只能小面积采用。移栽前应选健壮、无伤口病斑的参苗，按大中小分等栽种，否则参苗参差不齐影响生长。三年参苗行距 20～25 厘米，每米行长栽 12～16 株，覆土 7～10 厘米。

（3）田间管理

①去防寒物　早春土壤解冻后，将畦面防寒物去掉，疏松畦面，使成瓦背形，再覆盖落叶等物。

②搭设遮荫棚架　种植人参必须搭棚遮荫，根据棚架的高矮和外形来分，有高棚、矮棚、平棚、脊棚、拱棚之分。按透光、透雨情况来分有单透棚和双透棚之分，单透棚只透光不漏雨，双透棚既透光又透雨。双透棚因未用塑料薄膜隔雨，只适用于雨水

较少，土壤透性好，腐殖质含量不太多的地区采用，还必须畦面覆盖，否则雨水冲刷、浸泡，致使土壤板结，病害严重。不论什么棚都必须使帘子的稀密度，也就是说必须使荫棚的透光度不大也不小，一般是透光 15%～30% 为好，随不同地区、不同季节，温度高低不同最适透光度也是不同的，因此要适当调光。如吉林省长白县气候较冷凉，5 月只盖一层膜，6 月一层膜加一层花帘，7 月一层膜加两层花帘，8 月同 6 月，9 月同 5 月，用这种方法达到了大面积单产 2.25 千克/米² 的记录。

③施肥　人参以基肥为主，多施有机肥可改良土壤。追肥宜早施，肥料必须腐熟，以免肥害。移栽后的参苗可于出土后在行间开浅沟，将农家肥（猪粪、牛粪、马厩肥每平方米 5～10 千克或饼肥、过磷酸钙或复合化肥每平方米 50 克左右施入沟内，覆土。施肥后应及时浇水，否则土壤干旱容易发生肥害。

④摘蕾　人参三年生开始产籽，但数量小。四年生以后产籽量较多，一般 4、5 年生留种 1 次，其他年生均于 6 月初开花前将花蕾摘掉使营养集中可提高根产量和质量。

⑤防旱排涝　旱季要浇水防旱，单透棚又无灌溉设备的地方要暂时去掉塑料布放雨后再恢复。雨季要挖通排水沟，补好漏雨的塑料膜，避免涝害。

⑥越冬管理　土壤封冻前（10～11 月）在畦面覆盖树叶、稻麦秆、蒿草及作业道土等，厚度 10～20 厘米，以防缓阳冻伤害芽孢影响第二年出苗。冬季雪大严寒地区还应将棚上塑料膜和帘子撒下，既可防止大雪压坏参棚又可让冬雪落积参畦，防寒保墒。

（4）病虫害防治　人参病害有 20 多种，为害较重的主要有：

①人参黑斑病　发病率 20%～30%，严重者 80% 以上。5～6 月开始叶片出现黄色斑，逐渐扩大变成黑褐色，下雨或空气湿度大时出现黑色孢子，若不防治几周内全田蔓延落叶枯死。防治方法：采无病植株的种子，播前用多抗霉素 200 国际单位浸泡

24 小时，防止种子带菌传染。加强田间管理，特别是光照适宜；以预防为主，用对黑斑病有效的 70％代森锰锌可湿性粉剂 500 倍液，45％代森铵水剂 1 000 倍液，50％咪唑霉可湿性粉剂 400 倍液交替使用每 7～10 天喷 1 次，喷药后遇雨应立即补喷。

②人参疫病　症状是叶子像被开水烫过一样，6 月零星开始，7～8 月高温多雨流行，传播很快。发病初起用 25％瑞毒霉可湿性粉剂 400 倍液喷撒，效果很好。

③人参立枯病　是人参苗期主要病害之一，病菌使幼苗在地面 3～5 厘米干湿土交界面的茎部缢缩、腐烂，切断输导组织，致使幼苗倒伏。防治方法：播种前用 20％甲基立枯磷乳剂按种子量的 0.2％～0.3％拌种消毒（无甲基立枯磷可用 70％敌克松可湿性粉剂代替），苗期用 20％甲基立枯磷乳剂每公顷按 1 000 克有效成分加水喷药，防效超过敌克松。发现病株应立即拔除，并用 300～500 倍液的 20％甲基立枯磷乳剂灌根，以防未病植株发病。

④人参菌核病　该病危害参根，病根软腐呈白色，根皮易剥离，后期仅存根皮。40％菌核利可湿性粉剂或 50％多菌灵可湿性粉剂土壤消毒每平方米 10 克左右可预防。

⑤人参锈腐病　该病发生于根的各部位，病斑呈铁锈色，由点至面扩散至全根，土壤湿度大、透气不好、腐殖质层厚发病重。防治方法：选择排水、透气良好土壤，提前一年刨地，施腐熟肥料，用 50％多菌灵可湿性粉剂等农药土壤消毒，每平方米 10～15 克。移栽时避免参苗受伤等措施防治。

⑥虫害　为害人参的害虫有十多种，其中以蝼蛄、蛴螬、金针虫、小地老虎、夜盗虫等为害最甚。防治方法：采用综合防治，提前整地，施高温堆制的充分腐熟的肥料，灯光诱杀成虫，搞好田间卫生、人工捕杀等。药剂防治：可在整地时每平方米用 40％辛硫磷乳油 0.4 克或 25％西维因可湿性粉剂 15 克拌土施入，生长季用 50％可湿性敌百虫 1 千克拌入 20 千克炒香的麦麸

或豆饼加适量水配成毒饵撒于畦面诱杀；对于难治的金针虫则用煮熟的马铃薯或谷子拌上 50％ 可湿性敌百虫粉后做成小团埋入土中，诱虫入团，人工捕杀。

（5）良种繁育　根据当前的实际情况，人参生产上良种繁育应抓以下三方面工作：

第一，普通参区应选大马牙一二等参留种，边条参区应选二马牙一二等参留种。

第二，用 5 年生植株上结的种子。

第三，开花前摘去花序中间小花，留周围的大花使种子充实保满。

2．农田栽参　利用种植农作物的土地栽培人参叫农田栽参，它是保护生态环境，解决参业与林业矛盾，持续发展人参产业的重要途径。因为林地栽参需将林地耕翻，完全破坏了植被，致使水土流失、山体滑坡，失去了生态平衡，不利于农业生产的持续发展。为此，从 1983 年开始，我们接受国家"六五"攻关课题"人参农田栽培技术研究"的任务，经 6 年努力，通过单项研究并在大面积上经过验证而形成的以改土为中心、灌水、调光及防治病虫害为主要措施的适宜我国东北华北应用的一整套农田栽参技术已基本成熟，如在北京中国医学科学院药用植物研究所内 2 060 米^2 的面积上获得了每平方米 2.27 千克鲜参产量，一二等参占 84％ 的水平。

农田栽参与林地栽参方法基本一致，下面仅简介与林地栽参不同的技术措施，未介绍的措施参照上述林地栽参技术即可。

（1）选地　选择肥沃、疏松、排灌方便的沙壤土，若黏壤土必须加沙会增加成本。前茬以玉米、豆类、小麦等作物为好。

（2）土壤改良　农田土与林地土最大的区别是有机质含量不足，团粒结构差，透气性不好，对长期适应于疏松肥沃林下土的人参是不利的，因此必须改土。其方法是种参的前一年，至少是当年的春天，将大量腐熟的猪圈肥、堆肥、草炭等按每平方米

0.1米³施入，若再加上头年湿玉米秆扎成段经堆沤腐熟后施入地里更好，用旋耕机或畜力犁每月耕翻一次，使之充分腐熟，日光杀病虫，种参前1个月做成土垄，再翻捣两次，此时可每平方米施多菌灵、敌百虫或西维因等进行土壤消毒，以进一步杀灭病虫。为便于灌溉、喷药等田间管理，最好搭2米左右的高棚，作业道40厘米左右，过窄不利排水。

（3）排灌　华北地区农田栽参可用滴灌或微喷等先进灌溉技术，既省水土壤又不易板结。试验结果表明，农田栽培的人参对土壤的干湿度反应很敏感，在土壤相对含水率84%以内，人参产量随土壤湿度的增加而增加，微型喷灌比皮管浇灌增产16%～111%；微灌技术与参畦覆盖措施相结合，更能发挥节水、增产作用，在土壤相对含水率为80%的情况下，畦面盖草比不盖草节约灌溉用水50%，增产41%。由于农田土有机质不如林地土高，孔隙度也相应少，因此人参生长的相对含水率不能高于84%，否则透气性不够影响生长。

（五）采收加工

1.收获　人参一般6年收获，为了培育大支头边条参，需多移栽1次7～9年收获。研究表明9月中旬收获最好，产量高折干率也高，且质量好。

2.加工　收获的参根要及时加工，堆放时间过长影响商品质量。加工的品种常见的有红参、生晒参和糖参。

（1）红参的加工　选浆水足无病斑的参根，用机器或手工刷洗干净，按大中小分级，分别摆放蒸盘上，数量少可用蒸锅或蒸笼，数量大可用蒸柜，烧柴或锅炉蒸汽，温度由低到高，再由高到低，即由30℃→60℃→90℃→96℃→70℃共需5～6小时，若无良好的控温设备，可从水开后算起蒸3小时左右。蒸好的参要摆于晒参盘中晾晒一段时间再进干燥室，干燥分两个阶段，第一阶段温度70～80℃烘烤10～15小时；第二阶段40～45℃，直到干燥为止。烘烤过程中应及时排潮，待侧根干燥后，剪去须及支根下端较细部分，剪下须捆成直径 3 厘米小捆，与主体一起干燥，干后分等装箱。

（2）**糖参加工方法**　选浆水不足、缺头断尾的参根，去掉主侧根上毛须，刮去病斑，放沸水中炸 20～40 分钟，小的炸时间短些。炸好的参用"排顺针"给参体扎孔，便于糖浆进入参内，将扎好孔的参根摆放缸内，参头向缸壁，根尾向缸内，上铺竹帘上压石块，把熬好的白糖倒入缸内，浸没参根，放置一夜取出人参第二次扎排针，灌糖，如此重复 3 次，放室外晾至不粘手，再放 35～40℃干燥室干燥。干燥后用开水淋去体表黏附的糖，控干后放熏箱中用硫磺熏 4 小时即成。第一次糖浆是 50 千克糖加水 10～12 千克。第二次是第一次灌糖后的糖浆加糖 25～30 千克糖。第三次是第二次糖浆加糖 15～17 千克。500 克人参可以生产 1 000千克糖参。

（3）**生晒参加工方法**　洗净的鲜参摆放在烘干帘上晾晒后，在 40～48℃温度下烘干即成，烘时也应注意及时排潮，以免颜色变红变黑。

四十四、三　七

（一）概述　三七（图 44）别名田七、金不换、人参三七等，来源于五加科多年生草本植物三七 *Panax notoginseng* (Burk.) F.H.chen、*P.pseudo - ginseng* Wall.var.*notoginseng* (Burk.) Hoo et Tseng 主产于云南、广西等地。以根、根茎入药。味甘、微苦、性温。生品有止血化瘀，消肿定痛的功效，用于吐血、便血、崩漏、跌打肿痛、外伤出血等症；熟用有补血益气的作用，近年来用于治疗冠心病、心绞痛、心肌缺血、消化性溃疡、前列腺肥大、黄疸性肝炎；并有防癌抗癌作用。花的冲剂治疗高血压有良好的效果。

三七是传统的名贵中药材，除内销外，还是我国大宗出口创

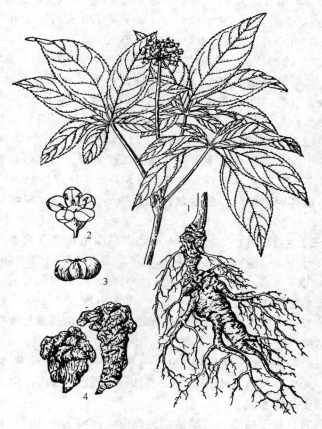

图44　三七形态图
1.植株全形　2.花　3.果　4.生药

汇产品，并广泛用于生产各类保健品、化妆品等，驰名中外的
"云南白药"、"白药精"就是以三七为主要原料精制而成。

　　但在80年代中后期，由于盲目发展使之产大于销，致使价
格猛跌。从90年代开始，市场长期处于低势，种植者严重亏损，
致使产区逐渐缩小，库存三七逐年耗空，加之三七生产周期长，

投资大，种植技术复杂，其供求矛盾今后将更加突出，1997年每千克60头的三七130～140元，每千克120头的三七85～105元，2000年每千克80头的三七60～70元。

（二）植物特征 株高20～60厘米，主根肉质膨大成块状、圆锥形或短圆柱形，有分枝，表面棕黄色或暗褐色，茎圆柱形，绿色或紫红色，叶为掌状复叶，对生或轮生于茎顶，小叶5～7片，椭圆或长圆状倒卵形，基部一对较小，主根上端与地上茎之间有一段不光滑的部分称为根茎，每年从根茎上长出新的地上茎，冬季苗死后，在根茎上残留痕迹，根茎随三七年龄的增加而变长。三七二年生才开花，花期7～8月，8月开始结果，浆果肾形，成熟时鲜红色，后变紫色。有种子1～3粒，扁球形，白色。

（三）生长习性 三七原为亚热带高山植物，喜欢冬暖、夏凉的气候，凉爽湿润的环境。要求年均温在15～19℃，最高温在37℃以下，最低温在7℃以上，且高温、低温时间短暂。若夏季气温高达30℃，且超过4天，叶片常出现萎蔫症状，且植株易感病，若冬季温度太低，即便采取防寒措施也易被冻死或不能开花结果。

三七要求空气湿度在70%～80%，土壤相对含水率在25%～30%，土壤含水率低于20%则严重影响出苗，但水分过多也易引起根腐病。

三七是林下植物，栽培需搭棚遮荫，荫棚的透光度应随不同地区、不同海拔高度及不同季节而不同。

（四）栽培技术

1．选地整地 林地种三七，宜选团粒结构良好、疏松的红壤或棕红壤。以土质上层疏松，底层紧密，排水良好，富含腐殖质，pH6～7为宜，低洼盐碱、黏重地不宜选用。地形应为缓坡地，坡度5°～10°，有利排水，搭棚等。坡向以朝东南坡为好，因西向坡日照强烈，发生红蜘蛛、炭疽病较为严重。三七地的海拔高度应在 700 米以上，海拔低，气温高，昼夜温差小，植物夜间呼吸作用强，消耗养分大，积累少，产量低。

利用农田种三七，前茬以玉米、花生、豆类作物为好，忌选茄科作物及荞麦等为前茬。将选好的土地多次耕翻，使土壤充分风化细碎，通过日晒杀灭土壤中虫卵和病菌，尽量除去石块、树根、杂草等，最后一次翻耕时可在表土上撒一层石灰，每公顷约375 千克，这样可加速土壤风化和杀死表土上的病虫害。做成宽50～60 厘米，高 15～18 厘米，沟宽 40 厘米的畦。基肥每公顷一般施 45 000～60 000 千克，牛粪占 30%～40%，草木灰占60%～70%，钙镁磷肥每公顷 375～450 千克。基肥必须充分发酵腐熟，打碎后均匀撒在畦面上，翻入畦内 6～10 厘米的土层中。

2. 搭荫棚、围篱　三七生长怕强烈日光，需在做畦前搭好荫棚（俗称天棚），荫棚透光度以 60%～70% 为宜，超过 70% 产量明显下降。在透光度 30% 以下，三七产量和质量都明显受影响，植株生长已出现不正常状态，甚至死亡。三七园的四周用木材、蕨草、玉米秆等作成围篱，防止牲畜闯入践踏和阳光直射。围篱应与园倾斜成 40°～60° 左右，三七园的西南面阳光强烈，围篱应密些。东北面应稀一些。三七棚架必须牢固，以免被风刮倒，造成损失。棚顶要求平整，若高低不平，难于调光，影响三七生长。荫棚的形式有两种：

（1）木材结构　按 2～2.5 米间距挖坑埋设立柱，埋深 30～40 厘米，立柱高出地面 1.6～1.8 米，前后立柱要对直成行，立柱上事先预制凹口，安放横杆，横杆上按 18～20 厘米间距放小顺杆，并用铁丝扎牢，顺杆上按要求的透光密度铺草，并用压条将盖草固定好。

（2）水泥柱、铁丝结构　埋柱方法同（1），柱上拉铁丝，再用芦苇编成 10～12 厘米的小方格，上再盖上铺草。

3. 繁殖方法

（1）采种育苗　选出无病虫为害，生长健壮的 3～4 年生的三七园采种，种子在 10～12 月陆续成熟，一般分三次采收。应选用第一、二批采收的种子，因成熟饱满，鲜籽千粒重在 300 克左右，发芽率高。种子发芽温度范围 10～30℃，最适温度 20℃，最佳保存方式是湿沙贮藏，种子不能曝晒，因干燥后容易丧失发芽力，种子收后，自然存放时间一般不宜超过 7～15 天，最好随采随播。

11 月播种，种子用 65% 代森锌 200～300 倍液，浸种 15 分钟或用波美 0.2～0.3 波美度石硫合剂消毒 10 分钟。播种前先将畦面整平压紧，然后用木刀或特制播种板在畦面上按行株距 6 厘米×6 厘米或 5 厘米×5 厘米划印行或开穴，深 1.5 厘米，每穴播种 1 粒，覆土 1.5 厘米，然后撒一层草木灰与腐熟农家肥各半的混合肥，畦上盖稻草或不带种子的杂草，厚约 4 厘米，每公顷用种量 450～540 千克。

（2）子条移栽　种子育苗，经过一年生长的三七根称“子条”。子条应在播后第二年 1 月前，休眠芽尚未萌动前移栽，移栽前若土壤干旱坚硬，可提前 2～4 天浇水，待土壤湿润后再挖苗。

挖苗时注意去除断根，严重病虫害的子条，并按大小分四级。千株重 1.5～2.5 千克为一级，1～1.5 千克为二级，0.5～1 千克为三级，0.5 千克以下为四级。子条因大小不同要分级种植，大的应疏植。一级，二、三级和四级的行株距分别为 20 厘米×20 厘米，20 厘米×15 厘米和 15 厘米×15 厘米，按行距开成深 3～5 厘米沟，种植前种苗需消毒，方法同种子。将子条芽头向下倾斜约 20°栽下。栽后盖土 3 厘米左右，再盖上稻草厚约 4 厘米左右。

随三七制品的增多，现阶段 80% 以上三七原料为医药工业所消耗，工业加工对三七的传统规格无特殊要求，为降低成本，大多数厂家喜欢选用小规格三七，为适应市场需要，适当提高种植密度，以获得最佳的经济效益，在中海拔地区，三七的种植规格以 10 厘米×15 厘米或 10 厘米×12.5 厘米，即公顷种植密度 2.6 万～3.2 万株为宜。

4．田间管理

（1）淋水与防涝　遇春旱或秋旱，应在早上或傍晚，用洒水壶轻轻洒在叶子和土壤上。多雨季节，若积水过多，高温高湿，叶子易凋萎，病虫害也较多，尤其根腐病易发生，因此应在雨季来临之前，使园内和周围的排水沟畅通无阻。

（2）除草追肥　除草宜选雨后 1～2 天进行，注意不伤根系，出现小洞和根裸露的地方，应用细土薄薄覆盖。追肥应掌握"少量多次"的原则，以保证整个生育期的需要。出苗初期在畦面施草木灰 2～3 次，每次每公顷 375～450 千克，以促进幼苗组织健壮，减少病虫害；4～5 月每月追施粪灰混合肥一次，每公顷 7 500～15 000 千克，促进植株生长茂盛。混合肥中牛粪占 30%～40%，草木灰占 60%～70%；6～8 月三七进入孕蕾开花结果阶段，应追混合肥 2～3 次，每次 15 000～22 500 千克，混合肥比例同上，另加磷肥 6 250 千克左右。

（3）调节荫棚围篱透光度　荫棚的调节应根据不同季节来决定，早春气温低，透光度应大，为 60%～70%，以锻炼幼苗，促使其粗壮，清明后气温升高，荫棚应半荫半阳；还应根据建园的地点来调节，在山脚或有高山遮荫的，则宜调大透光度，平原宜减少透光度。西面日照强，围篱应密，透光 40%～50%，东南面可稍疏。此外，离地面高 50 厘米的可拆去，以利空气流通和降低湿度。畦面上覆盖的稻草等，俗称"地棚"，具有防止杂草生长、保湿和防止土壤板结等作用，但地棚不宜过厚，否则土壤湿度大，会导致地棚发酵对三七生长发育产生不利影响。

（4）摘花薹　不留种的三七摘除花薹，不让养分向花方向运输，产量可提高 1 倍左右，同时抗病力增强。因此，应在 6 月上旬花薹刚抽出 2～3 厘米时摘除。

留种田应选择生长健壮、无病虫害、结果饱满的三四年的三七，于 6 月抽薹时，在花盘周围密生的小叶片（俗称"花叶"）会消耗大量养分，对开花结果不利；同时可摘除个别变异花过多的花序和不结果的小花序，使养分集中。为防止果实太多，坠断植株，可搭小架子支撑。

（5）冬季护理　收种后的半月，应将离地面 3 厘米左右的地上茎剪去，收集已枯死的茎叶，除净园内外杂草，全部集中园外烧毁，并用 0.2～0.3 波美度石硫合剂对土壤进行全面消毒，然后施腐熟混合肥，再盖上新的地棚，遮荫棚透光度应调到 60% 左右，使园内光增加，提高地温，对翌年生长发育有促进作用。

5. 病虫害及其防治　三七病虫害较多，已知的有 30 多种，应预防为主综合防治。

（1）根腐病　又名鸡屎烂，为害根部，受害根部黑褐色，逐渐呈灰白色软腐浆状汁，有腥臭味。多发生在 6、7、8 月雨季，种植年限越长，发病越严重。病株常由侧根先烂，延及主根，或在根状茎头及茎基部出现黄褐色病斑，不断扩大蔓延，致使全部腐烂，病株出现叶色不正常，继而地上部萎蔫，下垂直至全株枯死。防治方法：栽培前严格选地，切忌连作；加强田间管理，抗旱排涝，使用充分腐熟的农家肥，移栽时不要伤根，防止地下害虫为害；发现病株，及时拔除，病穴内撒石灰消毒，以防蔓延。也可用 58% 瑞毒铜可湿性粉剂或 50% 多菌灵可湿性粉剂灌根防治，氨基酸金属螯合剂对三七根腐病有较好防治效果，综合防治达 73.74%，接近进口农药 58% 瑞毒霉锰锌可湿性粉剂。药剂防治是尽快控制三七根腐病发生蔓延的重要措施，杀细菌剂与杀真菌剂复配使用，防治效果优于单用，如 10% 叶枯净可湿性粉剂加 70% 敌克松可湿性粉剂加细土（1 千克:1 千克:150 千克）。

（2）炭疽病　叶上病斑灰绿色，有同心轮纹，后变褐色，上生粉红色或黑色孢子堆，后期破裂穿孔，高温干燥天气，呈"干枯"状，雨季呈"湿腐"状，4～5 月干旱天气和 7～9 月高温高湿天气有利发病。防治方法：调节好荫棚透光度，使透光均匀；清园，处理病残体；发病初喷 1:1:200 波尔多液或 70% 代森锰锌可湿性粉剂 800～1 000 倍液。

(3) 立枯病　为苗期的主要病害，出苗前发病，种子软腐，不出苗。出苗后发病，在幼苗基部，出现水渍状病斑，褐色凹陷，渐渐缢缩，幼苗倒伏死亡。防治方法：种子用 0.1 波美度石硫合剂消毒；早春荫棚透光度要求在 60%～70%，以增加园内阳光；发现病害，每公顷撒草木灰 375 千克，并喷 50% 甲基托布津可湿性粉剂 1 000 倍液或 50% 多菌灵可湿性粉剂 1 000 倍液。

(4) 疫病　又名清水症，是苗期毁灭性病害。4～5 月开始发病，7～8 月发病严重。开始时叶片出现暗绿色不规则病斑，随后病斑变深色，叶片像被开水烫过一样下垂。防治方法：发现病株立即拔除，将其集中烧掉或深埋，冬季拾净枯枝落叶清洁田园，并用 1～2 波美度石硫合剂喷畦面消毒。未发病前用 1:1:300 波尔多液或 65% 代森锌可湿性粉剂或 50% 退菌特可湿性粉剂 500 倍液喷撒，每 7～10 天 1 次，连续 2～3 次。

(5) 黑斑病　高温多湿多发病。病株茎叶产生水渍状褐色病斑，病斑中心产生黑褐色霉状物，病重的茎叶枯死，果实霉烂，此病在云南发生较多。防治方法：根据三七黑斑病发生规律，实行轮作，调整荫棚透光度为最佳光照，做好清除菌源及合理的肥水管理是防病的基本措施。在病害盛发季节，用 50% 扑海因可湿性粉剂 1 000 倍液或 10% 多抗霉素可湿性粉剂 100～200 倍液或 75% 百菌清可湿性粉剂 1 000 倍液喷雾。

(6) 红蜘蛛　通常在 4～5 月为害，这种害虫专门吸食组织内养分，致使叶片变黄脱落，可用 20% 双甲脒乳油 1 000～1 500 倍液喷雾防治。

（五）采收与加工

1. 收获年龄及时间　三七随着栽培年龄增长，产量亦递增，但五年生三七增长已缓慢，往后主要是根状茎的增长，同时 4 年后，三七棚架也大都腐朽，土壤板结，烂根增多。因此，三七收获的年龄，以四年生较适宜，而收获时间，则以开花期 8~9 月比收果后的 11 月为好。

摘花薹者，因减少养分向花果的输送，而叶片继续合成新的养分，致使产量仍逐月提高。因此，应推迟到 11 月收获较好，12 月以后新芽已萌动，养分随之转化，产量和质量反而降低。

2. 加工方法　挖取后摘除地上茎叶，全根放入竹篓内，用水洗净泥土，剪去须根，注意冲洗要快，浸泡时间不能超过 5 分钟。浸洗后摘下细须根，将已去掉须根的三七，按个头大小分三级，放置太阳下曝晒 2~3 天，约六成干，手捏根体变软时修剪。

(1) 修剪　将根状茎分别剪下，并分别晒干，但应离块根表面 1 毫米处下剪，待干燥收缩后，剪口正好与块根表面相平，成品表面光滑美观。

(2) 晒揉　修剪后的三七主根要边晒边搓，晒 2~3 天后进行第一次揉搓，用力要轻，以免破皮，以后反复日晒，揉搓，使其坚实。或将块根放入旋转滚筒内，使块根相互碰撞摩擦，以后每晒一天揉搓 1 次，或放入滚筒内旋转 1 次，如此反复 4~5 次，直至块根光滑圆整，干透为止。

如遇阴雨连绵天气，必须用火烤，因此需要在室内建烤炉。用火烤三七，要注意掌握好温度，一般温度 36~38℃，若温度太低，不但延长烘烤时间，而且块根容易霉烂，温度过高，会将块根烤焦。火烤三七，火力必须均匀，不能忽高忽低。烤时要勤翻动，层与层之间也经常调换，才能使产品坚实，不会发生烤焦或产品内部出现空泡等现象。

(3) 抛光　为了提高外表的光滑度，已干燥的产品，可再进行 1 次揉搓或放在滚筒中滚动，并在揉搓时或滚动中加些龙须草或青小豆或蜡块、粗糠等，以便增加摩擦，使产品光滑好看，质地更坚实。正常情况，完成上述工序约需半月时间。每公顷产

900～1 800 千克干货，高产者可达 3 000 千克。

3. **产品质量与规格** 三七产品包括"七头"、"筋条"（支根）、"剪口"（根茎）、"七叶"、"七花"等。七头为主要产品，以每 500 克重所具有个数，按其大小分为多种规格，每 500 克 20 个的称为 20 头，每 500 克 40 个的称 40 头，依此类推有 60、80、120、160、200 头等规格。每 500 克 200～300 个的称外头，300 个以上的称无头数。另外剪口七（支根）、七须（须根）、三七叶、三七花等亦供药用。

七头以干燥、结实光滑、个大、质坚、色灰、无须根、无虫蛀、无霉烂者为佳。

四十五、砂　　仁

（一）概述 砂仁（图 45）来源于姜科多年生草本植物砂仁 *Amomum villosum* Lour. 俗名阳春砂、春砂仁。主产于广东省阳春、信宜、高州、广宁等县，广西的那坡、靖西、德保、武鸣和云南省景洪、勐腊等地。福建省、海南省亦有种植。以干燥果实或种子团入药。种子含挥发油，主要成分为乙酸龙脑脂、樟脑、柠檬烯、龙脑等。叶中也含有少量的挥发油。味辛、性温。有行气、温中、健胃、消食和安胎功能。主治胃腹胀痛、食欲不振、恶心呕吐、妊娠胎动等症。国内年需量约 150 吨以上。市价 90 年代每千克 70 元左右，目前已涨到 100 元左右。

（二）植物特征及品种简介

1. **植物特征** 株高 1.2～3 米，茎圆柱形。匍匐茎沿地面伸展，芽鲜红色，锥状；直立茎散生。叶二列，叶片狭长椭圆形或线状披针形，长 15～40 厘米，宽 2～7 厘米，全缘，几无柄；叶鞘抱茎。从根状茎抽出松散的穗状花序，花萼管状，白色，先端 3 齿裂，花冠基部联合成管状，白色，花瓣 3 片，大唇瓣卵圆形，中央有淡黄绿色带红斑点的带状条纹，发育雄蕊 1 枚，雌蕊

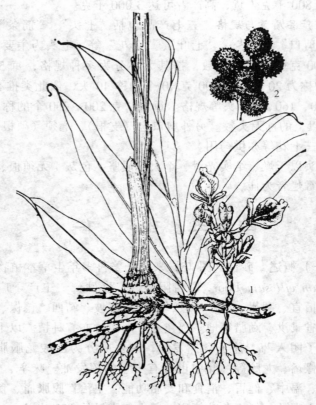

图45 砂仁形态图

1、3.全株 2.果实

1枚，蒴果椭圆形或球形，直径1.5～2厘米，熟时棕红色，果皮具柔刺。种子多数，呈多角形，熟时黑褐色。

2.品种简介 目前生产上面积最大的当家品种是阳春砂仁，其次是绿壳砂仁和丰收型阳春砂仁。绿壳砂仁1980年来源于广东华南植物园，原为云南和广东两省推广的品种。丰收型阳春砂仁是1979年从广西药用植物园阳春砂仁中发现的一个新变异株选育出来的，它具有抗逆性强产量较高的优点，特别突出的是花粉多，发芽力强，用人工授粉结果率高，同时由于花的唇瓣张开较大，有利于昆虫传粉，因此是有发展前途的新品种。

（三）生长习性

1. 生长发育　由种子出苗的砂仁苗具 10 片叶左右时，茎基部长出匍匐茎，匍匐茎顶芽萌发向上生长成幼笋，并长出直立茎，此为第一次分生植株。分株苗也以同样方式不断分生新植株而形成砂仁群体。砂仁种植后头两年增生分株快，在适宜条件下，一般每个母株可增生 7～9 次，达 43～46 株，母株相对死亡5～7 株。植后两周年，进入开花结果阶段，6 月开花，花序从匍匐茎上抽出，每个花序有小花 7～13 朵，每天开花 1～2 朵，砂仁的花药隐藏在大唇瓣里，柱头高于花药，花粉粒彼此黏连不易散播，因此花粉不能自然落在柱头上，不利于风媒和昆虫传粉，自然结实率一般只有 5%～6%，产量极低。砂仁花授粉后经 3个月左右果实成熟，成熟期为 8～9 月。

2. 对环境条件的要求

（1）砂仁的授粉与昆虫的关系　上面讲到砂仁因花器构造特殊，因此自然结实率很低。经调查，砂仁田间有一些特殊的传粉昆虫具有较好的传粉效果。如黄绿彩带蜂、埃氏彩带蜂、虹彩带蜂、兰彩带蜂、粗腿彩带蜂、拟黄芦蜂等。尤其是黄绿彩带蜂传粉效果最好。一次访花授粉结实率在 80%～90% 以上。

（2）温度　砂仁属热带南亚季风雨林植物，喜高温。生长适温为 22～28℃，15～19℃ 生长缓慢，能忍受 1～3℃ 短期低温。17℃ 以下不开花或开花不散粉。

（3）湿度　要求年降水量 1 000 毫米以上，年均空气相对湿度在 80% 以上。土壤温度因不同生长发育阶段而异。土壤含水量 20%～26% 之间波动。开花授粉期要求空气湿度 90% 以上，土壤含水量 24%～26%。

（4）光照　砂仁宜漫射光，需要适当荫蔽。不同生育期所需荫蔽度分别为：幼苗期 70%～80%，定植后 2～3 年为 60%～

70%；定植 3 年后开花结果期为 50%～60%。不同海拔高度和地形、坡向所需荫蔽度也有一定差异。

（四）栽培技术

1. 选地整地　根据砂仁对环境条件的要求，宜选择山区有长流水的溪沟两旁自然杂木林下，坡度不超过 30°。砂仁宜在土层深厚、疏松、腐殖质丰富、养分充足、气候凉爽、湿润、传粉昆虫资源丰富、保水保肥力强的壤土或砂壤土上种植。如在平原或盆地种植，应有自然林或人工林，有灌溉条件的地方种植。定植前开荒整地，清除杂草和砍除多余的不良的荫蔽树种，刨地 20～30 厘米深。荫蔽树不够的地方应补种。砂仁地附近多种果树，以扩大蜜源，引诱更多的传粉昆虫。并在整地时施有机肥改土，开环山排灌水沟，以防旱排涝，坡度小的地块可开成梯田和梯带。平原地区应开 2.7 米宽畦种植。

2. 繁殖方法

（1）有性繁殖　选成熟、粒大、饱满、无病虫害的鲜果，在阳光下晒 2～3 个小时，连晒两天，放置 3～4 天，以提高种子的成熟度。去果皮果肉并用沙擦种，再用清水漂洗阴干。9～10月，及早播种。次年 5～6 月雨季可出圃定植。如当年不能播种，干藏易丧失发芽力，必须用潮沙贮存至次年 2～3 月时播种。播前用沙摩擦种皮，可加快发芽。

种子宜先在砂床上催芽，床底混合少量腐熟细碎有机肥，供应幼苗营养。出苗 1～2 片真叶时，分批栽于苗床。苗床宜选疏松、肥沃、排水良好的土壤，施足底肥。按 20 厘米×10 厘米行株距栽植。幼苗 4～5 片真叶时开始勤施追肥，除草培土。低温前，追施草木灰。苗期搭荫棚遮荫，荫蔽度调整在 70%～80%。苗高 50 厘米以上可出圃定植。

（2）无性繁殖　分株繁殖是老产区主要的繁殖方法。应用此法省工、省时、省料，病害少，开花结果早。栽种时割取带 1～2 条萌发的匍匐茎，具 5～10 片叶的壮苗作种苗栽种于大田。

（3）定植　在广东和云南产区分别于4～5月和5～6月雨季进行定植。冬季温暖和春旱不严重的地区于8～9月定植也可。行株距1米×1米，挖长30厘米、宽20厘米、深20厘米的穴，穴内施腐熟有机肥，栽入1株种苗，覆土6～7厘米，压实、淋水、盖草、保温。

3．田间管理

（1）除草割枯苗　定植后1～2年内幼龄期，每年除草3～4次，开花结果后每年除草2次。第一次在2月进行，割除杂草、枯苗，清除过厚的落叶和过多的幼笋。第二次在收果后及早进行。割老弱病残苗，每平方米留苗40～50株。

（2）施肥培土　幼龄期每年施肥2次。第一次广东省在3月，云南在5月，每公顷施有机肥2.25万～3万千克，过磷酸钙300～375千克，尿素37.5～75千克；第二次在8～9月，每公顷施火烧土2.25万～3万千克，草木灰1 500千克，适量施磷肥。每次结合施肥培土。砂仁进入开花结果年龄，每年秋季收果后重施壮苗肥，每公顷施有机肥3.75万千克，尿素150千克，过磷酸钙300～375万千克，并培土。在2月下旬至3月上旬施壮花肥，每公顷施过磷酸钙375千克，钾肥150千克，尿素22.5～37.5千克。在4～5月用0.3%磷酸二氢钾和0.01%硼酸混合液喷叶和花苞，促进开花结果。

（3）调整荫蔽度　根据砂仁不同生育期对荫蔽度的要求，修砍荫蔽树，调整到适宜的荫蔽度。

（4）防旱排涝　砂仁根系浅生，喜湿怕旱，新种植春砂，除淋定根水外，需经常灌水或淋水，开花期和幼果形成期也要注意防旱，如遇干旱应即时淋水，但花期和果期雨水太大易烂花烂果，应注意排涝。

（5）人工辅助授粉　砂仁花器构造特殊，自花和异花授粉都很困难。在缺少优良的传粉昆虫的条件下，自然结实率极低，是造成砂仁产量低的重要原因。实践证明，进行人工辅助授粉，可以大幅度提高砂仁结实率和产量。此项措施已在砂仁产区大面积推广。应用推广人工授粉技术应注意如下几点：①在一些传粉昆虫比较多的山区，可不进行人工授粉，在缺乏传粉昆虫的地块可采用人工授粉。也可用隔年轮换地块授粉的办法。②在平原和新植区应大力推广人工授粉，授粉时尽可能减少践踏匍匐茎等。③各项栽培技术措施要紧紧跟上，保证苗壮，营养充足，防止落花落果，才能更好地发挥人工授粉的增产效果，从而达到稳定高产的目的。

人工授粉的具体操作方法如下：

抹粉法：先用一手挟住花朵，用另一手持小竹片，将花的雄蕊挑起，再用挟花的食指伸入花瓣，将雄蕊上的花粉抹到柱头孔上，然后再往下斜擦，使大量花粉塞进柱头孔，即完成一朵花的授粉。

推拉法：用右手或左手中指和拇指挟住大花瓣和雄蕊，并用拇指将雄蕊先往下轻推，然后再往上拉开，并且将重力放在柱头的头部，一推一拉可将大量花粉塞进柱头孔。

（6）衰老株群的更新　砂仁种植后能迅速形成群体，但随着植株密度加大和老化通风透气不良，产量越来越低，研究结果表明对丰产期已过的衰老砂仁进行更新可恢复产量，具体作法是按1米的间隔平行划分若干带，隔带全面砍除砂仁地上茎叶并挖除根及根状茎，疏松土壤，让相邻保留带（未砍除带）植株在其中分生新苗，次年再砍挖保留带植株，让新生植株在砍挖带又分生新苗，这种方法更新彻底，一年后新株就能开花结果，效果好，值得推广。

（7）病虫害及其防治

①幼苗叶斑病　是云南产区苗期主要病害。嫩叶先发病，呈水渍状斑，中部有小黑点，后叶片变黄干枯。高温多雨易发病。防治方法：加强水肥管理，适时早播，使雨季到来前苗已长大；注意苗圃通风，发病前喷1:1:150波尔多液保护，发生期用

80%炭疽福美 800 倍液或 50%甲基托布津可湿性粉剂 1 000 倍液喷雾防治。

②幼苗炭疽病 叶部现褪绿色病斑,扩大成片,病斑中央有小黑点,叶片下垂。如遇连阴雨,则全部叶片萎蔫下垂,高温多雨,排水不良条件下易发病。小苗发病重。防治方法参见幼苗叶斑病。

③成株炭疽病 多从叶缘叶尖发病,病斑为云纹状边缘不清的暗绿至灰白和黄褐色斑。严重时整株叶片枯死,多发生在秋冬季,荫蔽不足,长势弱的地块发病严重。防治方法:加强田间管理,调整荫蔽度,发病期喷 20%三环唑可湿性粉剂 400 倍液或80%炭疽福美 800 倍液。

④茎腐和果腐病 平原地区高温多雨季节,如通风透光和排水不良易发病。防治方法:注意排水、春季割苗开行,以通风透光。花果期控制氮肥;春季 3 月和收果后各施 1 次石灰和草木灰(1 份石灰兑 2~3 份草木灰),每公顷 225~300 千克;幼果期喷1%福尔马林或 0.2%高锰酸钾液。每次喷药后撒施 1:4 的石灰、草木灰。每周 1 次,喷 2~3 次。

⑤云南阳春砂仁叶黄化病 是土壤中缺锰元素的生理病害,在云南以砂岩、石灰岩为母质的砖红壤上种植阳春砂仁,每公顷施硫酸锰 45~75 千克,在花期前发现黄叶病及时喷 0.2%硫酸锰 2~3 次,每次每公顷用硫酸锰 3 千克可防治。

⑥幼笋钻心虫(为一种蝇类幼虫) 在管理粗放,生长势衰弱地块易发生。被害幼笋先尖端干枯,后死亡。防治方法:加强管理,使植株生长健壮;成虫产卵期用 40%乐果乳油 1 000 倍液或 80%敌百虫可湿性粉剂 800 倍液喷雾防治。

(五) 采收加工

1. 采收 砂仁果实为紫红色,种子变黑色,嚼时有浓烈辛辣味,即为成熟果实。一般在山区于立秋至处暑时即可收果,平原地区,果实成熟早,收果亦早些。因果实成熟期不一致,最好分两批采收。采收时用剪刀剪断果柄，勿用手摘，以免将匍匐茎皮撕破。

2. 加工　加工方法一般采用火焙法。即先用砖砌成长 3 米，高宽各 1 米的炉灶，三面密封，前面留一个火口。灶内 0.8 米高处横架竹木条，上面放竹筛，筛内放 10 厘米厚的鲜果，面上用草席或湿麻袋盖好后把燃烧着的木炭放入灶内，再盖谷壳烘烤，每 2 小时翻动砂仁果 1 次，待焙至 5～7 成干后，将果取出放在桶内或麻袋内加压，使果皮和种子紧贴，再用文火慢慢焙干。果实干鲜比一般为 1:4～5 左右。此种加工方法产品味浓，质量好。此外，亦可采用晒干法。每公顷可产干果 450～750 千克。

商品分为阳春砂、绿壳砂、海南砂三种，一般为统货。绿壳砂、海南砂的加工品分净砂、砂壳两种；净砂分一等、二等两个等级；砂壳为统货。

以足干，外壳红棕色，无杂质、果枝、霉变为合格。以果大、均匀、坚实、种仁饱满、气味香辣者为佳品。

四十六、甜 叶 菊

（一）**概述**　甜叶菊（图 46）别名甜菊、甜草、糖草。因全株都具有甜味，故有此名。为菊科多年生草本植物 *Stevia rebaudianum* Bertoni。原产地南美洲，1964 年在南美洲巴拉圭开始人工栽培，1971 年在亚洲试种，1977 年引入我国，现已在 27 个省、直辖市、自治区推广生产，在广东、江苏、湖南、天津、唐山等地建立了甜菊甙提取厂，所得菊甙的甜度是蔗糖的 300 倍，而热量仅为蔗糖的 0.33%。以叶或全草入药，有提高血糖，降低血压，调节胃酸，强壮身体，促进新陈代谢的功效。主治糖尿病、高血压、心脏病、肥胖症、小儿虫齿等症。许多先进国家都把甜叶菊作为必不可少的保健品。甜叶菊已在第七次国际糖尿病学会上被誉为治疗糖尿病和高血压病的良药，它也是食品工业和

图46 甜叶菊形态图

1.植株 2.单花 3.萼片

制甜工业上很有发展前途的新糖原植物，已被上海市列为90年代重要科技开发项目。

（二）植物特征 根稍肥大，约50～60条；长可达25厘米。茎直立，株高70～160厘米，基部稍木质化，上部柔嫩，密生短茸毛。叶对生或茎上部的叶互生，披针形或广披针形，边缘有浅锯齿，两面被短茸毛，叶脉三出。头状花序小，总苞筒状，总苞片5～6层，小花管状，白色、聚药雄蕊5枚；子房下位，1室，具一胚珠。瘦果线形，稍扁平，成熟后褐色。

（三）生长习性 甜叶菊种子无休眠期，成熟种子得到适当的温度和水分即可发芽，在20～25℃的条件下发芽率较高，光能促进种子萌发。幼苗生长缓慢，因此从播种到移栽定植，约需2个月左右。定植后茎叶生长盛期主要出现在5～7月。原产地年平均气温23～24℃，冬季降雪1～2次，我国引种地区适宜温度为15～35℃，生长最适温度为25℃左右。高温季节长势下降，能耐一定低温和短期轻霜。不耐旱，耐湿性强，但不能积水。甜叶菊属于短日照植物，在我国南方栽培开花较早，在北方栽培开花较迟。北京在7月以后正是甜叶菊生长旺盛时期，开始现蕾开花，整个花期长达90多天。开花后约需25～30天种子才成熟。当年种子成熟后冠毛随风飘扬自行到处传播。

（四）栽培技术

1. 选地整地 甜叶菊对土壤要求不严，大多数土壤均能种植，但以疏松肥沃含有腐殖质较多的土地长势良好。前茬作物以大豆、花生、绿豆为宜，不适合连作。土壤酸碱度以中性为佳，pH小于5.5或大于7.9均不适宜。

栽种甜叶菊的地块要进行秋耕，同时合理施用基肥以腐熟厩肥或堆肥为宜，每公顷3万～4.5万千克，以增加土壤肥力。耕翻深度根据黑龙江省海林农场试种结果，耕深20厘米者，无论是根系的发育，植株的高度以及单株干叶重等均比耕深15厘米者为好。

2. 繁殖方法 可用种子播种、分株、扦插等方法进行繁殖。

（1）种子繁殖 可育苗移栽也可直播，但由于种子太小，千粒重仅有 0.25~0.32 克，饱满的种子也超不过 0.45 克，若用直播法，苗期很难管理，因此种子繁殖多采用育苗移栽。

①育苗　种子发芽的最适温度 20~25℃，地温和气温低于 15℃时则发芽迟缓。我国南方各省通常应用平畦育苗，而北方则多用温床育苗。长江南岸的播种期以 10~11 月为宜，幼苗在育苗畦内越冬，到第二年 3 月即可移植大田。北方因冬季严寒不宜秋播。一般于 2~4 月利用温室或温床播种育苗。甜叶菊的种子外部有短毛，播种前可用细沙把种子掺混起来加以摩搓，然后放在温水中浸 10~12 小时，播种前用少量草木灰拌种，这样有利于把种子撒得均匀。播种后用木板轻压畦面使种子与土壤接触，再用喷雾器向床面喷水 1 次，保持床土湿润，提高出苗率。温湿度适宜，播种后 7~10 天即能发芽出土。

甜叶菊种子 1 千克约有 200 万粒，但去掉夹杂物和不能发芽的，每千克具有发芽能力的种子只不过 60 万粒左右。每 100 米^2 苗床的播种量 500 克，估计能出苗 20 万~30 万株，扣除育苗期间枯萎的和间掉的弱苗，实际培育成壮苗数目约 20 万~25 万株，大致足够栽植 1 公顷土地之用。

当幼苗出 2~4 片真叶时，可适当追肥、浇水催苗，从播种到幼苗长出 6 片真叶，约需 30~40 天，再过一二周待幼苗具有 8~10 片真叶即可移栽到大田。

②移栽　春播苗夏栽，秋播苗宜春栽，一般用带土移栽为好，最好选择阴天或晴天的下午 4 时后进行，采用宽行种植，株距 10 厘米，行距 45 厘米，或双行带状种植，株距 10 厘米，行间 12 厘米，带间距离 50~60 厘米，两行错开种植，栽后浇足定根水。

(2) 分株繁殖　一年生植株进入冬季之前，地上部逐渐枯萎，但根茎仍然有继续抽出新茎的能力。在南方老株可在田间越冬，第二年春 3~4 月新茎丛生，可将带有新茎的老根分劈为若干单株分别栽种。在北方可以把老株带土挖起，出土后放入地窖中保存越冬，到第二年春分株种植。

（3）扦插繁殖 从3月下旬到8月下旬均可扦插，以现蕾之前剪取插穗扦插的，成活率较高。扦插时选符合要求的健壮枝条，截取15~20厘米长的小段，扦插到育苗床中，床土相对湿度以保持在70%~75%，温度控制在20~30℃为最宜。扦插之前应用浓度0.01%的吲哚丁酸或萘乙酸浸泡插条，不仅可以提高成活率，并对根部的发育以及植株生长均有较好的效果。用吲哚丁酸浸泡的比不浸泡的发根数比对照增加4~7倍。

一般扦插苗的行株距为5厘米×2厘米，扦插后苗床上面需用塑料薄膜或草帘等覆盖，以便保湿保温。数天之后如插床湿度过大应适当通风透光，防止发霉，若床土过干则应及时浇水保湿。总之，培育扦插苗应以短期内能够培养出根系发达、茎叶健壮、色泽正常的壮苗为目标。

3. 田间管理 甜叶菊耐湿怕干，夏季高温缺雨，水分不足时，下部叶片容易脱落。通常每公顷地栽苗12万~13.5万株，密植可增加到15万~18万株，由于栽苗较多，对肥料的要求也高，所以栽培甜叶菊需要供应足够的氮、磷、钾完全肥料。如果缺氮则叶片细小，色黄，植株瘦矮，分蘖也少，通常第一年每公顷施用硫酸铵112.5~150千克，在长江沿岸各地第二年追施硫酸铵225~300千克。磷肥能促进甜叶菊发根和分蘖，增强抗性，提高质量，前期施足磷肥，可为后期生长打下基础，为此每公顷施过磷酸钙300~375千克作基肥就能满足需要。钾肥对促进同化作用，增强植株组织，提高甜度均有好处，使用钾肥适宜勤施薄施，一般每公顷用量90~150千克，每年分2~3次追施为好。追肥、灌水后地表略干可结合除草，进行1~2次松土，保持田间清洁，土壤疏松。为了促进茎叶繁茂增加产量，当苗高20~25厘米时，可进行打顶、摘心，打顶后每株的新生分枝能达12~17条，这段时间正是需肥、需水的时期，应向根部追施磷、钾肥，或向叶面喷施2%过磷酸钙或1%的磷酸二氢钾，以达到优质高产的目的。

甜叶菊开花授粉阶段消耗大量养分，及时加强管理很有必要，若茎枝过密，下边的叶片容易脱落，遇急风暴雨容易倒伏，因此除了追肥、浇水之外，还应结合中耕向根旁培土，注意田间排水，保持畦间透光通风，适当采摘下部的叶片，分批采收成熟的种子。

4. 病虫害及其防治

(1) 立枯病　幼苗出土不久即开始发病，病菌由茎基部侵入，首先出现黄色病斑，以后逐渐扩大，茎基细缢干缩，由淡黄变成黑褐色，最后倒伏枯死。低温多雨苗床积水容易得病。防治方法：可选排水良好土质疏松的地块育苗；播种前用 50% 多菌灵可湿性粉剂 30 千克/公顷进行土壤处理；发病初期用 1 000～1 500 倍液的多菌灵可湿性粉剂喷雾或 500 倍液浇灌；加强田间管理控制扩散，及时拔除病株，用 3:1 草木灰和生石灰混合粉处理病穴。

(2) 叶斑病　如栽植过密，雨后田间积水，或施用氮肥过多，茎叶组织柔嫩，在 7～10 月容易发生此病。其分生孢子随风雨传播引起侵染，被害叶片开始出现淡黄褐色小斑，以后逐渐扩大为黑褐色病斑，有同心轮纹，严重时全株叶片干枯。防治方法：于 5～6 月间注意排水减少土壤的湿度；多施钾肥提高植株抗病能力；发病初期用 70% 代森锰锌可湿性粉剂 500 倍液喷雾防治；收获后清园，将病残体集中烧毁。

(3) 白绢病　在南方各省因 4～5 月份降雨较多，土壤湿度过大，往往容易发生。病株在接近地面的茎秆周围产生大量白色绢状菌丝，最后形成芥菜籽大小的菌核，逐渐变成米黄色乃至黄褐色。防治方法：合理密植，注意田间通风透光；增施磷、钾肥避免幼苗徒长，一旦发现病株，立即拔除，在病株周围撒施石灰消毒，发病初期可用 50% 多菌灵可湿性粉剂 500～1 000 倍液点片浇灌病区以控制病情蔓延。

(4) 霉腐病 多在苗期发生，特别是在多雨潮湿而又闷热的尼龙棚苗地，叶似开水烫伤状呈褐色腐烂。防治方法：注意调节苗期温湿度，保证通风透光，发现病株及时拔除。

(5) 蚜虫 为害植株顶部嫩叶，特别是幼苗期，受害茎叶发黄，叶片卷缩。防治方法：可用40%乐果乳油1 000～1 500倍液或80%敌敌畏乳油2 000倍液喷杀。

(6) 甜菊茶黄螨 亦称侧多食跗线螨。发现害虫发生，可用20%双甲脒乳油1 000倍液喷雾防治。

(7) 尺蠖 又名量尺虫、造桥虫，其幼虫在晚上或日出前取食，严重发生时能将叶片吃尽，仅留叶脉，造成枝干光秃。防治方法：可保护尺蠖的天敌绒茧蜂，可用40%氧化乐果乳油1 000倍液喷雾防治，收获前20天禁用。

（五）采收与加工 甜叶菊的叶片中所含糖甙随着植株的生长而增加，通常以盛蕾期含甙量最高。长江以南栽培的一年可收割3次（7、8、9月收），黄河沿岸各地可以收割2次（7～10月），华北北部和东北、内蒙古一带每年只能收割1次（9月）。收获时务必选择晴天剪取枝茎，当天采收的枝条应当晚摘叶，然后摊开晾干，不能堆积，否则叶片变黑，影响质量。大面积种植宜用烘干机加工干燥，烘干的温度控制在60～80℃，使叶子水分含量不超过10%，干燥后打捆包装，为了防止发霉变质保持绿色，在干后可装入塑料袋中，扎口密封。

甜叶菊野生性较强，花期为7～11月，种子成熟期为8～12月，8月份以后种子陆续成熟，应随熟随收，留种田每公顷可收种子60～75千克。

甜叶菊的有用部分为叶片中含有的甜味物质甜菊糖甙。

高产的每公顷能收干叶2 250～3 000千克，最高的可达7 500千克，叶片中含糖甙7%～17%，应用醇提取法或水提取法均可得粗精品淡黄色甜菊糖甙，再经分离和纯化过程可得白色结晶状粉末即甜菊糖甙精品。